高等职业教育茶叶生产与加工技术专业系列教材

茶叶加工技术

主　编　成　洲
副主编　赵先明
　　　　罗学平
　　　　廖　茜

U0219839

中国轻工业出版社

图书在版编目（CIP）数据

茶叶加工技术/成洲主编 . —北京：中国轻工业出版社，2024.9
高等职业教育茶叶生产加工技术专业系列教材
ISBN 978 - 7 - 5184 - 0051 - 5

Ⅰ.①茶… Ⅱ.①成… Ⅲ.①制茶工艺—高等职业教育—教材
Ⅳ.①TS272.4

中国版本图书馆 CIP 数据核字（2014）第 266076 号

责任编辑：贾 磊

策划编辑：贾 磊　　责任终审：唐是雯　　封面设计：锋尚设计
版式设计：王超男　　责任校对：吴大朋　　责任监印：张 可

出版发行：中国轻工业出版社（北京鲁谷东街5号，邮编：100040）
印　　刷：三河市万龙印装有限公司
经　　销：各地新华书店
版　　次：2024 年 9 月第 1 版第 11 次印刷
开　　本：720×1000　1/16　印张：19.75
字　　数：342 千字
书　　号：ISBN 978 - 7 - 5184 - 0051 - 5　定价：38.00 元
邮购电话：010 - 85119873
发行电话：010 - 85119832　　010 - 85119912
网　　址：http://www.chlip.com.cn
Email：club@ chlip.com.cn

本书编委会

主　编

成　洲　（宜宾职业技术学院）

副主编

赵先明　（宜宾职业技术学院）
罗学平　（宜宾职业技术学院）
廖　茜　（宜宾市农业农村局）

参　编

李　清　（宜宾职业技术学院）
颜泽文　（四川省茶业集团股份有限公司）
蔡红兵　（川茶产业技术研究院）
唐　洪　（宜宾市农业农村局）
刘兆斌　（屏山县农业农村局）
邓小林　（筠连县双星茶业有限责任公司）

前　言

国内茶叶加工业发展迅速，为了满足茶叶生产与加工技术专业学生和茶叶生产者的学习需要，适应培养茶叶类专业应用型实用人才的需求，我们组织相关院校、行业主管部门、生产企业的专业人员共同编写了本教材。

本教材采用项目化形式编写，目的是使各茶类品种花色加工与实际生产结合紧密，并自成体系。内容包括了从产品质量标准、鲜叶标准、鲜叶处理、初制、再加工到成品的全过程，使学生通过学习一个项目就可以掌握一种茶叶的完整加工技术，并可适用于生产。各茶叶种类品种花色加工尽量使用茶叶加工厂实际生产规程，兼顾普遍性、突出代表性，偏重于机械制茶技术。同时按照够用的原则，讲述茶叶加工过程中的内含成分变化和外形变化原理、规律。教材在每项目内容之前设有知识目标和技能目标，项目后有小结，以便读者学习参考。

本教材由宜宾职业技术学院成洲副教授任主编。参加编写人员及分工如下（以执笔内容先后为序）：项目一绪论由成洲、赵先明编写；项目二茶叶分类与命名、项目三鲜叶由成洲编写；项目四大宗绿茶加工技术由成洲、蔡红兵、刘兆斌编写；项目五特种绿茶加工技术由成洲、颜泽文编写；项目六红茶加工技术由唐洪、廖茜、颜泽文编写；项目七黑茶加工技术由廖茜、蔡红兵、罗学平编写；项目八乌龙茶加工技术、项目九白茶加工技术由罗学平编写；项目十黄茶加工技术由廖茜编写；项目十一茶叶精制技术由成洲、邓小林编写；项目十二花茶加工技术由李清编写；项目十三茶叶加工技术实训由赵先明编写。

本教材在编写过程中，借鉴或参考了国内外同类教材及有关参考资料。同时，得到了茶叶生产企业、行业协会等人员的大力帮忙，他们为本教材的编写提供了大量资料和建设性意见、建议。在此表示诚挚的谢意！

由于时间紧迫，加之水平有限，难免挂一漏万，教材中不足之处在所难免，恳请读者批评指正。

编者

目　录

项目一　绪　论

知识目标

（1）掌握我国茶叶加工技术的历史演变。

（2）熟悉我国茶叶种类的起源与发展。

（3）了解我国茶叶加工研究的对象和内容。

技能目标

（1）具备介绍我国茶叶加工技术的历史演变、茶叶种类起源与发展的能力。

（2）具备概括茶叶加工技术的学习目标和内容的能力。

必备知识

一、我国茶叶加工技术的发展

中国制茶历史悠久，自发现野生茶树以来，从生煮羹饮到饼茶、散茶，从绿茶到各种茶类，从手工制茶到机械化制茶，期间经历了复杂的变革。各种茶叶种类（常称茶类）的品质特征形成，除了茶树品种和鲜叶原料的影响外，加工条件和加工技术是重要的决定因素，几千年的发展和变化，茶叶的加工由简单至复杂，由低级到高级，不断改进，不断完善，逐渐形成了目前丰富多彩的茶叶加工技术。

结合历史进程和茶类性质的演变，可以把茶叶加工的发展分为以下四个时期。

（一）起源时期

从神农时代（公元前 2000 多年）到五代十国时期（公元 960 年），由开始鲜叶晒干到蒸青团茶，这段时间是茶叶加工的起源时期。主要有以下三个阶段。

1. 晒干或烘干散茶

茶的使用，最初从咀嚼茶树的鲜叶开始，后来发展到生煮羹饮，都是直接取用茶树鲜叶。唐代以前，茶叶的加工比较简单，采来的鲜叶晒干或烘干，然后收藏起来，这是晒青茶工艺的萌芽。

2. 从晒青散茶到晒青饼茶

在古代交通不便、运输工具简单的条件下，散茶不便储藏和运输，于是将茶叶和以米膏而制成茶饼，称为晒青饼茶，其产生及流行的时间约在两晋南北朝至初唐时期。

3. 从晒青饼茶到蒸青饼茶

初步加工的晒青饼茶仍有很浓的青草味，经反复实践，发明了蒸青制茶。即将茶的鲜叶蒸后捣碎，制饼穿孔，贯串烘干。蒸青饼茶工艺在唐代中期已经完善，陆羽《茶经·三之造》记述："晴，采之。蒸之，捣之，拍之，焙之，穿之，封之，茶之干矣"。

蒸青饼茶虽去青气，但仍具苦涩味，于是又通过洗涤鲜叶，压榨去汁以制饼，使茶叶苦涩味降低，这是宋代龙凤团茶的加工技术。宋代《宣和北苑贡茶录》记述："（宋）太平兴国初，特置龙凤模，遣使即北苑造团茶，以别庶饮，龙凤茶盖始于此"。

龙凤团茶的制造工艺，据宋代赵汝励《北苑别录》记述，有六道工序：蒸茶、榨茶、研茶、造茶、过黄、烘茶。茶芽采回后，先浸泡水中，挑选匀整芽叶进行蒸青，蒸后冷水清洗，然后小榨去水，大榨去茶汁，去汁后置瓦盆内兑水研细，再入龙凤模压饼、烘干。

龙凤团茶的工序中，冷水快冲可保持绿色，提高了茶叶质量，而压榨去汁的做法，却夺走茶的真味，使茶的味香受到损失，且整个制作过程耗时费工，这些均促使了蒸青散茶的出现。

（二）变革时期

从公元 961 年到 1368 年，从蒸青团茶到炒青散茶，这个阶段自宋代至元代约 400 多年。主要有两个阶段。

1. 从蒸青饼茶到蒸青散茶

在蒸青饼茶的生产中，为了改善苦味难除、香味不正的缺点，逐渐采取蒸后不揉不压，直接烘干的做法，将蒸青团茶改造为蒸青散茶，保持茶的香味。这种改革出现在宋代，《宋史·食货志》载："茶有两类，曰片茶，曰散茶"，片茶即饼茶。

元代王桢《农书》，对当时制蒸青散茶工序有详细记载"采讫，一甑微蒸，生熟得所。蒸已，用筐箔薄摊，乘湿揉之，入焙，匀布火，烘令干，勿使焦"。

由宋代至元代，饼茶和散茶同时并存。到了明代初期，由于明太祖朱元璋于1391年下诏，废龙团贡茶而改贡散茶，使得蒸青散茶在明代前期大为流行。

2. 从蒸青到炒青

相比于饼茶，茶叶的香气在蒸青散茶中得到了更好的保留。然而，使用蒸青方法，依然存在香气不够浓郁的缺点，于是出现了利用干热发挥茶叶香气的炒青技术。明代，炒青制茶法日趋完善，在张源《茶录》、许次纾《茶疏》、罗廪《茶解》中均有详细记载。其制法大体为：高温杀青、揉捻、复炒、烘焙至干，这种工艺与现代炒青绿茶制法非常相似。

（三）发展时期

从公元1368年到1700年前后，即自明代到清代，自炒青绿茶发展到各种茶类，花色齐全。这个阶段，虽然只有300多年，但发展很快。自炒青绿茶发展到各种茶类，花色齐全。有以下两个阶段。

1. 从绿茶发展至其他茶类

在制茶的过程中，通过不同的制造工艺，制成各类色、香、味、形品质特征不同的六大茶类，即绿茶、黄茶、黑茶、白茶、红茶、青茶。

（1）黄茶的产生 绿茶的基本工艺是杀青、揉捻、干燥，当绿茶炒制工艺掌握不当，如杀青后未及时摊晾至室温（生产实际中常称"摊凉"）并及时揉捻，或揉捻后未及时烘干炒干，堆积过久，使叶子变黄，产生黄叶黄汤，类似后来出现的黄茶。因此，黄茶的产生是从绿茶制法不当演变而来。明代许次纾《茶疏》（1597年）记载了这种演变历史，"兼以竹造巨笱，乘热便贮，虽有绿枝紫笋，辄就萎黄，仅供下食……"。

（2）黑茶的产生 绿茶杀青时叶量过多、火温低，使叶色变为近似黑色的深褐绿色，或以绿毛茶堆积后发酵，渥成黑色，这是产生黑茶的过程。黑茶的制造始于明代中叶，明嘉靖三年（公元1524年），御史陈讲疏记载了黑茶的生产："以商茶低伪，征悉黑茶。地产有限，仍第为上中二品，印烙篾上，书商名而考之。每十斤蒸晒一篾，运至茶司，官商对分，官茶易马，商茶给卖"（《甘肃通志》）。

（3）白茶的产生 宋代时所谓的白茶，是指偶然发现的白叶茶树采摘而成的茶，与后来发展起来的不炒不揉而成的白茶不同。到了明代，出现了类似现在的白茶。田艺蘅《煮泉小品》（公元 1554 年），记载："茶者，以火作者为次，生晒者为上，亦近自然……清翠鲜明，尤为可爱"。

白茶最初是指干茶表面密布白色茸毫、色泽银白的"白毫银针"，后来经发展又产生了白牡丹、贡眉、寿眉等其他花色。

（4）红茶的产生和发展　红茶起源于公元 16 世纪的明代。在茶叶制造过程中，发现用日晒代替杀青，揉捻后叶色红变而产生了红茶。最早的红茶生产从福建崇安的小种红茶开始。清代刘靖《片刻余闲集》中记述"山之第九曲处有星村镇，为行家萃聚。外有福建邵武、江西广信等处所产之茶，黑色红汤，土名江西乌，皆私售于星村各行"。自星村小种红茶出现后，逐渐演变产生了工夫红茶。

20 世纪 20 年代，印度将茶叶切碎加工而成红碎茶，我国于 20 世纪 50 年代也开始试制红碎茶。

（5）青茶的起源　青茶介于绿茶、红茶之间，先是红茶制法，再按绿茶制法，从而形成了青茶制法。青茶的起源于明代末年至清代初年，最早在福建武夷山创制。

清初王草堂《茶说》："武夷茶……茶采后，以竹筐匀铺，架于风日中，名曰晒青，俟其青色渐收，然后再加炒焙……烹出之时，半青半红，青者乃炒色，红者乃焙色也"。现福建武夷岩茶的制法仍保留了这种传统工艺的特点。

2. 从素茶到花茶

茶加香料或香花的做法已有很久的历史。北宋时期蔡襄《茶录》提到加香料茶"茶有真香，而入贡者微以龙脑和膏，欲助其香"。南宋时期已有茉莉花焙茶的记载，施岳《步月·茉莉》词注："茉莉岭表所产……古人用此花焙茶"。

到了明代，窨花制茶技术日益完善，且可用于制茶的花品种繁多，据朱权《茶谱》（公元 1440 年）记载，"……莫若梅桂茉莉三花最佳，可将蓓蕾数枚投于瓯内罨之，少倾，其花自开，瓯未至唇，香气盈鼻矣。熏香茶法，百花有香者皆可。当花盛开时，以纸糊竹笼两隔，上层置茶，下层置花，宜密封固，经宿开换旧花，如此数日。其茶自有香气可爱……"，有桂花、茉莉、玫瑰、蔷薇、兰蕙、橘花、栀子、木香、梅花九种之多。现代窨制花茶，除了上述花种外，还有白兰、玳玳、珠兰等。

（四）机械化制茶时期

我国最早使用热机为动力的制茶机械出现在清代咸丰年间（1850—1861年），据记载，当时湖北汉口茶厂采用蒸汽压力机制造青砖茶。到了 19 世纪 40 年代，少数茶场（厂）和茶叶试验单位开始从国外零星引进一些机器用于制茶。1945 年以后，杭州成立之江机械制茶厂，开始应用我国台湾生产的抖筛机、细胞式切茶机，并开始仿造和研制各种精制机具，开展了机械化制茶。1946 年上海祥泰铁工厂生产了平面圆筛机，全国各地茶厂也开始自行制造圆筛机、抖筛机、切茶机、风选机等。但是，总体来说，在漫长的岁月中，由于经济、技术落后，制茶机具的生产和使用水平很低，整个茶叶生产仍停留在手工操作状态。

新中国成立后大力发展茶叶生产，实行技术革新。20 世纪 50 年代初期，成立不久的中国茶叶公司，为适应茶叶生产的恢复和发展的需要，提出了利用机械提高制茶生产能力，降低成本，以产定销，促进我国茶叶生产和贸易的恢复和发展的设想。1964 年，杭州市成立了我国第一个茶机专业生产厂——杭州农机厂（20 世纪 70 年代改名为杭州茶叶机械总厂），设计、试制和生产茶机。

随着茶叶生产的发展，我国机械行业从 20 世纪 70 年代初期开始，不断增加从事茶叶机械研究的力量，使茶机研究设计的广度、深度日趋扩展，促进了茶机品种和性能的增加与改善，出现了静电拣梗、组合机、高频及微波烘干、流化床等新机种，诸如滚筒杀青机、揉捻机、烘干机等也已形成系列。同时，茶叶生产连续化和自动控制技术，在国内已开始研究，揉捻机的程控加压和烘干机的微机控制技术目前已达到了相当水平。

茶叶的生产也由最初在全国各茶区建立大规模红、绿毛茶加工厂，发展到红、绿茶生产全部机械化，各种制茶机具争相出现，并逐渐推广到乡村，近年来又向电气化、连续化、系列化和自动化方向发展。

二、发展茶叶加工的意义

（一）发展茶叶加工是发展国民经济的需要

茶叶是世界三大天然饮料之一，也是我国历史上传统的出口商品。目前，我国拥有世界 40% 的种茶面积和占 23.2% 左右的茶叶产量及 17.4% 的出口量，在世界茶叶生产、贸易中占有重要的地位。根据对近 20 年统计，茶叶产量每年仍以 3.7% 的速度增长，茶叶的生命周期不像其他工业产品短促，虽然茶叶贸易历史悠久，但其成熟却刚刚开始。尽管有些国家的进口量有所减少，全球消费量上升缓慢，并且还受到其他饮料的剧烈冲击，但应该看到，全球还有许多国家、许多民族尚未了解茶叶，存在许多消费的空白点，而另一些国家仍处在增长时期，即使有些工业发达国家，如俄罗斯、日本，也开始从净输出国转变为净输入国，这说明茶叶市场消费潜力很大。随着饮茶有利人体健康和茶制品能治疗多种疾病研究的深入和应用的开展，给这一古老商品赋予科学的评价，茶叶将是 21 世纪饮料王国的明珠。

年出口量 2 万吨以上茶叶的中国、印度、斯里兰卡、肯尼亚、印度尼西亚、马拉维、阿根廷和孟加拉八个国家，均系发展中国家。由于历史的原因，这些国家的经济结构还来不及根本改变，茶叶仍作为一种劳动密集型的出口产品，成为创汇农业的支柱之一，在这些国家的国民经济中，均占着十分重要的地位。就我国而论，现有各类茶叶初制厂 6 万余家，各类精制厂 3000 余个，拼配、包装厂百余家，遍及各产茶省城乡，已形成一个庞大的体系。我国年产 5000t 以上的县市，茶叶的经济收益均占地方收入的首位，茶叶的兴衰直接影响着地方经济。

（二）发展茶叶加工是促进人类文明健康的需要

当今世界茶叶生产已遍及 50 余个国家和地区，而饮茶国家和地区已逾 160 个，饮茶人口超过 30 亿。饮茶历史久盛不衰，与茶叶加工技术的精湛和博大精深的茶叶文化是分不开的。

我国茶类繁多，堪称世界之最，精心制作的各种茶叶正逐步为世人瞩目。除有久负盛名的"祁红""滇红""屯绿""婺绿""龙井"这些大宗产品外，尚有白毫满披、芽头肥壮的"白毫银针"；有冲泡时"雀舌含珠"、"三起三落"的"君山银针"；有枝叶肥厚、形似观音、香煞人的"铁观音"；有细于发丝、茸毫成团的"碧螺春"；也有粗似树杆、去脂解腻的"花卷茶"……品名数百，形形色色。它们都凝聚着中华茶人的辛劳与智慧，随着各种茶叶的贸易往来，把我国历代人民的创造、智慧和友谊带给世人，本身就是文化交流的纽带，宣扬了我文明古国的文化遗产。

我国既是茶叶的祖国也是诗的国家，早在 1700 多年以前，茶叶就已渗透到诗词之中，历代文人雅士把茶看作象征谦廉、雅志、修身、健体之物，为茶写下了许多优秀的诗章。唐代陆羽最先写下世界第一部经典茶书——《茶经》，陆羽的茶友、诗友为后世留下许多传诵不倦的佳作，与陆羽同时代的杜甫、白居易、刘禹锡、柳宗元、皮日休、陆龟蒙、卢仝等著名诗人，都视茶为友，写下咏茶诗篇。宋代苏东坡、欧阳修、陆游、黄庭坚，元代的谢应芳、高放，明代的徐渭、文徵明，清代的郑燮、郑清之等都留下了许多咏茶诗句。我国现代的朱德、陈毅、郭沫若、何香凝、启功、赵朴初等都有咏茶的诗画，这些佳作有的寓以政治哲理，有的抒发博大情谊，也有修身养性的涵喻。我国许多名著如《红楼梦》《儒林外史》《老残游记》等，都有多处有关茶叶的记述和描绘，渗透着茶叶的清香。"美酒千杯难成知己，清茶一盏也能醉人"，茶还能传递清廉的美德。日本的"茶道"，我国的"茶艺"、"茶礼"用加工讲究的茶叶，按严格的礼仪，表达主人的厚意，提倡"和""敬""清""寂""廉""美"，把人类和平、朋友互爱、廉品育德、和诚相处，陶冶清心和美好的祝愿融合在品饮之中，它展示了人类美好的精神生活和高尚的文明享受。

茶是纯洁、中和、营养、美味之物，我国的客来敬茶富含洗尘、致礼、叙旧、同乐、互爱和祝健的深情。鲁迅说："有好茶喝，会喝好茶是一种清福。"这种精神文明和物质享受，只有在优秀的加工技术造就的"色、香、味、形"俱佳的品质前提下，才能实现和发展。

（三）发展茶叶加工是茶叶科学本身的需要

茶叶加工学是茶叶科学的一个重要组成部分。茶叶作为一种叶用经济作物，是以鲜叶为原料的商品，它的价值决定于两个方面：一方面是鲜叶的品质优次；另一方面是加工技术的高低。任何一个优良的茶树品种，任何一组优化的栽培技术所得到的鲜叶，都必须经过加工这一过程，才能成为商品。我国传统的茶叶加工，目前还处在粗加工阶段，有的甚至较为原始，其他行业相关的先进设备尚未导入。随着科学的发展，市场经济的发展和需要，茶叶加工急需引入新的竞争机制，实现由初加工向精加工转移，由出口原料茶为主向以茶叶制品为主的方向转移。

目前，世界食品、饮料追求方便、快速、保健、营养和安全。为了适应这一潮流，茶叶科学研究正在实现把目前茶叶粗加工向深加工转移，使茶叶制品向多样化、食品化、保健化和安全化方向发展。

茶叶古为药用，经近 20 余年的研究证明，茶的提取物对心血管病、动脉粥样硬化、高血压、高血脂、抗畸变、抗衰老乃至防癌抗癌等方面均有不同程度的疗效。这一领域的研究无疑给茶叶加工带来新的希望，并将开拓新的加工领域，延长了茶叶商品的生命周期，茶叶加工将以完全不同于传统加工的技术和设备，以革新的面貌发展起来，产品的多样化、系列化也有可能实现。条形的、粉末的、晶体的、液体的产品将在茶叶高技术产业中出现，饮用的、食用的、健美的、辅助治疗的任消费者挑选，随着茶叶加工业革新、深加工的开展，包装业及副产品处理也将带来相关行业的发展，这一综合性的小工业群体势必在茶区诞生、发展和壮大。

三、茶叶加工技术的学习目标、内容及学习方法

（一）学习目标

1. 技能目标要求

（1）熟练掌握绿茶的加工工艺和加工技术；能按工艺技术和品质要求，组织和独立进行扁形、卷曲形、毛峰形和针形等特种绿茶和炒青、烘青等大

宗绿茶的加工生产；能发现、分析及解决绿茶加工过程中存在的一般技术问题；能运用所掌握的技能，总结和推广先进制茶技术；能开展工艺试验和开发新产品。

（2）掌握红茶、乌龙茶、黄茶、黑茶和白茶的加工工艺和加工技术。能进行红茶、黄茶和乌龙茶的加工生产。

（3）掌握绿茶精制加工工艺和加工技术，掌握成品茶的拼配技术，能按原料和工艺技术要求，组织和独立进行绿茶精制生产。

（4）熟练掌握茉莉花茶的加工工艺和加工技术，能组织和独立进行茉莉花茶加工生产；了解其他花茶的加工方法和加工技术。

（5）了解茶饮料和速溶茶生产技术。

2. 知识目标

（1）熟练掌握绿茶品质形成的基本知识和基本理论、绿茶加工过程中物质变化的规律、相应的加工工艺及技术措施与品质形成的关系。

（2）理解红茶、青茶、黄茶、黑茶和白茶等茶类品质形成的基本知识和基本理论，红茶、青茶、黄茶、黑茶和白茶等茶类加工过程中物质变化的规律，相应的加工工艺及技术措施与品质形成的关系。

（3）掌握茶叶精加工过程中，各项作业的目的、方法及其与品质的关系。

（4）掌握茶叶吸附作用、鲜花的吐香特性、花茶加工工艺及技术措施与品质形成的关系；了解蒸压对茶叶品质的影响。

（5）了解茶叶深加工过程中，浸提、浓缩、干燥等有关理论与方法。

（二）学习内容

本教材的主要内容是各种茶叶加工原理、加工工艺、加工方法及相关技术，茶叶深加工原理及技术等，重点是绿茶（含名优绿茶）及花茶加工的原理、工艺及相关技术，尤其是茶叶加工的新技术、新方法和新理论（表1-1）。

表1-1　本教材理论内容与教学目标、要求一览表

序号	教学内容	教学目标、要求	
		能力要求	技能、技术、知识点
1	绪论	介绍我国茶叶技工技术的历史演变、茶类起源与发展的能力	中国制茶技术的发展、学习目标和内容
2	茶叶分类与命名		茶叶命名、分类依据、分类方法
3	鲜叶		掌握鲜叶主要化学成分与其在制造中的变化及其对茶叶品质的影响及与品质的相关性

续表

序号	教学内容	教学目标、要求	
		能力要求	技能、技术、知识点
4	绿茶加工技术	熟练掌握绿茶及名优绿茶加工的鲜叶管理、杀青、揉捻（造型）和干燥等加工工艺流程、工序技术参数、要求和操作要领；熟练掌握绿茶工艺指标测定方法，能对在制品进行质量分析和控制；能熟练、独立地进行绿茶及名优绿茶加工；能结合生产实际，总结各种绿茶初制工艺线；初步具备从事与茶叶加工相关的科研与技术推广能力	理解和掌握绿茶品质形成的基本知识、基本理论。熟练掌握绿茶（炒青、烘青及扁形、卷曲形、毛峰形等名优绿茶）加工工艺和技术，包括：①鲜叶管理：摊叶厚度，摊叶时间，鲜叶处理方法，鲜叶在摊放中的变化及与品质的关系；②杀青：杀青机械类型及型号，杀青温度，投叶量，杀青方法，全程杀青时间，杀青叶叶象观察及质量分析；③揉捻（造型）：揉捻机械型号，揉捻机转速，投叶量，揉捻方法，全程揉捻时间，揉捻叶象观察及质量分析；④干燥：干燥机械类型及型号，投叶量，干燥工艺和方法，全程时间，叶象观察及毛茶品质分析
5	红茶加工技术	掌握工夫红茶和红碎茶的加工工艺流程、技术参数、要求和操作要领；能进行工夫红茶和红碎茶的加工操作	理解红茶品质形成的基本知识、基本理论。掌握工夫红茶和红碎茶的加工工艺流程、技术参数、要求和技术要点
6	乌龙茶加工技术	掌握安溪铁观音和武夷岩茶的加工工艺流程、技术参数、要求和操作要领；能进行安溪铁观音和武夷岩茶的加工操作	理解青茶品质形成的基本知识、基本理论。掌握安溪铁观音和武夷岩茶的加工工艺流程、技术参数、要求和技术要点
7	其他茶类加工技术	了解黑茶、黄茶和白茶的加工工艺流程、技术参数、要求和操作要领；能进行君山银针和蒙顶黄芽的加工操作	了解黑茶、黄茶和白茶品质形成的基本知识、基本理论。了解黑茶、黄茶和白茶的加工工艺流程、技术参数、要求和技术要点
8	茶叶精制技术	掌握绿毛茶精制工艺流程、技术参数、要求和操作要领；能依据毛茶情况，设计出合理的精制工艺流程；能独立进行毛茶精制操作	掌握绿毛茶精制工艺流程、各工序技术参数、要求和操作要点

续表

序号	教学内容	教学目标、要求	
		能力要求	技能、技术、知识点
9	茉莉花茶加工技术	熟练掌握茉莉花茶加工工艺流程、工序技术参数、要求和操作要领；掌握花茶工艺指标测定方法，能对在制品进行质量分析和控制；能结合生产实际，总结茉莉花茶窨制工艺线；能独立进行茉莉花茶加工	熟练掌握茉莉花茶品质形成的基本知识和基本理论。熟练掌握茉莉花茶加工工艺和技术，包括：①鲜花管理：鲜花进厂管理，茉莉花处理技术；②窨花：配花量，窨制方法；③通花散热：付窨后温度变化情况，通花温度，通花方法与技术；④起花：在窨时间，起花方法与技术；⑤湿坯复火：复火温度、烘干机型号、转速、摊叶厚度、复火全程时间，复火前后茶坯含水量控制；⑥提花：配花量、提花在窨时间、提花前后茶叶含水量控制

（三）茶叶加工技术的相关学科及学习方法

1. 茶叶加工

这是依照技术上的先进、经济上的合理原则，研究茶叶加工原料、茶鲜叶初加工、精加工过程和方法的一门应用性学科。它和其他食品加工一样，有与本专业相关的学科，如茶树栽培、茶树良种繁育、茶叶生物化学、茶叶机械、茶叶审评与检验等，以至还有某些社会科学作为基础，才能开展自身的研究工作。

2. 技术先进和经济合理

技术先进有两个含义：一是工艺先进，二是设备先进。工艺先进要了解和掌握原料品质，初精加工的工艺技术参数，对茶叶品质的影响，择佳组合。也就是掌握外界条件和加工中的物理、化学、生物等方面的变化关系。这就需要牢固地掌握物理、化学和生物等方面的知识，特别是热力学、电学、茶叶生物化学、微生物学的基础知识，与加工过程中所发生的变化和合理的技术参数的控制联系在一起，达到控制的最佳水平。设备先进包括设备自身的先进和工艺水平相适应的程度，对先进设备性能的了解，尔后制定与先进设备相适应的工艺技术，就应对有关单元操作过程的一般原理进行理解，这就必须掌握茶叶机械原理等知识。总之，要达到技术先进，需要有许多学科的基础，这是本学科学习的必备条件。

经济合理是指投入与产出之间的合理比例关系，如茶叶精加工，毛茶原料来自四面八方，品质千差万别，毛茶进厂与成品出厂期间的经济效益，既包含有从毛茶合理验收到拼配包装出厂的全套技术问题，也有经济指导思想的问题，在某种程度上看，茶厂的经济管理同样影响茶叶品质，这就需要社会科学诸如"茶业经营管理学"的知识作指导，运用先进的管理技术配合先进的加工技术，才能达到取得合理的经济效益的目的。同样是茶叶加工需要进行深入研究的对象是对从鲜叶到精茶的加工过程中所产生的质量变化必须进行了解和控制，这就需要对茶叶品质进行检测，要求掌握茶叶的感官审评、内含化学成分的分析等基本技能。

此外，所有加工技术的提高是建立在科学试验的基础上的，随着科学技术水平的发展和提高及高技术产业的崛起，涉及学科更广，技术难度更高，更需要一些新的学科为基础。

总之，茶叶加工的相关学科之多，使得该学科在整个加工领域中只是起着纽带的作用，应把各相关学科的基本原理、基本技术加以综合、融化而自成体系。因此，不能以为只靠教材就能全面掌握茶叶加工的技术和理论。在科学迅速发展的今天，新技术、新理论日新月异，故在学习本课程时还要及时了解和掌握新的学科动向，了解学科的研究前沿。同时本课程也是实践性很强的课程，更加强调理论联系实际，学习中紧密结合生产实践，重视动手能力的训练。向实践学习，向制茶工人、技术人员学习，善于观察，勤于积累，做到学用结合。同时要注重学习国内外先进技术和经验。只有这样，才能学好本课程。

小　结

中国是茶的"祖国"，茶的栽培、制造以及命名都是起源于中国。茶最早是作为药物使用，随着人们对茶叶从贮藏和交易的需要出发，由药用发展到饮用，并改革了加工技术。茶叶加工技术从最原始状态到如今共经历了起源、发展、变革和机械化制茶四个时期，并由最初的生煮羹饮发展到鲜叶晒干，再发展至加工饼茶和散茶，最终形成各种茶类。

发展茶叶加工是十分重要的，是发展国民经济的需要，是促进人类文明的需要，也是茶叶科学向前发展的需要。因此，在学习本门课程的同时，要注意其他相关学科的发展动态，要向实践学习，方可掌握茶叶加工的技术与理论。

项目二　茶叶分类与命名

（1）熟悉茶叶命名的方法。

（2）掌握茶叶命名的科学依据。

（3）了解国外茶叶分类的方法。

（1）初步具备对茶叶产品进行定名的能力。

（2）能应用茶叶综合分类法对茶叶进行分类。

一、茶叶的分类

我国茶叶生产历史悠久，茶区广阔，茶树品种资源丰富。历代劳动人民发挥无穷的智慧创制发明了各色各样的茶叶产品，有绿茶、黄茶、黑茶、白茶、红茶、青茶、花茶和蒸压茶，并且每一类茶的制法在同一工序中又有不同的变化，制成的茶叶的色、香、味、形也有差异，而分数种以至数十种。加工方法各具特色，产品品质丰富多彩，我国成为世界上茶叶种类最多的国家。

历史上我国茶叶分类方法各异。唐代时蒸青饼茶，陆羽以烹茶方法不同而将茶分为粗茶、散茶、末茶、饼茶；宋代从外形不同将茶分成片茶、散茶、腊茶三类；元代依据鲜叶老嫩不同，而将茶分芽茶和叶茶两类；明代突破绿茶范围，发明红茶、黄茶、黑茶；清代制茶技术相当发达，白茶、青茶、花茶相继出现，建立了依据产地、内外销的销路、制法、品质、制茶季节等进行分类。

逐渐形成了多种分类方法：①依据加工方法不同和品质差异划分为绿茶、红茶、乌龙茶（青茶）、白茶、黄茶和黑茶六大类；②依据我国出口茶的类别划分为绿茶、红茶、乌龙茶、白茶、花茶、紧压茶、速溶茶七大类；③有的根据我国茶叶加工分初、精制两个阶段的实际情况分成毛茶和成品茶两大类，其中毛茶又分为绿茶、红茶、乌龙茶、白茶和黑茶五大类，将黄茶并入绿茶中；成品茶又分为绿茶、红茶、乌龙茶、白茶和再加工成的花茶、紧压茶和速溶茶七大类。以上这些方法，均不能全面反映茶类不同的特点。

茶叶分类是为了研究与比较茶叶同异，分门别类，合理排列，使在混杂中建立有条理的系统，便于识别其品质和制法的（发展）差异。综合起来，我国茶叶可分为基本茶叶和再加工茶类两大部分。

（一）基本茶叶的分类方法

到目前为止，较一致地认为，理想的茶叶分类方法有三条依据：

其一，必须表明制茶方法的系统性；

其二，必须表明茶叶品质的系统性；

其三，必须表明茶叶内含物质变化的系统性，同时，茶叶种类发展的先后，应作为茶叶分类排序的次序。

1. 表明制茶方法的系统性

一般而言，制法不同，内含物质变化就不同，品质也就有根本差别。每一个茶叶种类都有一个共同或相似的制法特点，如红茶都有一个共同促进酶活化，使黄烷醇类（儿茶多酚类）氧化较完全的渥红（俗称"发酵"）过程；绿茶的杀青过程；黑茶类都有一个共同的堆积做色（渥堆）过程。

2. 表明茶叶品质的系统性

品质的系统性是由制法决定的。

绿茶：不论哪种花色，都是"干茶翠绿、汤色碧绿、叶底黄绿"的三绿特征，都属绿色范畴，只是色度深浅、明亮枯暗不同而已，如果茶叶汤色、叶底变黄，则不属于绿茶类了（储藏或制法技术不好除外）。

黄茶：品质特点是"黄汤黄叶"，这是制造过程中闷堆渥黄造成的。

红茶：品质特点是"红汤红叶"，"发酵"是关键过程。

乌龙茶：属半发酵茶，是介于绿茶和红茶之间的一类茶叶，外形色泽青褐，因此也称为青茶，汤色黄红，典型的乌龙茶叶片中间呈绿色，叶缘呈红色，素有"绿叶红镶边"之称。

黑茶：品质特点是外形色泽油黑或暗褐，茶汤褐黄或褐红，关键是渥堆。

白茶：品质特点是色泽灰绿，属轻微发酵茶。

3. 表明内含物质变化的系统性

由于制法不同,茶叶内含物质变化的程度和快慢也有不同,在内含物的变化方面,以儿茶素类物质最为明显。如表2-1所示,儿茶素类物质变化(含量多少)的程度依次是绿茶、黄茶、黑茶、白茶、青茶、红茶(一般情况)。

表2-1　六大基本茶类儿茶素含量的变化

基本茶类(毛茶)	鲜叶儿茶素总量/ (mg/g)	毛茶儿茶素总量/ (mg/g)	儿茶素减少率/%
绿茶	158.38	108.71	31.36
黄茶	148.39	55.84	63.04
黑茶	132.02	65.82	50.14
白茶	247.94	56.08	76.83
红茶	134.26	13.53	89.92
青茶	142.57	37.91	73.41

(二)再加工茶叶的分类方法

现通用的分类方法是采用纲、目、种分类系统。

以制法与品质的系统性为纲。品质的不同,主要取决于制法不同,各种茶类制成茶以后品质已大致稳定,在毛茶再加工过程中,品质变化也不同,如各种花茶的品质稍有变异,但基本的品质系统性未超出该类的系统性,因此,再加工茶类应是"目",而不是"纲"。

再加工茶类的分类,以毛茶加工(制法)为基础,再加工茶类的品质形成主要取决于毛茶初制。如再加工后品质变化较小,则哪一类毛茶再加工仍归哪一类。如绿茶、花茶仍属绿茶类;云南沱茶、饼茶和小圆饼茶属晒青绿茶加工,不经堆积和"发花过程",色、香、味变化不大,制法和品质靠近绿茶,归入绿茶类。

再制后如变化较大,与原来的毛茶品质不同,则以变成靠近哪个茶类而改属哪个茶类。如云南紧茶,大圆饼茶是晒青绿茶加工,经过先堆积促进变色,在干燥中"发花",品质变化很大,接近黑茶类,应归为黑茶类。

(三)茶叶分类现状

按照以上分类方法,在制法的基础上结合品质特征对茶叶种类加以细致区分。基本茶类分类如下:

(1)绿茶类　鲜叶经杀青、揉捻、干燥三个工序,在杀青工序中,采用高温快速杀青，破坏酶的活力，制止多酚类化合物的酶性氧化，保持绿叶清汤的品质特点。

根据杀青方法不同分为蒸青（蒸汽杀青）和炒青两种；

根据干燥的方法又分为炒干、烘干、晒干三种；

依外形不同分为圆形，长形，针形，尖形，片形等。

比如：信阳毛尖属炒青后烘干的针形茶，云南饼茶属炒青后晒干的针形茶，龙井属炒青后炒干的扁形茶。

（2）黄茶类　制法基本上与绿茶相同，只是在揉捻或初干后经过特殊的闷黄工序，促进多酚类化合物氧化，形成黄叶黄汤的独特品质。

根据闷黄的先后为：

杀青后湿坯堆积闷黄：溈山毛尖，台湾，苏联黄茶。

揉捻后湿坯堆积闷黄：黄大茶，黄小茶，君山银针。

（3）黑茶类　鲜叶经杀青、揉捻、渥堆、干燥四个工序制得。

渥堆时间较长，多酚类化合物自动氧化，程度较黄茶更充分，经过微生物作用，从而形成毛茶色泽油黑或暗褐，茶汤褐黄或褐红的特征。

根据渥堆法不同分为以下几类。

湿坯渥堆发酵。蒸压变色：湘一、二、三号。

　　　　　　　蒸压定型：黑砖茶，花砖茶，茯砖。

干坯渥堆发酵。散茶：湖北老青茶。

　　　　　　　蒸压定型：云南紧茶，广西六堡茶。

成茶堆积再发酵。蒸压：康砖茶，金尖，四川茯砖，湖北青砖茶。

　　　　　　　　炒压：方包茶、安化茯砖。

（4）白茶类　鲜叶经萎凋和干燥两个工序。其制造特点是不经高温破坏酶的活性，也不创造条件促进多酶类化合物酶性氧化，而是任其自动缓慢氧化，形成茶芽满披白色茸毛、汤色浅淡的品质特征。

根据萎凋程度分为以下几类。

全萎凋。芽茶：政和银针。

　　　　叶茶：政和白牡丹。

半萎凋。芽茶：白云雪芽，银针。

　　　　叶茶：贡眉，寿眉。

（5）乌龙茶类（青茶类）　鲜叶经萎凋、做青、杀青、揉捻、干燥等工序。它的制法特征先适当促进多酚类化合物氧化，达到一定程序后，再采用高温炒青制止多酚类化合物的酶性氧化，使茶叶形成绿叶红镶边，汤色金黄，香味醇，兼具红茶、绿茶的品质特征。

①按做青程度和产地分以下几类：

闽北乌龙：武夷岩茶，大红袍，铁罗汉，单枞奇种。

闽南乌龙：安溪铁观音，梅占，色种。

广东乌龙：凤凰单枞，水仙。

台湾乌龙：乌龙色种。

②按产地又可分为岩茶、洲茶、山茶。

③按动作轻重分为：闽南青茶、台湾青茶、闽北青茶、广东青茶、做手做青萎凋青茶。

（6）红茶类　红茶经过萎凋、揉捻、发酵、干燥四个工序。经过室温自然渥红或热化的作用，形成"红汤红叶"的品质特点。

依制法：成茶外形和品质不同而分小种红茶、工夫红茶、红碎茶三类。

小种红茶经过萎凋、揉捻、渥红、锅炒、毛烘、拣剔复烘等工序。其中熏蒸为松木。故成品茶有松木香味。而在福建崇安桐木关范围内的产品有自然的松木香味，称作正山小种。而用油松木烟烘，称作工夫小种。

工夫红茶经过萎凋、揉捻、渥红、干燥四个工序。毛茶加工很精细，粗大做小，不分花色，分叶茶和芽茶。叶茶是整叶工夫，芽茶是细嫩工夫。

红碎茶（切细红茶）是在揉捻过程中边揉边切，分叶茶、碎茶、片茶、末茶四种花色规格。叶茶类外形成条状，按品质分为"花橙黄白毫"（F.O.P）和"橙黄白毫"（O.P）两个花色。碎茶类外形呈颗粒状，按品质分"花碎橙黄白毫"（F.B.O.P）、"碎橙黄白毫"（B.O.P）、碎白毫（B.P）等花色。

具体分类情况如下。

小种红茶：湿培熏蒸（正山小种）；

　　　　　毛茶（工夫小种）。

工夫红茶：叶茶（祁红，宁红，宜红，川红，滇红）；

　　　　　芽茶（金芽，紫毫，红梅，君眉）；

　　　　　片茶　正花香，副花香。

红碎茶：叶茶（白毫，橙黄白毫，白毫小种）；

　　　　碎茶（碎白毫，碎橙黄白毫，花香，花啐橙黄白毫）。

二、茶叶的命名

在我国漫长的茶叶历史发展过程中，历代茶人创造了各种各样的茶类，加上我国茶区分布很广，茶树品种繁多，制茶工艺技术不断革新，于是便形成了丰富多彩的茶类。就茶叶品名而言，从古至今已有数百种之多，而不同的品类，其命名的方式也存在差别。如何从这些众多的茶叶类群中建立一个有条理的命名系统，以便识别茶叶品质和制法的差异性，了解茶叶的相关特点、产地等信息，对于规范茶叶类别，创造新茶品种具有重要的意义。目前世界上还没有规范化的茶叶命名方法。

1. 茶叶命名的依据

茶叶分类与命名，目前比较认同的是分六大类，各大类又依制法特点分为各个小类，各小类又根据外形和加工技术细分为不同茶叶种类，掌握好命名与分类的理论，既可以帮助我们将茶叶归类，又可以为我们通过各种不同制作方法创造不同茶叶种类提供理论基础。

每一种茶叶必须先有一个名称，然后才能对此开展分类研究工作。茶叶命名与分类可以联系在一起，如工夫（名称）红茶（分类）、白毫（分类）银针（名称）、岩茶（分类）、水仙（名称）。茶叶名称常带有描述性，名称之文雅是其他商品所不及的。

2. 茶叶各种命名方法及其应用

（1）茶叶命名方法众多，在茶叶命名过程中，往往根据产地环境、制茶技术、品质风格、季节气候、茶树品种、消费市场甚至创制人名等来进行命名，方法特点各异，茶名称呼繁多，极大地丰富了茶叶市场。茶叶各种命名方法与举例应用如表2-2所示。

表2-2 茶叶命名依据与示例

茶叶命名依据		示例
产地环境	所在区域	西湖龙井、洞庭碧螺春、安溪铁观音、武夷岩茶、普洱茶
	海拔高低	高山茶、平地茶
制茶技术	干燥工艺	炒青绿茶、烘青绿茶、晒青绿茶
	发酵程度	不发酵茶、微发酵茶、半发酵茶、全发酵茶、后发酵茶
	蒸压工艺	散茶、篓装茶、紧压茶
季节气候	采摘时间	明前茶、雨前茶
	采制季节	春茶、夏茶、暑茶、秋茶、冬茶
品质风格	色泽	绿茶、红茶、黄茶、白茶、黑茶、青茶
	香气或滋味	舒城兰花、江华苦茶、白芽奇兰、武夷肉桂、芝兰香、玉兰香
	外形特点	瓜片、珠茶、眉茶、针形茶、卷曲形茶、扁形茶、砖茶
消费市场		内销茶、边销茶、俏销茶、外销茶
创制人名		熙春、大方
茶树品种		铁观音、大红袍、水仙、肉桂、金萱、翠玉、黄观音
包装形式		袋泡茶、小包装茶、罐装茶

（2）而事实上，茶叶的命名并不是只采取一种方法，通常我们可以将茶叶类别和命名做一个归纳，见表2-3。

表2-3 我国茶叶分类命名基本情况

基本茶类	绿茶	蒸青绿茶	煎茶、玉露
		晒青绿茶	滇青、川青、陕青
		炒青绿茶 眉茶	炒青、特珍、珍眉、凤眉、秀眉
		珠茶	珠茶、雨珍、秀眉
		细嫩绿茶	龙井、大方、碧螺春、雨花茶、松针
		烘青绿茶 普通烘青	闽烘青、浙烘青、徽烘青、苏烘青
		细嫩烘青	黄山毛峰、太平猴魁、华顶云雾
	白茶	白芽茶	白豪银针
		白叶芽	白牡丹、贡眉
	黄茶	黄芽茶	君山银针、蒙顶黄芽
		黄小芽	北港毛尖、沩山毛尖、温州黄汤
		黄大芽	霍山黄大茶、广东大叶青
	乌龙茶（青茶）	闽北乌龙	武夷岩茶、水仙、大红袍、肉桂
		闽南乌龙	铁观音、奇兰、黄金桂
		广东乌龙	凤凰单枞、凤凰水仙、岭头单枞
		台湾乌龙	冻顶乌龙、包种、乌龙
	红茶	小种红茶	正山小种、烟小种
		工夫红茶	滇红、祁红、川红、闽红
		红碎茶	叶茶、碎茶、片茶、末茶
	黑茶	湖南黑茶	安化黑茶
		湖北老青茶	
		四川边茶	南路边茶、西路边茶
		滇桂黑茶	普洱茶、六堡茶
再加工茶类	花茶		玫瑰花茶、珠兰花茶、茉莉花茶、桂花茶
	紧压茶		黑砖、方茶、茯砖、饼茶
	萃取茶		速溶茶、浓缩茶、罐装茶
	果味茶		荔枝红茶、柠檬红茶、猕猴桃茶
	药用保健茶		减肥茶、杜仲茶、降脂茶
	含茶饮料		茶可乐、茶汽水

小 结

理想的茶叶分类方法有三条依据：其一，必须表明茶品质的系统性；其二，必须表明制法的系统性；其三，必须表明内容物质变化的系统性。同时，茶类发展的先后，应作为茶叶分类排序的次序。我们将基本茶叶种类划分为绿茶、黄茶、黑茶、白茶、红茶和青茶（乌龙茶）。

再加工茶叶的分类，应以毛茶为依据，茶类品质的形成主要决定于鲜叶加工。再加工后品质变化较小，则哪一类毛茶再加工仍旧归哪一类；如再加工后品质变化较大，与原来的毛茶品质不同，以变成靠近哪个茶类，则改属哪个茶类。

茶叶的命名与分类可以联系在一起，方法有很多种，而且各具特色，不同的命名方法可以让我们清楚地了解到茶叶的相关特点、产地等信息。

项目三 鲜 叶

知识目标

1. 理解鲜叶主要化学成分在茶叶制造中的变化，熟悉鲜叶中主要化学成分与制茶品质的关系。
2. 了解鲜叶主要化学成分与茶叶适制性的关系。
3. 掌握鲜叶的规格与类型；熟悉鲜叶质量的评价方法。
4. 掌握鲜叶的管理方法。

技能目标

1. 能利用鲜叶适制性原则，选择所制茶叶所需的鲜叶原料。
2. 能对鲜叶采取合理的保鲜措施。
3. 能利用鲜叶质量的评价方法，对鲜叶进行评级验收。

必备知识

一、鲜叶的化学成分与品质

鲜叶：按照一定茶类的标准要求，从茶树树冠上采摘下用来制作各类茶叶原料的芽叶的总称。它包括新梢的顶芽，第一、二、三、四叶及梗。

鲜叶是茶叶品质的物质基础。优质的鲜叶才能制出优良的茶叶。鲜叶的规格有芽、一芽一叶、一芽二叶、一芽三叶、一芽四叶等。依叶子展开程度，又分为一芽一叶初展、一芽二叶初展及一芽三叶初展。随着嫩梢生长成熟，出现驻芽的鲜叶称为"开面叶"，其中有小开面、中开面、大开面之分。还有一种鲜叶有驻芽，但节间极短，二片叶片形为对生，又小又薄又硬，是一种不正常新梢，称为"对夹叶"。

鲜叶还是制定合理制茶技术措施的依据。只有充分了解鲜叶的各种形态特征、内部组织结构、物理特性和化学成分后，才可能制定合理的制茶工艺，采取合理的制茶措施，最大限度地发挥鲜叶的经济价值。

（一）鲜叶的主要化学成分

茶叶的色、香、味、品质，是鲜叶含有的多种化学成分及其在制茶中变化的综合反映。茶叶品质的好坏，首先取决于鲜叶内含有效化学成分的多少及其配比。制茶的任务是控制条件促进鲜叶内含成分向有利于茶叶品质的方向形成和发展。

鲜叶中的化学成分有 500 多种，可分为水分、无机成分和有机成分（表3－1），有机成分主要是多酚类、蛋白质、氨基酸、生物碱、糖类、色素和维生素等。

表3－1 鲜叶内含化学成分组成表

分类		名称	占鲜叶质量分数/%	占干物质质量分数/%
水分			75～78	
	无机化合物	水溶性部分		2～4
		水不溶性部分		1.5～3.0
干物质（占鲜叶质量分数22%～25%）	有机化合物	蛋白质		20～30
		氨基酸		1～4
		生物碱		3～5
		茶多酚		20～35
		糖类		20～25
		有机酸		3 左右
		类脂类		8 左右
		色素		1 左右
		芳香物质		0.005～0.03
		维生素		0.6～1.0
		酶类		

1. 水分

水分是鲜叶的主要化学成分之一，占鲜叶质量的75%左右。水分含量的大小因采摘的芽叶部位、时间、气候、茶叶、茶树品种、栽培管理、茶树长势等不同而异。

表3-2 茶树新梢各部位含水量（占总量的比值）

部位	芽	第一叶	第二叶	第三叶	第四叶	茎梗
含水量/%	77.6	76.7	76.3	76	73.8	84.6

由表3-2可见：芽的含水量大于第一叶、第二叶、第三叶、第四叶。值得注意的是茎梗的含水量远高于芽，这与制茶技术关系很大。

同一天中，早上含水量最高。气候的影响是雨水叶高于雾天叶，雾天叶高于晴天叶。

不同的茶树品种鲜叶含水量不同，大叶种高于中、小叶种。

（1）水分的存在形式 鲜叶中水分可分为表面水和组织水。表面水是指黏附在叶片表面的水分。组织水又可分为自由水（游离水）和束缚水。自由水主要存在于细胞液和细胞间隙中，呈游离状态，能自由流动，易通过气孔向外扩散，在制茶过程中，在大量蒸发的同时，可引起一系列理化变化。束缚水又称结合水，主要存在于细胞的原生质中，它不能自由流动，只有在原生质发生变化后才能变为自由水。

（2）水分与茶叶加工的关系 水分在制茶过程中，既是一系列化学反应的介质，又是一些反应的基质。绿茶杀青利用高温蒸汽破坏酶活性。红茶利用水分促进酶活性。黑茶在渥堆时要求保水，以使堆温升高。

制茶的各个工序中，随水分含量的变化，物理性状也相应发生变化。因此，在制茶中，按各类茶品质要求，了解水分和内质变化的关系，根据在制品失水的多少及其所呈现出的不同形质特征，可以将水分减少的速率与程度作为控制工艺适度的指标。眉茶杀青叶含水量控制在55%~60%，湿坯叶（二青叶）含水量30%~40%，毛坯叶（三青叶）含水量12%~15%，毛茶含水量6%以下。

鲜叶含水量还是确定制率和核定成本的依据之一。

一般水的汽化热为293.3~326.1kJ/kg，若绿茶杀青减重40%全是水分，则1kg鲜叶需消耗热能117.4~130.4kJ。

水分还是茶叶储藏的指标之一，毛茶含水量应在6%左右，成品茶在4%~6%，如成品茶含水量超过12%，空气相对湿度大于70%，则茶叶极易霉变。

2. 多酚类化合物

多酚类化合物是茶叶中的主要物质之一，占干物质总量的20%~35%，是茶叶内含可溶性物质中最多的一种，它对茶叶品质的形成影响很大，对人体生理与健康也有重要作用。

多酚类化合物是一类由 30 多种多羟基的酚性物质所组成的混合物的总称。它的化学性质一般比较活跃，在不同的加工条件下，发生多种形式的转化，形成多种不同的产物。因此，制茶品质就主要取决于多酚类化合物的组成、含量和比例，以及在不同的制茶过程中转化的形式、深度、广度和转化产物的不同。

鲜叶中多酚类化合物的含量因茶树品种、肥培管理、采摘季节的不同而有差异，一般地说：

同一品种：夏季大于春季；不遮荫处理大于遮荫处理。

施肥：在保证氮肥的情况下，增施磷肥，可提高含量。

品种：大叶种大于中、小叶种。

嫩度：随老化成熟降低。

（1）类别　多酚类化合物（黄烷醇类化合物）按其化学结构可分为四类：儿茶素类、花黄素类、酚酸类和花青素类。其中，儿茶素类占多酚类总量的 80%，它对茶叶品质的影响极大。

①儿茶素类化合物：包括简单（游离）儿茶素和复杂（酯型）儿茶素两种，两者又各有两种基本结构。

简单儿茶素：儿茶素（C），没食子儿茶素（GC）。

复杂儿茶素：儿茶素没食子酸（CG），没食子儿茶素没食子酸酯（GCG）。

儿茶素有几何构型和旋光异构。"L"表示左旋，"D"表示右旋。

儿茶素是形成茶叶色香味的主要物质，对品质影响很大。复杂儿茶素（L‑EGCG，L‑ECG）具有强收敛性，苦涩味较重；而简单儿茶素收敛性较弱，味醇和，不苦涩。在制茶过程中，鲜叶中水溶性多酚类化合物转化可分为以下三部分：

部分氧化→茶黄素、茶红素。

部分未被氧化→儿茶素，非儿茶素类多酚化合物。

非水溶性多酚类化合物→主要与蛋白质结合存在于叶底（不溶）。

因此，在制茶过程中，多酚类化合物转化的三部分含量和比例，对各类茶叶色香味的影响有显著不同。

绿茶类：阻止酶促氧化，保留了较多的多酚类物质，因此，茶汤滋味较苦涩，收敛性强，叶绿汤清。

红茶类：酶促氧化，而且首先被氧化的部分主要是复杂儿茶素（还原势高）。氧化产物是茶黄素（TF）和茶红素（TR）。因此，滋味浓醇，苦涩味较轻，红汤红叶。

②花黄素类（黄酮类）：它是儿茶素类的氧化体，呈黄色。在茶叶中已发

现十多种，含量为干物质的 1.3% ~ 1.8% 。溶于水，是自动氧化部分的主要物质。花黄素的含量多少与红茶茶汤带橙黄色成正相关。在绿茶中，花黄素及其自动氧化产物对茶汤、干茶和叶底色泽都有影响。

③花青素类：种类很多，有青色、铜红色、暗红色、紫色、暗紫色等。它是一类性质比较稳定的色原烯衍生物。它的含量较少，但它的存在对茶叶品质不利。如花青素含量稍高，则绿茶滋味苦，干茶色泽乌暗，叶底靛蓝色，品质不好，红茶的汤色和叶底都乌暗，品质也不好。

紫芽种和夏叶，花青素含量较高。茶叶中花青素的形成和积累与茶树生长发育状态及环境条件关系密切。较强的光照和较高的气温，茶叶中花青素含量较高。

④酚酸类：茶叶中酚酸的含量较少，主要包括没食子酸、茶没食子素、鞣花酸、绿原酸、异绿原酸、咖啡酸、对香豆酸、对香豆奎尼酸，其中以没食子酸和茶没食子素含量较多。

(2) 茶多酚与茶叶加工的关系

①与铁易发生反应而变暗：茶叶中儿茶素、花青素和黄酮类物质的基本结构极为相似。茶多酚是一类生理活性物质，含量及组成的变化很易受外界条件的影响，是形成茶叶品质的重要成分之一。茶多酚易溶解于热水，茶多酚及其氧化产物（茶黄素、茶红素等）能与蛋白质结合而沉淀，茶多酚遇铁离子，则形成绿黑色物质。

②易发生酶促氧化而变红：在茶叶加工过程中，茶多酚化合物在酶的催化作用下，很容易氧化生成醌。醌又可以发生分子间的聚合反应而生成醌类聚合物，再进一步氧化转化，其产物引起制茶品质的色香味多种多样的变化。醌是有色物质，间位醌大多是黄色的，邻位醌大多是红色或橙红色的。初级氧化产物的醌很不稳定，存在时间很短，具有很活跃的氧化能力，有氧化其他氧化能力较低的酚类和非酚类基质（如氨基酸、糖等）而自身被还原的性质。

而黄酮类是溶于水的黄色化合物，容易发生自动氧化，是多酚类化合物自动氧化部分的主要物质。黄酮类的自动氧化在红茶中占从属地位，其含量多少与红茶茶汤带橙黄色成正相关。但在绿茶中黄酮类及其自动氧化产物是形成绿茶汤色的主要成分，对干茶和叶底也有一定影响。

③高温时易发生热解、异构化：茶多酚化合物在制茶过程中热的作用下，发生热解和异构化作用，使一些不溶于水的茶多酚化合物转化为可溶性的物质，给茶汤带来良好的滋味。

④常温下易发生自动氧化：在常温的情况下，发生自动氧化，使成茶在储藏过程中往往由绿变黄而降低品质。

在绿茶加工中，由于经过高温杀青工序，破坏酶的活性，制止茶多酚缩合氧化，而保留了茶多酚化合物原有的性质。因此茶汤滋味较苦涩，收敛性强。而红茶加工中，则是充分利用酶促氧化，促使多酚类形成茶黄素、茶红素等色素和滋味成分，从而构成红茶特有的风格。

3. 蛋白质和氨基酸

（1）蛋白质　蛋白质是一类含氮化合物，鲜叶中其含量占干物质的25% ~ 30%，其中水溶性蛋白质不多。

茶树新梢幼嫩部分含量较高。随着新梢生长发育，蛋白质含量减少，如表3 – 3 所示。

表3 – 3　茶树新梢部位蛋白质含量变化

芽叶部位	芽	第一叶	第二叶	第三叶
蛋白质含量/%	29.05	26.05	25.92	24.94

品种：中、小叶种大于大叶种；季节：春茶大于夏茶，夏茶大于秋茶；施肥：多施氮肥，有利于提高蛋白质的含量。

在绿茶制造中，高温杀青工序就是阻止酶促氧化，此外：蛋白质可水解或热解成游离氨基酸；蛋白质与茶多酚反应的产物不溶于水，可降低茶多酚的苦涩味。因此，含蛋白质较高的鲜叶适制绿茶。

在红茶加工中，一般要求茶多酚含量较多，蛋白质含量较低的鲜叶，这有利于发酵，形成红茶红汤红叶的品质特征。

实验证明，茶叶经冲泡后进入茶汤的蛋白质含量仅占蛋白质总量的2% 左右。但却与茶叶的品质有关：它对保持茶汤清亮和茶汤胶体溶液的稳定性起重要作用；对增进茶汤滋味和茶汤的营养价值有一定作用；在加工中，部分蛋白质水解为氨基酸。

（2）氨基酸　在茶叶中发现了26 种氨基酸，其中20 种蛋白质氨基酸，6 种非蛋白质氨基酸（茶氨酸、豆叶氨酸、谷氨酰甲胺、γ – 氨基丁酸、天冬酰乙胺、β – 丙氨酸）。

茶叶中游离氨基酸很少，占干物质的1% ~3%。茶叶中主要的游离氨基酸是茶氨酸、天冬氨酸、谷氨酸、精氨酸、丝氨酸、苏氨酸和丙氨酸等。其中茶氨酸是茶叶中特有的氨基酸，它是组成茶叶鲜爽香味的重要物质之一。茶氨酸占茶叶干重的1% ~2%，在茶汤中的泡出率可达80%，它与绿茶等级的相关系数达0.787 ~0.876。

茶氨酸本身具有甜爽的味感和焦糖香（苯丙氨酸具有玫瑰香味，丙氨酸具有花香味，谷氨酸具有鲜味），能缓解苦涩味，增强甜味，可见茶氨酸不仅对绿茶品质有重要意义，而且也可作为红茶品质的重要评价因子之一。

不同季节：春茶大于夏茶；春茶早期大于中期，中期大于晚期；嫩度越高，含量越高。

嫩梗氨基酸含量高于芽、叶中含量的 1~3 倍，绿茶品质中嫩梗香高味醇，可能与氨基酸含量较多有关。

4. 酶

酶是一种特殊蛋白质，是一类具有生理活性的化合物，是生物体内进行各种化学反应的催化剂。

（1）茶叶中的酶类归纳起来有水解酶、磷酸化酶、裂解酶、氧化还原酶、移换酶、同分异构酶等。水解酶有蛋白酶、淀粉酶等；氧化还原酶有多酚氧化酶、过氧化氢酶、过氧化物酶、抗坏血酸氧化酶等。这些酶在制茶过程中的化学变化具有重要作用，特别是多酚氧化酶是形成茶叶品质的决定性因素。

化学变化过程：多酚类化合物 $\xrightarrow{\text{多酚氧化酶}}$ 邻醌 $\xrightarrow{\text{氧化，聚合，缩合}}$ 有色物质 $\xrightarrow{O_2}$ 茶黄素（TF）$\xrightarrow{O_2}$ 茶红素（TR）$\xrightarrow{\text{缩合}}$ 茶褐素（TB）。

（2）酶与茶叶加工的关系

①温度对酶活力的影响——双重性：酶蛋白具有一般蛋白质的通性，维持酶活力的最适温度，虽各种不同的酶都有各自的要求，但一般在 30~50℃，温度过高、过低都会影响酶活力，酶蛋白达到一定的温度时，即产生变性、失去活力。绿茶的杀青、红茶的烘干都是用高温钝化酶停止酶的活力，达到制茶工艺要求，以获得优良的制茶品质。

②pH 对酶活力的影响——最适 pH：各种不同的酶要求不同的酸碱度，各种酶只有在最适 pH（酸碱度）下，才能达到最大的活力。如红茶发酵时，酸度越来越大，多酚氧化酶在低于最适 pH5.5 时，其活力也就越来越低。

③反应类型对酶活力的影响——专一性：酶具有专一性的催化作用，酶催化作用和无机催化剂一样，只能催化既有的化学反应，不能创造新的反应。但酶的催化作用又有它的特殊专一性，一种酶仅能催化某一种化学反应，如蛋白酶只能参与蛋白质的水解合成反应。酶的这种特性，在制茶过程中具有特殊意义。

（3）制茶技术与酶　制茶技术就是要有效地控制酶的活力，促进催化作用（红茶），或抑制催化作用（绿茶），或限制催化作用在一定范围内（青茶、白茶），因此产生不同的化学反应产物，形成不同的品质。这些制茶技术主要是通过控制鲜叶组织机械损伤、叶温和叶中含水量，以达到控制酶的催化作用。

5. 生物碱

生物碱主要是咖啡碱、可可碱和茶叶碱。以咖啡碱含量（一般含量为2%~4%干物质）最多（咖啡树含咖啡碱0.8%~1.8%，可可树含咖啡碱0.007%~1.7%），其他两种含量甚微。咖啡碱可作为茶叶化学成分中的特有物质而区别于其他植物，可作为鉴别真假茶的重要项目之一。

（1）咖啡碱是一种无色针状结晶微带苦味的含氮化合物。当热至50℃时成为无色结晶体，加热至120℃时开始升华，一般不溶于冷水而溶于热水，呈弱碱性。

鲜叶中咖啡碱含量随新梢生长而降低，芽最高，梗的含量最低。因此，咖啡碱含量与鲜叶老嫩呈正相关。

表3-4 咖啡碱在茶树梢中的分布

部位	芽	第一叶	第二叶	第三叶	第四叶	茎梗
咖啡碱含量/%	3.98	3.71	3.29	2.68	2.38	1.64

一般地说：大叶种高于小叶种；夏茶高于春茶；遮阴高于露天。

（2）咖啡碱与茶叶品质 茶叶中咖啡碱含量与品质成正相关。它的味微苦，因为它在茶叶中含量很低，不足于造成茶叶味苦，但它是构成茶汤滋味的主要物质之一。咖啡碱的化学性质比较稳定。在制茶过程中，由于不发生氧化作用，因此含量变化不大，只有在干燥过程中，若温度过高，咖啡碱因升华而损失一部分。

在红茶中，咖啡碱能与茶黄素结合成复合物而提高茶汤的鲜爽味。在饮用红茶时，常会看到冷后的茶汤会产生混浊现象，称为"冷后浑"。"冷后浑"的原因是咖啡碱与TF、TR结合形成络合物，该络合物不溶于冷水而溶于热水中。正常的"冷后浑"是红茶品质好的表现。

试验还表明，向茶汤中添加咖啡碱能提高茶汤的鲜爽度。

6. 糖类

糖类物质也称碳水化合物，在鲜叶中占干物质质量的20%~30%，可分为单糖、双糖和多糖三种。

（1）单糖 包括葡萄糖、半乳糖、果糖、甘露糖、阿拉伯糖等。

（2）双糖 包括麦芽糖、蔗糖、乳糖等。

这两类糖均溶于水，具有甜味，是构成茶汤浓度和滋味的主要物质；除此之外，它还参与香气的形成，如"板栗香""焦糖香""甜香"等，就是在制茶过程中，糖类本身的变化及其与氨基酸、多酚类相互作用的结果。

（3）多糖 包括淀粉、纤维素、半纤维素、果胶及木质素等。多糖无甜味，除水溶性果胶外，都不溶于水。

淀粉：在一定制茶条件下，可水解为麦芽糖或葡萄糖，可增加茶汤滋味。

纤维素、半纤维素：其含量随叶片老化而增加。因此其含量可作为鲜叶嫩度的标志之一。

果胶：水溶性果胶对茶叶品质有一定影响，它有黏性，有利于茶叶形状的形成，此外，它还能增进茶汤浓度和甜醇度。

糖类物质除水溶性果胶外，它随新梢伸育而增加。

7. 芳香物质

鲜叶中芳香物质含量为 0.02% ~ 0.05%，有近 50 种。成品茶的种类增加很多，如红茶有 325 种以上，绿茶有 100 种以上。这说明制茶技术对茶叶香气品质形成有重要作用。

在鲜叶中，芳香物质主要是醇（含羟基）、醛（含醛基）、酮（含酮基）、酯类和萜烯类等。每一个基团对香气都有影响，如大多数酯类物质有水果香，醛类有青草气。

（1）醇类　有正己醇、青叶醇、苯甲醇、芳樟醇和苯乙醇等。其中以青叶醇为主（沸点为 156 ~ 157℃）为主，它占芳香物质（鲜叶）总量的 60%，占低沸点（200℃以下）芳香物质的 80%。青叶醇有强烈的青草气，在制造过程中绝大多数挥发或转化。青叶醇有顺式和反式两种，顺式有青草气，但在浓度低时，变为清香；反式有清香。

鲜叶除低沸点芳香物质外，还有一类沸点在 200℃以上的具有良好香气的芳香物质。苯甲醇（205.5℃）：微弱的苹果香；苯乙醇（217 ~ 218.5℃）：玫瑰香；芳樟醇（198 ~ 199℃）：百合花香或玉兰花香；茉莉酮：茉莉花香。

（2）醛类　包括正丁醛、异丁醛、异戊醛、苯甲醛、青叶醛等，以青叶醛为主。它占低沸点芳香物的 15%。

（3）酸类　包括醋酸、丙酸、正丁酸、异丁酸、异戊酸、正己酸、软脂酸、水杨酸等。

（4）酯　包括苯乙酯、水杨酸甲酯等。

（5）酚类物质　包括苯甲酚、苯酚等。

此外，茶叶中含有棕榈酸、高级萜烯类。这些物质本身无香气，但有很强的吸附性，能吸收香气和异味，故一方面可用于窨花茶，但另一方面也要注意不要把茶叶与异味物质混在一起。

茶树新梢中芳香物质含量，幼嫩叶片大于老叶，春季大于夏季，高山大于平地。

构成茶叶香气的芳香物质种类很多，含量极微，组合比例千变万化，香气类型多种多样。造成这些变化的原因，一是鲜叶中芳香成分组成不同，二是制茶技术不同。

8. 色素

（1）种类　茶叶色素包括茶树体内的色素成分和加工后所形成的色素成分，鲜叶中含多种色素，对茶叶品质影响较大的有叶绿素、叶黄素、胡萝卜素、花黄素、花青素等。色素约占鲜叶干重的1%，花黄素与花青素都属酚类物质，已在前面叙述。

叶绿素、叶黄素和胡萝卜素不溶于水，一般称作脂溶性色素。

黄酮类物质、花青素、茶黄素、茶红素和茶褐素能溶于水，称作水溶性色素。

（2）加工中的变化及其与品质的关系　叶绿素可分为叶绿素 A（墨绿色）和叶绿素 B（黄绿色），叶绿素 A 的含量是叶绿素 B 的 2～3 倍，叶绿素总量比胡萝卜素约高 4 倍，使叶子在正常情况下为绿色。

一般地说，鲜叶中的叶绿素含量为 0.24%～0.85%，随叶片成熟，其含量逐渐增加，幼叶含量低（叶色黄绿），老叶含量高（叶色绿），见表 3－5。

表 3－5　不同芽叶组成的叶绿素含量

芽叶	第一叶	第二叶	第三叶	第四叶
叶绿素含量/%	0.233	0.373	0.615	0.653

此外，关于叶绿素含量：中、小叶种高于大叶种；遮阴高于露天；多施氮肥，含量高；成熟度一致的叶子，春茶高于夏茶，夏茶高于秋茶。

叶绿素属脂溶性色素，它是影响绿茶干茶和叶底色泽的重要物质，对汤色的影响是次要的。

在制茶过程中，因制茶技术条件不同，叶绿素会有不同程度的破坏，产生不同的茶叶叶色。茶叶的叶色与香气、滋味是相关的。

叶绿素在酸性、湿热条件下可生成脱镁叶绿素（褐绿色）；也可在加热条件下生成叶绿酸（溶于水的一种绿色色素）和叶绿醇。

鲜叶中叶绿素含量不同，对成茶品质的影响是很大的，制绿茶要求深绿色叶，制红茶要求浅绿色叶。

浅绿色叶制红茶：外形色泽乌褐油亮，香气纯正清高，滋味鲜甜，汤色、叶底红亮。

深绿色叶制红茶：香味青涩，汤色泛青，叶底较暗，品质较差。

紫色叶制红茶：外形色泽暗，滋味稍涩，香气尚可，汤色深红。

深绿色叶制绿茶：香高鲜爽，滋味醇厚，叶底嫩绿明亮。

浅绿色叶制绿茶：香气与滋味较前者差，汤色清澈黄绿，叶底黄绿。

紫色叶制绿茶：品质差，香低味涩，叶底靛青色。

叶黄素与胡萝卜素都是脂溶性色素，鲜叶中含量不高，在加工中变化不大。部分胡萝卜素能分解形成紫罗酮类香气化合物（紫罗兰香与红茶香气关系密切）。

花黄素（黄色）和花青素都属多酚类，溶于水。

9. 维生素

（1）茶叶中含有多种维生素，有水溶性的和脂溶性的两类。

脂溶性维生素：维生素 A（抗干眼病），维生素 K（抗出血）。

水溶性维生素：维生素 B_1（又称硫胺素，抗神经炎，防脚气），维生素 B_2（又称核黄素），维生素 C（又称抗坏血酸），维生素 PP（又称烟酸），维生素 P（黄酮类，增强人体微血管弹性）。

（2）鲜叶中维生素以维生素 C 含量最多，它随着鲜叶的老化而增加，维生素 C 是还原性基质，很容易被氧化破坏。虽然维生素 C 受热也被破坏，但比被氧化破坏的要少得多。因此，鲜叶中的维生素 C 在制茶过程中被破坏，其含量减少。

由于各种茶类的制法不同，加工中维生素 C 被破坏的程度也不同。如红茶加工的发酵过程中，维生素 C 被大量氧化，受到破坏，绿茶不经过发酵过程，只是在加热过程中被破坏一些，所以绿茶中维生素 C 的含量比红茶多得多。

鲜叶及一般绿茶中维生素含量见图 3－1、图 3－2。

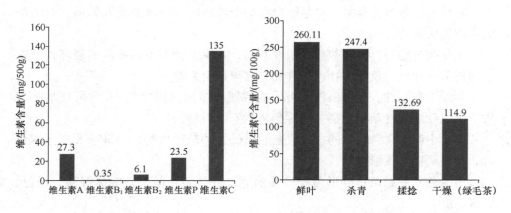

图 3－1　鲜叶中的维生素含量　　　图 3－2　绿茶制造过程中维生素 C 的含量变化

10. 灰分

（1）灰分是茶叶经高温灼烧后残留下来的物质。灰分一般占干物质质量的

4% ~7% 。茶叶中的灰分主要是一些金属元素和非金属氧化物（还包括碳酸盐等），都称为粗灰分。

灰分中含有 Fe、Mn、Al、K、Ca、Mg、P、S、Si、Cl 等，以 Fe、Mn、Al 较多，此外还有一些微量元素如 F、I、Se 等。

（2）根据茶叶中灰分的溶解性不同，可将灰分分为以下几类。

水溶性灰分：K_2O、Na_2O、SO_3、P_2O_5、磷酸盐、硫酸盐、硅酸钾（钠）、氯化物等，占茶叶总灰分的 50% ~60% 。

酸不溶性灰分：氧化硅、硅酸铁、$MnSiO_3$ 等。

酸溶性灰分：其他灰分。

（3）灰分的含量与茶叶品质有密切关系。水溶性灰分与茶叶品质呈正相关，它是衡量鲜叶老嫩的标志之一。

茶叶总灰分含量不能完全表明茶叶的老嫩和品质的高低。在加工中，总灰分有一定增加，但水溶性灰分有所下降。出现这种情况的主要原因是鲜叶在采制中可能沾染了一些杂质。

在茶叶商检时，总灰分是作为茶叶卫生标准的一项指标，是茶叶出口的必检项目之一。在国际贸易上对总灰分的含量，水溶性灰分含量和酸不溶性灰分含量，都要求符合一定标准。

如埃及、智利、法国要求进口红茶的标准是：总灰分不超过 8% ，其中，水溶性灰分含量必须占总灰分含量的 45% 以上，酸不溶性灰分不超过 1% 。

（二）鲜叶的品质

鲜叶品质包括鲜叶嫩度、匀度、新鲜度和净度。

1. 鲜叶嫩度

嫩度是指芽叶伸育的成熟度。芽叶是从营养芽伸育起来，随着芽叶的叶片增多，芽相应由粗大变为细小，最后停止成驻芽。叶片自展开成熟定型，叶面积逐渐扩大，叶肉组织厚度相应增加。

一般地说：一芽一叶的嫩度大于一芽二叶，一芽二叶的嫩度大于对夹叶，一芽二叶初展的嫩度大于一芽二叶开展。

有人认为，叶片小的嫩度就好，这只能限制在同一品种、同一环境、同一栽培措施下。大叶种比小叶种同样嫩度的叶片大得多，树势旺的叶片比树势差的大，但不一定嫩度差。因此，叶片大小不能作为鲜叶嫩度的指标。

（1）鲜叶的化学成分与嫩度　鲜叶的嫩度是鲜叶内含各种化学成分综合的外在表现。随着嫩度的下降，一些主要化学成分有相应的改变，见表 3-6。

表 3 - 6　不同嫩度新梢的主要生化成分含量

化学成分	芽	一芽一叶	一芽二叶	一芽三叶	一芽四叶	一芽五叶
茶多酚含量/%	20.30	20.54	20.59	21.39	16.95	15.88
水浸出物含量/%	42.72	43.39	43.72	46.94	48.49	43.52
还原糖含量/%	0.81	0.31	0.3	0.26	1.06	1.19
氨基酸含量/%	2.04	2.34	2.5	2.96	2.84	2.57
叶绿素含量/‰	1.25	1.44	1.70	1.99	2.41	1.54
儿茶素含量/%	10.58	9.58	9.82	1.17	1.09	9.74

多酚类化合物含量总体呈下降趋势；蛋白质含量有相应的下降；氨基酸和水浸物含量变化规律性不明显；水浸出物含量大体是中等嫩度的含量高，芽叶老化则含量下降；还原糖、淀粉、纤维素、叶绿素含量相应增加。

国内外茶业工作者进行了许多有关鲜叶定级和嫩度鉴定的研究。虽然发现许多化学成分与鲜叶嫩度有一定的相关性，但有时差异不明显，有时还出现颠倒现象。以化学成分含量作为鲜叶嫩度的指标，至今未获成功。值得注意的是，目前已发现茶氨酸与嫩度关系密切，其含量从芽到叶随嫩度下降而减少，但嫩梗的茶氨酸含量比芽叶高，要作为鲜叶质量的化学指标还应做大量的分析工作和多因素综合统计才能确定。

（2）鲜叶的芽叶组成与嫩度　除采制名茶外，一批鲜叶很难做到由一种芽叶组成，通常都是由各种芽叶混杂而成的。因此，评定鲜叶嫩度和给鲜叶定级，一般应用芽叶组成分析法。从 1957 年起，一些国营茶厂开始制订鲜叶分级标准，作为收购鲜叶和加工的依据。

芽叶组成分析方法，虽然简单易行，但终究要花不少时间，收购鲜叶评级时难以应用。目前生产上仍以感官评定方法为主，芽叶组成分析法作为参考，有争议时采用。即使这样，有时芽叶组成分析结果还是难以解决问题。如同是一芽二叶，留叶采的程度不同，采下的一芽二叶的嫩度是不同的。衰老茶树和长势旺盛茶树，同是一芽二叶的嫩度就不一样。

皖南茶区总结出鲜叶感官评级的经验，一看芽头，即芽头大小，数量多少；二看叶张，即第一叶和第二叶开展度；三看老叶，即单片叶和一芽三、四叶老化程度和数量。

（3）鲜叶的柔软度与嫩度　鲜叶柔软度是指叶片的软硬程度，它与嫩度密切相关，是测定鲜叶质量的重要项目之一。

叶片内部组织结构不同，鲜叶柔软度表现不一样。芽叶伸育过程中，叶内组织结构逐渐发育，栅栏组织的排列由不明显到排列很有规则，细胞体积由小变大，细胞膜加厚。据研究，成熟叶比细嫩的叶肉厚度增加了近一倍，老叶比幼嫩叶纤维素含量增多，叶质变硬。

另外，不同品种鲜叶的栅栏组织不同，有的仅一层，有的多达三层；鲜叶海绵组织，有的细胞大，细胞间隙也大，排列疏松，有的细胞小，排列紧密。海绵组织是叶子营养物质的储藏场所。

一般而言，栅栏组织层次多，柔软度下降。

海绵组织细胞大，柔软度好，嫩度高，内含物也丰富。

因此，不同嫩度、不同品种的鲜叶，其柔软度不同，有效物质含量也不同。

鲜叶柔软度与制茶技术关系很大，制茶过程的造型、加压大小、时间长短等，在很大程度上都依据柔软度来决定。

鲜叶色度同样能反映嫩度，新梢在发育时期，叶绿素含量变化很大，幼嫩叶叶绿素含量低，成熟定型后高，因此幼嫩叶的色度较浅，呈嫩绿色，随芽叶成熟，绿色加深。

2. 鲜叶匀度

(1) 评定鲜叶品质的另一个重要指标是匀度。匀度是指同一批鲜叶理化性状的一致性程度。无论哪种茶类都要求鲜叶匀度好，如鲜叶品质混杂，制茶技术就无所适从。生产上最突出的是老嫩混杂，这对初制操作和茶叶品质影响最大。如同一批鲜叶老嫩不一，则内含成分不同，叶质软硬程度不同，就会造成杀青老嫩生熟不一，在揉捻中嫩叶断碎，老叶不成条，干燥时出现干湿不匀，茶末、碎茶过多的现象，而且还会给毛茶精制造成麻烦。

在广泛使用机械采茶时，如何提高鲜叶匀度成为重要研究课题，国内外正在着手鲜叶分级机具的研究。有的地方采用风选原理，使不同的鲜叶质量分开，杭州龙井茶区用筛分方法分离，涌溪火青、碧螺春等名茶都是用手工拣剔方法解决鲜叶质量不匀问题。

(2) 为了使鲜叶品质均匀一致，可以采取以下措施：采用同一品种茶树的鲜叶；茶树生长的生态环境基本相同；采摘标准基本一致。

3. 鲜叶新鲜度

(1) 离体鲜叶保持原有理化性状的程度称为新鲜度，它是鲜叶质量的重要指标之一。一般而言，鲜叶新鲜度高，毛茶质量好。因此，生产上要求鲜叶现采现制或较短的时间内付制。

(2) 鲜叶失鲜的品质变化与鲜叶摊放、轻萎凋的品质变化从制茶角度来说是不同的，鲜叶开始失去新鲜感，鲜艳的色泽消失，清新的兰花香减退以及内含物的分解，这些变化与鲜叶摊放、轻萎凋是相似的。但是，鲜叶摊放、轻萎凋是制茶中的一个工序，是受到制茶技术限制的，是有意使鲜叶完成一定的内质变化，为下一工序做准备。而鲜叶失鲜的这些品质变化是在失控的条件下产生的，它会沿着鲜叶劣变的方向发展下去，直到失去制茶的价值。

鲜叶失鲜的变化速率，在正常条件下开始比较缓慢，保持 1d 是不成问题的。但是如果操作失误，如将鲜叶紧紧装在布袋里（或木框里），弄伤了芽叶，叶温内部升温，受伤芽叶加速氧化，进一步导致叶温上升，温度的升高，反过来又加速芽叶的氧化，如此产生恶性循环，不用多久，鲜叶便变红，出现酒味的腐败气味，有效物质被消耗，直至失去制茶的价值。

（3）鲜叶失鲜与如下采制过程有关。

采收阶段：不按操作规定操作，抓伤了芽叶。

运输阶段：运输中没有遮阴设备，鲜叶受到日晒；没有专用鲜叶筐而用袋装，又透风引起叶子升温；运输时间太长等。

保管阶段：鲜叶进厂后，不能及时付制，又没有采取合理的保鲜技术。

（4）鲜叶新鲜度的感官评判标准如下。

一看叶色有无红变，即使只有少量红变，也表明该批鲜叶有劣变。

二嗅香气，新鲜度好的鲜叶具有兰花清香或清爽香；若嗅到浓气味，说明鲜叶新鲜度中等；若嗅到酒精味，恶气、腐料气味则表明新鲜或变质。

4. 鲜叶净度

鲜叶的净度是指鲜叶中含夹杂物的程度。

鲜叶中的夹杂物有的是茶类夹杂物，如茶梗、茶籽、茶花蕾、花托、幼果、老叶等；也有非茶类夹杂物，如其他树叶、杂草、虫尾、虫卵、泥沙及其他杂物。

净度不好的鲜叶，不可能加工出好的成品茶，即使通过加工毛茶后再行拣剔，但品质已造成严重损害。茶叶是一种健康饮料，鲜叶中的夹杂物，尤其是非茶类夹杂物易损害人体健康。要保证饮料卫生，首先就要抓好鲜叶的净度。

鲜叶质量包括鲜叶嫩度、匀度、新鲜度和净度（表 3-7）。必须在鲜叶采摘、收购、保管等过程中按照要求进行操作，以保证鲜叶的质量。

表 3 - 7　长炒青对鲜叶品质的一般要求（ZB/B 35001—1988）

级别		感官指标				芽叶组成/%		
		嫩度	匀度	净度	新鲜度	一芽二、三叶	一芽三、四叶	单片
高档	一级	色绿微黄，叶质柔软，嫩茎易折断。正常芽叶多，叶面多呈半展开状	匀齐	净度好	新鲜，有活力	≥40	≥55	≤10
	二级	色绿，叶质较柔软，嫩茎易折断。正常芽叶较多，叶面有半展，多呈展开状	尚匀齐	净度尚好，嫩茎夹杂物少	新鲜，有活力	30～39	45～54	11～18
中档	三级	绿色稍深，叶质稍硬，嫩茎可折断。正常芽叶尚多，叶面呈展形状	尚匀齐	净度尚好	新鲜，尚有活力	20～29	35～44	19～26
	四级	绿色较深，叶质稍硬，茎折不断，稍有刺手感。正常芽中较少单片，对夹叶稍多	尚匀齐	稍有老叶	尚新鲜	10～19	25～34	27～34
低档	五级	深绿稍暗，叶质硬，有刺手感。单片、对夹叶多	欠匀齐	有老叶	尚新鲜	1～9	15～24	35～44
	六级	深绿较暗，叶质硬，刺手感强。单片、对夹叶多	欠匀齐	老叶较多	尚新鲜	极少	5～14	≥45

（三）鲜叶适制

　　鲜叶质量标准，除了匀度和新鲜度要求一样外，其他质量指标依各种茶类不同而异。同一质量的鲜叶既可制成红茶，也可制成绿茶，也可以制成其他各种茶类。但是它们的制茶品质却有差异。同是一芽二叶初展，有的鲜叶制红茶比制绿茶的品质好，有的制红茶、绿茶品质都较优，而制青茶就不适宜，因为制青茶的鲜叶要求开面的二、三叶，且嫩度中等，柔软度适中。人们将这种具有某种理化性状的鲜叶适合制造某种茶叶的特性称为鲜叶适制性。根据鲜叶适制性，制造某种茶类，或者要制造某种茶类，有目的地去选取鲜叶，这样才能充分发挥鲜叶的经济价值，制出品质优良的茶叶。

1. 鲜叶叶色类型与适制性

鲜叶叶色与制茶品质关系很大，不同叶色的鲜叶，适制性不同。深绿色鲜叶制绿茶比制红茶的品质优。浅绿色的鲜叶制绿茶的品质比制红茶差。紫色鲜叶制红茶品质比深绿色鲜叶的好，但不如浅绿色鲜叶制的红茶品质。究其原因，主要是不同叶色鲜叶的主要化学成分含量不同。

一般深绿色叶的粗蛋白质、多酚类、水浸出物、咖啡碱的含量低；浅绿色叶却相反，粗蛋白质含量低，多酚类、水浸出物咖啡碱的含量高。紫色叶的含量介于两者之间。经过许多研究证明，鲜叶内主要化合物的含量与鲜叶适制性具有相关性。一般而言：多酚类含量高且粗蛋白质、叶绿素含量低的，适制红茶；多酚类含量低且粗蛋白质、叶绿素含量高的，适制绿茶。

2. 鲜叶形态与适制性

（1）鲜叶白毫　鲜叶背面着生的许多茸毛称为白毫。

对同一品种茶树鲜叶而言，白毫多少标志着鲜叶老嫩，鲜叶越嫩，白毫越多，成茶品质也越好，尤其是红、绿茶表现更明显。俗话说"烘青看毫，炒青看苗"。在烘青制造中，由于白毫脱落很少，干茶白毫显露较多，说明品质好。在炒青制造中，通过炒干工艺白毫已基本脱落。在红茶制造中，由于揉捻时茶液黏附在白毫上面，经过发酵后，使白毫显现金黄的色泽，因此，金黄色白毫的多少反映出红茶品质的高低。

对于不同品种的茶树鲜叶而言，鲜叶嫩度相同而白毫的多少不同。如广西凌云白毛茶，不仅嫩叶背的茸毛如雪，而且老叶背面也有很多白毫。其他如福鼎大白茶、政和大白茶、乐昌白毛茶、南山白毛茶等品种，茸毛都特多。不同茶类对白毫的多少要求是不同的，有的茶类要求白毫多且显露，如显毫的白毫银针、绿茶毛峰、碧螺春，因此，鲜叶应选白毫多的芽叶。有的要求白毫多但隐而不显，如西湖龙井、南京雨花茶等。这些茶在炒制过程中，用磨光或搓揉的动作，使茸毛脱落或紧贴在茶身上。

（2）鲜叶叶张和叶质　鲜叶的形状、大小、厚薄和软硬与制茶品质有密切的关系，但这方面的研究资料较少。

对同一品种茶树鲜叶而言，叶片小的，一般细嫩且柔软，叶片大的，一般比较粗老而稍硬，若制同种茶类，则前者可塑性较好，制出的茶叶条索紧细，品质也较好。而后者，无论外形还是内质都较差。

对不同茶树品种鲜而言，同样的芽叶标准，则叶片就有大有小，也不能以叶片大小来论嫩度。

鲜叶形状与茶叶的外形有着密切的关系，按成熟叶片的长宽之比，叶形可以划分为圆形（比值为2）、椭圆形（比值为2~2.5）、长椭圆形（比值为2.5~3）、披针形（比值为3），其中，以椭圆形和长椭圆形居多。椭圆形的鲜叶长宽较适当，可以做多种形状的茶叶，适制性广如龙井茶、铁观音、祁红工夫等。长椭圆形和披针形，适制条形、针形和卷曲形茶。

扁形茶（龙井）、针形、卷曲形茶面积一般宜小，尖形、片形茶叶叶形较大。

乌龙茶要求叶较大而柔软适中，鲜叶小而嫩就不适合做青的要求。

大叶种制红碎茶，品质优于小叶种。

鲜叶的厚薄，指叶肉肥或瘦薄而言，对同一品种，同样嫩度、肥培管理好、树势生长旺盛、叶肉肥厚，叶质柔软多汁，制出茶叶外形紧结、重实，品质好；肥培管理差，鲜叶薄而硬，制出茶叶，无论外形不是内质都较差。

我国不少茶区根据鲜叶适制性的原理，采用多茶类组合生产方式，于茶季初期及时采嫩的芽叶，制少量高级名茶，到芽叶大量生长起来，采制大宗类。掌握及时采，既延长了采摘时期，消除了高峰期限，解决了劳力矛盾，又充分发挥了前、后期鲜叶的适制性，提高了茶叶产量和品质。

3. 地理条件与适制性

地理条件同样是影响鲜叶适制性的一个重要因素，主要包括纬度及地形地势的改变对鲜叶内含化学成分的影响，从而影响茶叶品质。

（1）纬度　就我国茶区分布而言，最北茶区处于北纬38°左右（如山东半岛），最南的茶区是北纬18°～19°的海南岛。一般而言，纬度偏低的茶区特点是：年均温高，日照长，年生长期也较长，往往有利于碳素代谢，茶多酚含量相对较高，蛋白质、氨基酸的含量相对较低；而纬度较高的茶区，则呈相反的趋势。这种纬度给鲜叶化学成分带来的变化是由气候不同所造成的结果。除了品种差异所引起的差异外，纬度对茶叶内含化学成分的影响对制茶原料的适制性变化是较大的。

（2）海拔高度　优异品质的形成与茶园生态环境密切相关。我国许多名茶都产于风景优美、气候温和湿润、土壤疏松肥沃，特别适宜茶树生长的自然环境中。例如黄山毛峰、太平猴魁产于海拔较高的峡谷之中；西湖龙井产于风景优美的西湖风景区，那里湖光山色、竹木成荫；碧螺春产于江苏吴县太湖上的洞庭东、西二山，气候温和、冬暖夏凉，水汽丰富、云雾弥漫、茶果相间。茶树生长在优越的自然环境中，由于林木遮荫、日照短、光照弱、云雾多，气候温和湿润，茶树水分蒸发量减少，加之水土保持好，土壤有机质含量丰富，微生物活跃，土壤疏松肥沃，适合茶树耐荫、喜温喜湿好肥等特性，持嫩性好，叶质柔软，内含物丰富，尤其是氨基酸含量高，芳香物质丰富，鲜叶天然品质好，为茶叶形成优异品质，尤其是独特品质风味的形成，起到了极其重要的作用。

通常讲"高山出好茶"，其实一些生态环境良好的低山也出好茶，关键是依赖于各种生态环境因子的综合作用。

二、鲜叶保鲜技术

鲜叶从茶树上采下后，其内含物仍进行着激烈的理化反应，如维生素 C 含量减少，多酚类化合物氧化，碳水化合物的呼吸消耗。此外，香气成分的变化也是很明显的，如具有新鲜叶香的青叶醇醋酸酯、青叶醇己酸酯等成分逐渐消失，同时脂类物质氧化分解也会形成新的香气成分。

在大规模生产的高峰期，鲜叶很难做到现采现制，鲜叶就要贮藏保鲜，特别是南方和夏季，气温高，鲜叶因保管不善而腐烂，或者降级处理造成的经济损失是常见的事，因此，鲜叶的贮藏保鲜技术是十分重要的。

（一）鲜叶变质的主要因素

从外观上鉴别鲜叶的新鲜程度，主要是叶色和香气两方面。

叶色：鲜艳→枯暗甚至红变，随着鲜叶的红变，水溶性多酚类化合物的含量逐渐减少。

鲜叶变红的两种原因，一是高温（叶温超过 35℃），二是机械损伤。

鲜叶在贮藏过程的香气变化，开始是清淡似兰花香的鲜叶香逐渐消失，正常的贮藏则会出现花果香。如果有叶面水，则有难闻的酒气味。叶子红变稍重就可闻到发酵气味，如果鲜叶堆放时间太长了，碳水化合物大量消耗，蛋白质水解生成氨基酸和酰胺，然后转变氨气，便可闻到腐败气味，说明鲜叶已变质。

导致鲜叶变质的主要因素有温度升高、通风不良和机械损伤三个方面。

（二）鲜叶保鲜技术措施

关键是控制两个条件：一是保持低温；二是适当降低鲜叶的含水量。鲜叶贮藏应保持阴凉，鲜叶要薄摊，使叶子水分适当蒸发而降低叶温，鲜叶内含物氧化所释放出来的热量，也能随水汽向空中发散。如厚摊将使叶温升高，温度的升高又加速氧化反应，大量放出热量，造成恶性循环，鲜叶很快就腐烂变质。

1. 鲜叶的运送

（1）根据老嫩不同，品种不同，表面水含量不同，应分别装篓。

（2）装篓时不能紧压，防止机械损伤，烈日暴晒。

（3）鲜叶不宜久堆，否则篓内叶子易发热，引起红变。

（4）鲜叶篓应是硬壁，有透气孔，每篓装叶不超过 20kg。

2. 鲜叶的验收

鲜叶进厂后一般要有专人负责验收，以确保鲜叶的质量和确定级别。

验收首先要粗看鲜叶总体情况，然后合理扦取鲜叶（具有代表性）进行细看，最后评级。具体验收原则是：以鲜叶嫩度和芽叶组成为主要依据，并按照鲜叶分级标准要求，通过看、摸、嗅相结合的感官评定方法，确定鲜叶是否合格及其级别。

3. 贮青方法

应选择阴凉、湿润、空气流通，场地清洁、无异味的地方贮青，有条件的可设贮青室。贮青室的面积一般按 $20kg/m^2$ 鲜叶，坐南朝北，防止太阳直射，保持室内较低温度。最好是水泥地面，且有一定倾斜度，便于冲洗。

（1）地面贮存和摊放　茶区的广大农户和小型茶叶加工厂，多使用这种方式进行鲜叶的摊放和贮存。摊放鲜叶的场合要求清洁、阴凉、透气、避免阳光直射。要求摊在竹制篾篓上，而不能直接在地面上摊放。一般情况下，大宗茶摊放的鲜叶厚度一般为 15～20cm，最多不超过 30cm，每平方米可摊放的鲜叶为 10～15kg；名优茶鲜叶摊放的鲜叶厚度为 2～3cm，每平方米篾篓可摊放的鲜叶为 2～3kg。这种方式的优点是设备投资低，但其缺点是所需的厂房面积大。

（2）帘架式贮青　帘架式贮青设备的主要结构可分为框架和摊叶网盘两部分。既可用木料加工，也可用不锈钢金属材料制成。框架用于放置摊叶网盘，一般有 5～8 层网盘可放，每层高度 30～40cm。网盘边框一般用木料制成，底部为不锈钢丝网，深度约为 15cm，鲜叶就摊在盘内。网盘可用人工像抽屉一样从框架上自由推进和拉出，以便于放置鲜叶和取出鲜叶。由于使用这种贮青设备后，贮青间湿度和温度易提高，因此可在贮青间内安装空调或通风、除湿设备，以保证贮放鲜叶的品质。这种贮青设备结构简单，投资少，易于操作，约可比地面摊放节约70%的厂房面积。并且可避免鲜叶与地面接触，清洁卫生，符合无公害茶的加工要求。

（3）贮青槽贮青　为了减少鲜叶摊放占地面积，节省劳力，保证鲜叶质量，目前有些地方已试用透气板贮青设备，这是解决贮青困难的一个比较行之有效的办法。

在普通的摊叶室内开一条长槽，槽面铺上用钢丝网（或粗竹编成）的透气板。透气板每块长 1.83m、宽 0.9m，可以连放 3 块、6 块或 12 块，还可以 12 条槽并列，间距1m 左右（也可以根据具体情况设计具体尺寸），槽的一头设一台离心式鼓风机。鼓风机功率大小按板的块数、槽的长短来选用。鼓风机的电动机设定时计，可按需要每一定时间自动启动电动机进行鼓风。每 1 平方米可摊放鲜叶 150kg，不需人工翻拌，摊叶和付制可采用皮带输送。

　　贮青槽的基本结构是在地面上开出的一条长槽，两边留出放置孔板的缺口。槽前端放置低压轴流风机，槽底从前至后做出约5°逐步升高的坡度。槽面铺钢质孔板，孔板长2m、宽1m，一般用4~5块板连成一条槽。板上的通孔孔径约为3cm，钢质孔板的孔面积率为30%以上。生产中槽面也有使用钢丝网或竹编网片结构的。但应注意支撑，以保证对鲜叶的承重，且避免操作人员等踩踏网板。贮青槽的摊叶厚度可达1.0~1.5m，每平方米槽面可摊叶100~150kg，并且不需翻叶。为保证摊青时的散热，可用风机交替鼓风20min、停机40min，夜间或气温较低时，停机时间可适当加长，白天或气温较高时，则停机时间可缩短一些。贮叶槽一般用于大宗茶的鲜叶贮放。

　　（4）车式设备贮青　车式贮青设备是由鼓风机与贮青小车组成，一台风机可串联几辆小车。小车一般长1.8m、宽和高各1m。小车的下部装有一块钢孔板，板下为风室，板上为贮青室。风室前后装有风管，风管可与风机或其他小车风管相串联，管上装有风门。工作时风机吹出的冷风，通过风管、风室、穿过孔板并透过叶层，吹散水汽，降低叶温，达到贮青的目的。每车可贮青叶200kg。付制时，脱下一辆小车，推至作业机械边，即可进行加工。这种贮青设备机动灵活，使用较方便，一般大宗茶加工使用较多。

　　鲜叶贮放时间不宜过久，一般不超过12h，最多不超过16h。一般先进厂先付制，后进厂后付制，雨水叶表面水分多，可以适当摊放一些时间。对于已发热红变的鲜叶，应迅速薄摊，立即分开加工。

小　结

　　鲜叶：按照一定茶类的标准要求，从茶树树冠上采摘下用来制作各类茶叶原料的芽叶的总称。它包括新梢的顶芽，及第一、二、三、四叶及梗。它是茶叶品质的物质基础。

　　到目前为止，茶叶中的化学成分经过分离鉴定的已知化合物约有500余种，其中有机化合物有450种以上。鲜叶中的水分、茶多酚、氨基酸、蛋白质、咖啡碱、芳香物质、糖类、色素等成分对加工技术都有深远的影响。在加工中，要合理应用各类加工技术和手段，促使各种成分向有利于所制茶类品质方向发展。

　　鲜叶的质量包括鲜叶嫩度、匀度、新鲜度和净度，其中嫩度是鲜叶质量的主要指标。在鲜叶采摘、收购、保管等过程中，按照正常的操作进行，就可以保证鲜叶的质量。

　　具有某种理化性状的鲜叶适合制造某种茶类的特性，称为鲜叶适制性。根据鲜叶适制性，制造某种茶类，有目的地去选取鲜叶，这样才能充分发挥鲜叶的经济价值，制出品质优良的茶叶。一般情况下，可以从鲜叶的叶色、叶形叶态、地理条件等方面来分析鲜叶的适制性。

鲜叶变质的主要因素是温度、通风状况和机械损伤。保鲜技术措施的关键主要是保持低温和适当降低鲜叶的含水量。

项目四　大宗绿茶加工技术

知识目标

（1）掌握绿茶品质的形成与加工技术的关系。

（2）熟练掌握大宗绿茶加工的鲜叶管理、杀青、揉捻（造型）和干燥等加工工艺流程、技术参数、要求和操作要领。

（3）熟练掌握绿茶加工工艺指标测定方法，能对在制品进行质量分析和控制。

（4）能结合生产实际总结各种绿茶初制工艺路线。

技能目标

（1）能根据具体的加工设备设计大宗绿茶的加工工艺路线。

（2）能独立完成绿茶的杀青、揉捻（造型）、干燥等工作。

（3）具备判断绿茶加工中工艺指标是否达到标准的能力。

（4）具备对大宗绿茶加工中出现的质量问题进行分析的能力，并能初步解决问题。

必备知识

绿茶是我国的第一大茶类，品类繁多，内质优异，也是我国起源最早的茶类。远在公元200—265年的曹魏时代，就已形成简单的制造工艺，但在方法上尚未定型，各地的工艺也互不一致。唐代茶圣陆羽集当时产、制、饮用等方法之大全，写成了中国同时也是世界上第一部茶叶专著《茶经》，从此我国茶叶生产开始有了正式而全面的记述。宋代开始已出现了类似现今的炒青散茶，采取了与今人相仿的用开水冲泡饮用的方法。这是我国绿茶制造史上的一项重大改革，它使茶叶加工的色、香、味、形方面，都获得了良好的改善，引起了品质上质的飞跃。直至明代，朱元璋下令废团茶兴散茶，炒青绿茶才完全取代了蒸青绿茶。

1949 年以后，茶叶生产方法不断改进，初制由手工生产发展成为机械化生产，出台了绿茶机械化加工的地方标准和各具特色的加工技术规范；精制由手工作坊式经营变成全程机械化生产，工艺流程也日趋完善。

据不完全统计，绿茶的年产量约占全国茶叶总产量的 75%，其中产量最高的是浙江省。此外，中国绿茶在世界绿茶贸易中居主导地位，自 1998 年以来，中国绿茶出口量占世界绿茶出口量的 82% ~ 85%，位居世界第一。

所谓大宗绿茶，是针对区别名优绿茶或特种绿茶而言的，一般而言，其原料一般为一芽二、三叶为主，生产的普通的炒青、烘青、晒青和蒸青绿茶，占我国绿茶产量的绝大部分，大宗绿茶分类见表 4 - 1。

表 4 - 1　大宗绿茶分类

分类名称		代表品种
炒青绿茶	眉茶（长炒青）	安徽的"芜绿"、"屯绿"、"舒绿"，江西的"婺绿"、"饶绿"，浙江的"温绿"、"杭绿"、"遂绿"，湖南的"湘绿"
	珠茶（圆炒青）	浙江的"平水珠茶"
烘青绿茶		闽烘青、浙烘青、徽烘青、苏烘青
蒸青绿茶		煎茶、玉露
晒青绿茶		滇青、川青、陕青

各地生产的大宗绿茶品质特征不大相同，但总体上是高级大宗绿茶外形条索匀整，色泽绿润，净度好；内质香高持久，纯正；汤色清澈绿亮；滋味浓醇爽口；叶底嫩绿明亮。

因此，在大宗绿茶初加工中，各工艺参数的设定，各工序设备的使用，各阶段指标的制定，都是围绕着保持绿茶"绿汤绿叶、香高味醇"的总体品质风格而设定的。尽管不同绿茶的初加工工艺稍有差异，但总体上可分为：杀青→揉捻→干燥。

一、绿茶品质的形成机理

（一）绿茶品质的形成

在热物理化学的作用下，鲜叶原有的内含物质所起的变化，形成了绿茶特有的色、香、味。例如，炒青绿茶滋味的化学成分主要为多酚类化合物、氨基酸、咖啡碱、糖以及果胶物质等综合作用，其中多酚类化合物和氨基酸起着主导作用。干茶色泽和汤色主要是叶绿素存在的状态所表现出来的，但多酚类化合物对汤色也有重要影响，同时，多酚类化合物既是滋味和汤色的主导因子之一，又对香气形成起着一定的作用。

1. 绿茶色泽的形成

"绿叶清汤"的品质特征是绿茶与其他茶类的一个根本区别。这个"绿"的形成，叶绿素起主导作用。

深绿色的叶绿素 a 与黄绿色的叶绿素 b 在鲜叶中的比例大致是 2∶1，通过杀青，叶绿素 a 破坏得多，只剩下 70% 左右，再经过杀青以后的烘或炒，含量变得极微少了；而叶绿素 b 破坏得少，通过杀青，大约还有 75%，直到制成毛茶，还有约 45%（图 4 - 1）。

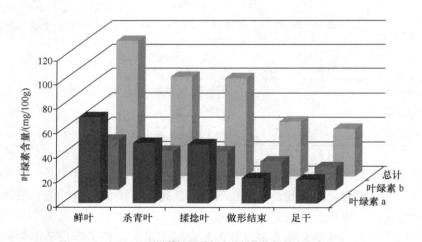

图 4 - 1　绿茶初制过程中叶绿素含量的变化

叶绿素不溶于水，是一类对光敏感且易水解、脱镁的脂溶性色素，在绿茶加工过程中主要是脱镁作用、氧化降解作用和脱植基作用（图 4 - 2）。

图 4-2 叶绿素脱镁作用和脱植基作用

经过杀青，叶绿素总量减少，同时叶绿素 a 与叶绿素 b 之间的比例发生了变化，原来是深绿色叶绿素 a 比黄绿色的叶绿素 b 大约多一倍，而通过杀青后反而叶绿素 b 比叶绿素 a 多，因此，叶色由鲜绿转为暗绿或黄绿。

由于脱镁叶绿素呈褐色，如果杀青闷得过早，时间过长，出现的茶叶色泽黄暗。因此在杀青过程中，在掌握"高温杀青"的同时，掌握好"抛闷结合"，恰当地运用抛闷技术，是形成绿茶良好色泽的重要措施。

2. 绿茶香气的形成

绿茶中的香气主要来自茶叶中的芳香物质，而多酚类化合物和氨基酸相互转化的产物以及一些糖也有一定影响。

茶叶香气是由含量低、种类多，并按一定比例组成的多种化合物的复杂混合物。已经发现绿毛茶的芳香物质由 300 多种化合物组成，这些物质部分来自于鲜叶原料，大部分是制造过程中由其他物质转化而来。

绿茶香气产生的途径如下：

（1）青叶醇等低沸点物质经加热大量挥发产生稀释效应，有助于清香的构成。在高温杀青过程中，鲜叶的大量水分迅速汽化蒸发，叶子仿佛处在蒸汽蒸馏的状态中。芳香物质，特别是一些低沸点物质，如青叶醇、青叶醛等成分更容易挥发。这些成分包括低沸点的酸、醛、醇，是青草气和不良气味的主要物质。

（2）高沸点的成分则往往有良好的香气。高沸点的芳香物质在热的作用下，既有酶促作用，还有热裂解作用和酯化作用，使芳香物质从含量到种类都显著增加。因此绿茶的鲜叶加工过程，特别是杀青过程，香气形成的特点是"青气消失，香气显露"。而杀青不足的叶子往往有青气，就是由于低沸点的芳香物质来不及充分发散造成的。

（3）在干燥中，蛋白质、氨基酸与糖在热作用下的脱水、降解生成的吡嗪类、糠醛类衍生物使茶叶具有令人愉快的烘炒香。

（4）适宜炒制温度往往使茶味具有甜香，而火功过高则有高火气，超过一定限度则变为"焦气"，这种"甜香"、"高火气"、"焦气"都是糖类物质在高温条件下焦糖化产物所特有的气味。因此，炒制绿茶要掌握好"火候"。

3. 绿茶滋味成分的构成

构成绿茶滋味的物质有多酚类化合物、氨基酸、糖类、咖啡碱以及果胶物质等，这些物质的相互组合，彼此协调，在味觉感官反应上，就表现出明显的差异，甚至有滋味不良之感。

氨基酸是鲜味物质，对绿茶滋味起着重要作用。鲜叶中含有1%~3%的游离氨基酸。鲜叶在杀青过程中由于蛋白质的水解而增加了氨基酸的含量，在杀青以后的工序中变动不大。一般而言，单纯的茶多酚滋味苦涩，而单纯的氨基酸也只具有鲜味，两者结合起来才具有"鲜爽"的茶味。

用多酚类化合物与氨基酸含量的比值，即酚氨比可以更好地反映绿茶滋味品质，一般高级茶酚氨比值低，低级茶酚氨比值高。多酚类化合物和氨基酸两者含量都高但比值却低，具有味浓鲜爽的特征。绿茶加工中氨基酸、茶多酚的变化如表4-2所示。

表4-2　炒青工艺中主要生化成分含量与滋味的变化

工序	滋味	水浸出物含量/%	氨基酸含量/%	茶多酚含量/%	酚氨比	黄酮含量/（mg/g）
杀青	淡薄	33.91	2.82	17.01	6.03	17.99
揉捻	平和	34.17	2.86	16.39	5.73	17.46
炒二青	醇和	34.47	2.97	15.77	5.31	16.98
炒三青	浓厚	36.29	3.12	15.17	4.86	16.71
足干	浓醇	37.80	2.95	14.29	4.84	16.20

研究表明，绿茶经杀青至足干过程中，在制品的滋味产生有淡薄→平和→醇和→浓厚→浓醇的发展变化，其滋味得分与对应的水浸出物和氨基酸含量呈显著和极显著正相关，与茶多酚和黄酮则均呈极显著负相关，与酚氨比值也呈显著负相关。因此，具有强烈的青涩味鲜叶，需经炒制后才形成绿茶所特有的浓鲜爽口的滋味。

4. 绿茶外形的塑造

绿茶外形的形成是在力的作用下，叶子有规律地进行卷曲而逐渐形成的。

如炒青绿茶杀青叶经揉捻初步成形，再通过干燥工艺——二青、三青和足干，逐渐卷曲、卷紧，并逐渐失水干燥而固定。

珠茶之所以能形成圆形，一是炒干机炒叶腔的结构和炒手板的形状特殊，二者都具有一定弧度，构成了圆形俯向锅脐的炒叶腔，使茶叶在锅内球状翻滚，有利成圆。另外锅中茶叶受炒手板的作用力（推力）和锅、灶壁对茶叶的反作用力，锅、灶壁对茶叶的摩擦力，以及茶叶本身的重力、茶叶内部的相互挤压力的作用，来自上下、左右各方的抛、推、翻、压力便构成了作用在茶叶各部分上的向心力。在这种向心力的作用下，以及适当的温度、投叶量和炒茶方法相配合，经一定时间的炒制，茶叶逐渐形成圆形。

扁形茶之所以扁平光滑，则是在干燥的同时，采用压、磨、挺、拓、荡等手法，使茶叶收紧茶身，逐渐变扁。

此外，绿茶外形的形成与叶质关系很大，随着鲜叶嫩度的下降，有效成分含量减少，制成茶叶的外形也逐渐粗松。所以在正常初制情况下，外形条索、颗粒的细紧与粗松，能反映茶叶的老嫩，与内质好坏有一定的关系。

纤维素、半纤维素、木质素与果胶是鲜叶细胞壁的组成成分，是植物支持物质。在新梢伸育过程中，随着叶子的生长，这些成分含量增加，叶质就显得粗硬，所制毛茶的外形常较差。

果胶质是一种胶体物质，在植物细胞壁里能将相邻细胞相互黏合在一起。它在植物体内呈不溶于水的原果胶素存在，但可水解成水化果胶素。所以具有胶性的果胶素能促进条索紧结，水溶后也增加茶汤滋味。

总之，绿茶色、香、味、形的形成是一个复杂的过程，也是一个不断受到外界环境影响的过程，因此，我们在实践过程中要不断琢磨，进一步揭示和掌握茶叶色、香、味、形品质形成和发展的规律，并应用现代制茶设备，从而使茶叶品质更提高一步。

（二）绿茶加工技术及其与绿茶品质形成的关系

1. 杀青与绿茶品质形成的关系

杀青是绿茶初制的第一道工序，是形成和提高绿茶品质关键性的技术措施。

（1）杀青目的

①利用高温彻底破坏鲜叶中酶活性，制止多酚类的酶促氧化，防止叶子红变，为形成绿茶汤清叶绿的品质特征奠定基础。

②散失部分水分，使叶子变软，增加韧性，便于揉捻成条。

③散发低沸点的青草气，发展茶香。

④促进叶子内含物质的变化，改变叶子内含物质的性质，促进绿茶品质的形成。

（2）杀青技术的基本原则　影响杀青的因素很多，主要是温度、时间、投叶量和鲜叶的质量4个因素以及它们之间的相互关系。在杀青过程中，一个因素的改变，其他因素也必须相应改变。

①高温杀青，先高后低：要达到杀青的目的，就必须用高温迅速破坏多酚氧化酶等酶的活力，从而达到阻止多酚氧化酶催化多酚类化合物氧化红变的目的。多酚氧化酶在15～55℃随温度上升酶活力增强，当温度升到65℃时，酶活

力开始下降。尽管各种酶对温度的反应不同，但其基本的共同点是：在温度达70℃时，几乎所有的酶都开始钝化；当温度达80℃时，经短暂时间，酶将几乎全部变性；当温度近100℃时，几乎所有酶都在瞬间失去活力。

高温杀青的另一个重要作用，是对眉茶香气的影响。主要表现为沸点的青草气物质大部分散失，从而使高沸点的芳香物质显出香来。鲜叶中低沸点的香气物质主要是青叶醇、青叶醛、乙醛、异戊醛、丁醛、甲醛、乙酸、异丁酸、异戊酸等。其中占鲜叶香气物质总量60%左右的是青叶醇，它有顺式和反式2种构型，绝大多数是顺式，沸点为156～157℃，具有强烈的青草气，经高温杀青，大部分挥发散失，有一部分可转为反式（具清香气）；其次是青叶醛，具更强烈的青草气，沸点为138～140℃，经高温杀青，也可大部分挥发散失；此外，一些低级醛和酸等（有不悦气味），经高温杀青，也可基本散失。随低沸点香气物质的挥发散失，一些具有高沸点的香气物质就会显出来。庞牛儿醇（229～230℃）、橙花叔醇（224～224℃）、水杨酸甲酯（224℃）、苯乙醇（217～218℃），都有花香或水果香，对绿茶香气有增进作用。

掌握高温杀青的关键是能迅速使叶温达80℃以上，以便尽快抑制酶活力，在尽可能短的时间内破坏酶的催化能力，同时散发青草气。

在具体操作中要注意以下三点。

第一，依杀青机具类型与机具大小而定，锅大，叶多，温度高，反之。

第二，炒法与叶温关系很大，以破坏酶活力的作用而言，闷炒比抛炒好，因此，采用抛炒的，锅温应比闷炒高；投叶多的，锅温宜高，投叶量少的，锅温应低。

第三，高温杀青不是温度越高越好，实践证明，过高的叶温对绿茶的外形和内质都不好。一是在热的作用下，叶绿素的少量破坏，有利于绿茶的色泽，尤其是对低档绿茶而言，在热的作用下，叶绿素的少量破坏，有利于绿茶的色泽形成，使低档茶的深绿色变为浅绿色；但如温度过高，叶绿素破坏较多，则使叶色泛黄，品质降低。二是杀青温度较低时，多酚类物质含量降低，可减轻苦涩味，从而提高品质。三是适当低温（220℃）杀青比高温杀青（260℃）的游离氨基酸、可溶性糖、咖啡碱等含量都高，这些物质对形成绿茶的香气和滋味都有重要作用。

因此，只要在不使叶子产生红梗红叶及有效地抑制了酶促氧化作用的前提下，杀青温度不要过高，适当低温对品质有利。过高温杀青，易产生烟焦和断碎。

另外，在杀青后期，酶活力已被破坏，水分也已大量散失，故此时应适当降低温度。再次，对叶张肥大、叶质肥厚及雨水叶，锅温应高些，对摊放时间长及夏茶含水量少的叶子，温度可低一些。因此，在杀青时，除了要掌握高温杀青以外，还应掌握先高后低的原则。

②抛闷结合，多抛少闷：在杀青时，抛炒和闷炒是相间进行的。

抛炒的优点是：成茶香气较好，青草气等低沸点物质易散失；抛炒对形成翠绿色的色泽有利。

抛炒的缺点是：若抛炒时间过长，易使芽叶断碎，甚至焦化；由于叶梗和叶脉含水量高，且与锅底接触面小，升温不如叶片快，故易造成杀青不足，甚至于红梗红叶。

闷炒的优点：利用闷炒形成的高温蒸汽的穿透力，使梗脉内部迅速升温，可解决抛炒中各部位升温不一致的矛盾。

表 4 - 3　不同杀青方法与叶温的关系

处理	锅温/℃	杀青时间/min	0	1	2	3	4	5	6
方法甲	220	方法		抛	抛	闷	闷	抛	抛
		叶温/℃	28	60	64	79.5	81.5	67.5	68.5
方法乙	220	方法		抛	闷	闷	抛	抛	抛
		叶温/℃	28	50.5	80.3	84.9	67.9	68.0	68.5

从表 4 - 3 可看出，闷炒时叶温较高，升温快，升得高，可以更快更彻底地破坏酶活力，因此：第一，在锅温较低时可适当提早闷炒并适当延长闷炒时间；第二，对老嫩不匀、梗子较多、粗老的叶子，可多闷；第三，闷炒能使叶质柔软，便于揉捻成条；第四，闷炒还能改变低档茶的品质，闷炒加强蛋白质水解为氨基酸，提高茶汤的滋味，同时，闷炒适当破坏叶绿素，能改善低档茶的叶底色泽。

闷炒的缺点：第一，影响香气，青草气不能充分散失，产生水闷气；第二，在湿热作用下，叶绿素易被破坏，导致叶子变黄。

在杀青操作中，应根据以下情况灵活采用：

嫩叶多抛，老叶多闷。

芽叶肥壮，节间较长的鲜叶，应多闷。但闷的时间过长，叶子又会变黄，在这种情况下，可采取分两次闷炒，每次闷 1～2min。

③嫩叶老杀，老叶嫩杀：老杀是指使失水多些，嫩杀是指使失水少些。

嫩叶应老杀，因嫩叶中酶活力较强，含水量较多。否则易产生红梗红叶，此外，因杀青叶含水较多，在揉捻时茶汁易流失，加压时易成糊状，芽叶易断碎。老叶应嫩杀，因老叶含水较少，叶质粗硬，如杀青叶失水过多，揉捻时不易成条，加压时易断碎。

（3）杀青程度　杀青质量的良好与否是决定绿茶品质的重要环节。

杀青叶适度的表示方法主要有二：一是以杀青叶减重率或杀青叶含水量来表示；二是以杀青叶外观叶象来表示。

除了蒸汽杀青外，鲜叶杀青后均会减重，一般情况下，鲜叶含水率、杀青叶减重率和杀青叶含水率如表4-4所示。

表4-4　各级鲜叶杀青叶减重率与杀青叶含水率

鲜叶级别	高级	中级	低级
鲜叶含水率/%	76~77	74~76	73~74
杀青叶减重率/%	40~45	30~40	25~30
杀青叶含水率/%	58~60	60~62	62~64

杀青叶适度的主要标志是：叶色暗绿，曲梗不断，香气显露，青气消失，手捏软绵（叶子色绿而暗，梗子弯曲不断，青气消失香显，手握软绵成团）。

具体来说，就是要求叶色由鲜绿转为暗绿，不带红梗红叶，手捏叶软，略有黏性，嫩茎梗折之不断，紧捏叶子成团。稍有弹性、青草气消失，略带茶香。

老杀后嫩叶减重率为41%，老叶减重率为30%。

$$减重率（\%）=\frac{鲜叶质量-在制茶坯质量}{鲜叶质量}\times100$$

（4）常用杀青机械设备　根据导热介质的不同，分为三类：利用金属导热的杀青机，根据机械结构和鲜叶在机内运动形式的不同，可分成锅式杀青机、槽式杀青机、滚筒（连续）杀青机；利用蒸汽导热的杀青机，根据输送鲜叶的结构不同分为送带式蒸青机、滚筒式蒸青机；利用空气导热的杀青机，如烘热杀青机。

目前常用的杀青机械设备请查阅本系列教材之一的《茶叶加工机械与设备》一书。

2. 揉捻与绿茶品质形成的关系

大宗绿茶外形丰富，有眉形、自然舒展形、圆形等，这些外形的形成主要是由独特的揉捻技术完成的。

（1）揉捻的目的　卷紧茶条，缩小体积，为炒干成条打好基础；适当破坏叶组织，既要茶叶容易泡出，又要耐冲泡。

（2）揉捻技术要点　绿茶揉捻时，要求五要五不要：一要叶条，不要叶片；二要圆条，不要扁条；三要直条，不要弯条；四要紧条，不要松条；五要整条，不要碎条。同时，要求叶色翠绿不泛黄、香气清高不低闷。

　　绿茶揉捻一方面是芽叶组织和外表形态的理化变化；另一方面，随揉捻，叶内各种物质也发生混合反应。虽然由于经过杀青不致发生酶促氧化反应，但是一些在高温下发生的化学反应，特别是在含水量较高时容易发生的变化，仍然会发生。例如醇与酸的酯化，又如叶绿素的破坏等。这些变化，有的对茶叶品质有利，有的则不利。这就要考虑影响揉捻技术的各种因素了。

　　揉捻工序的主要技术因子是投叶量、时间和压力，同时叶子的老嫩和杀青叶的处理，即冷揉或热揉，也是影响揉捻的主要因素。

　　①投叶量：各种型号的揉捻机，都有一定的投叶适量范围。投叶量的多少，直接关系到揉捻质量的工效。如揉捻叶过多，开动揉捻机时，往往由于叶子翻转冲击揉盘，或由于离心力的作用，叶子因过满而甩出桶外，甚至发生事故；叶子过多，叶子在揉桶内翻转困难，揉捻不均匀，不仅条索揉不紧，还会造成松散条和扁碎条；因叶子与叶子、叶子与揉桶、叶子与揉盘之间摩擦增大，发热，不仅影响外形，也会影响内质。如揉捻叶过少，叶间相互带动力减弱，不易翻转，也起不到揉捻的作用。因此，必须根据揉捻机的型号，确定投叶量，一般装到比揉桶浅 3~4cm 处即可。

　　②揉捻时间和压力：二者关系密切，应联系起来考虑。往往有这种情况，揉捻时间并不长，但因加压过重，致使梗叶分离，未成条而先断碎。对揉捻叶既要求达到一定的细胞破碎率，又保持条索完整；成条率要达到规定的要求；嫩叶芽尖要保持不能断碎。

　　除了投叶量要适当外，揉捻时间要保证，加压要适当，特别是加压过重，时间必然难以保证。因为在加压过重的情况下揉捻，芽叶容易断碎。

　　对于高级嫩叶，在不加压或加轻压的情况下，时间必须保证，不能揉时过短，这是保证"要揉透，不断碎；既成条，保毫尖"的重要手段。相反，对于较老叶子，如果不予重压，是达不到揉捻叶要求的。

　　关于加压的具体方法，应按"先轻后重，逐步加压，轻重交替，最后不加压"即"轻—重—轻"的原则。在揉捻开始阶段，一般不加压，通过轻轻的搓揉，使叶片能逐步沿着叶子主脉初步卷成条坯。当叶子在揉桶内能上下滚动，此时可开始加压。加压的轻重，应视叶子的老嫩而定：一、二级叶子应以无压揉捻为主，中间适当加轻压；三级以下的虽要加重压，但应逐步加重，开始无压，中间加压，最后又松压。如果加压过早或过重或一压到底，都达不到良好的效果。

　　嫩叶：揉 20~25min。轻 10min，加压 5~10min，解压后再揉 5min。

　　中等嫩叶：揉 30~40min。轻 10min，重压 15~35min（中间松压 2~3次），松压 5min 后下机。

　　老嫩混杂叶：开始按嫩叶要求进行，然后用 1cm×1cm 筛子进行抖筛筛分，筛下叶子进行干燥,筛面叶子视情形复揉。

③揉捻机转速:不宜过大。试验表明,在一定范围内,揉捻叶的成条率随揉捻机转速增加而下降,断碎则增加。揉捻机的转速一般控制在 45～60r/min。

④热揉与冷揉:热揉是指杀青叶不经摊凉即趁热揉捻,冷揉指杀青叶经摊凉一段时间后再揉捻。

揉捻使细胞内含物(如蛋白质、果胶、淀粉、糖等物质)渗透到叶表面,这些物质在一定含水量时有一定的黏稠性,这有利于揉捻成条。

较嫩叶子,纤维素含量低,果胶较高,揉捻易成条;较老叶子含较多的淀粉和糖,趁热揉捻有助于淀粉糊化,从而增加叶表物质的黏稠性,易成条。

热揉的缺点是叶色易变黄,并有水闷气。

因此,较嫩叶子应冷揉,较老叶子应热揉。对一般的一芽二、三叶,属中等嫩度,应用温揉。

⑤揉捻程度:揉捻均匀,嫩叶成条率达90%以上,三级以下的低级粗老叶成条率在60%以上。细胞破坏率在45%～60%。如高于70%,则芽叶断碎严重,滋味苦涩,茶汤混浊,不耐冲泡;低于40%,虽耐冲泡,但茶汤淡薄,条索不紧结。茶汁黏附叶面,手摸有湿润粘手感觉。

(3)揉捻机械设备 揉捻机械设备是由揉桶与揉盘作相对回转运动而将茶叶搓揉成条、挤出茶汁的机械,其结构、工作原理和规格等可参阅本系列教材之一的《茶叶加工机械与设备》一书。

3. 干燥与绿茶品质形成的关系

干燥是绿茶加工的最后一道工序,但并不是一个纯粹以失水为目的的过程。在干燥中,往往要充分利用各种加工设备,应用外力作用,以塑造茶叶优美的外形。因此,茶叶的干燥兼具有整形的作用。

(1)干燥目的 干燥并不是单纯的失水过程,在整个干燥过程中起着十分复杂的热物理化学反应,形成各类茶叶特有的香气与滋味。有人将绿茶冷冻干燥,结果得到具有严重青涩味而没有香气的茶叶。因此,只有通过高温,或烘或炒,才能使茶叶发挥出幽雅的香味。因此,绿茶加工中干燥的目的主要有以下几点:

①叶子在杀青的基础上,继续使内含物发生变化,提高内在品质;

②在揉捻的基础上,进一步整理条索,形成条形、圆形等多种优美的外观;

③排除叶子中过多的水分,防治霉变,便于贮藏,以供随时饮用。

(2)干燥原理 绿茶失水干燥的主要方式是炒干和烘干,因此茶叶失水、造型与干燥方式有密切关系。

①茶叶水分蒸发的原理:空气中的水蒸气压低于茶叶表面的水蒸气压,使

液体汽化而散失到空气中去。当温度一定时空气中的水分含量越少，水蒸气压就越小，当含有水分的茶叶与干燥的空气相接触时，茶叶表面的水蒸气压大于空气中的水蒸气压，由于压力差的存在，水分从茶叶转移到空气中，这就是茶叶水分蒸发的基本原理。

②茶叶水分蒸发规律：

a. 预热阶段。茶叶刚进入烘干机的一段时间内，热空气所提供给茶叶的热量主要消耗在提高茶叶的叶温，此时叶面的水分开始蒸发。

b. 恒速干燥阶段。此时水分的蒸发速度达到一定数值，并较稳定。

c. 降速干燥阶段。此时水分从叶组织内扩散到叶表的过程较困难，使茶叶水分蒸发速率变慢，在达到平衡湿度时，水分的蒸发接近于零。

③茶叶干燥与造型的关系：干燥过程中在制品的物理性能变化很大。干燥前期，茶叶柔软而具有较强的黏性，折而不断；干燥中期，茶叶进行降速干燥，表面水分减少而内部保持一定的水分，茶叶的弹塑性好，应在此时施加外力进行整形；干燥后期茶叶逐渐变得硬脆，易断碎，应避免直接在茶叶上施压。

（3）干燥技术　绿茶干燥工序分三次进行，即湿坯、毛坯、足干。

根据眉茶在干燥过程中形质的转化规律，结合初制连续化实验，目前各地对干燥机具和工艺流程进行革新试验，下面就现行的几种干燥工艺流程进行介绍。

①锅炒（中间隔两次，温度逐渐降低）：锅炒湿坯和毛坯。掌握锅温120～130℃，每锅投叶量5kg左右，叶子下锅后，即可听到有微弱的炒芝麻响声，随着叶内水分蒸发，锅温逐渐降低。炒30min（即七成干）左右，手握有刺手的感觉便起锅。摊晾0.5h，使叶内水分重新分筛（即四潮）后再进行足干。

锅炒足干：主要继续蒸发水分使毛茶含水量下降至6%左右。同时进行整形做色，发展茶香。

因此，干温度应先高后低，投叶量为毛火叶5～7kg，叶子下锅时温度90～100℃，随着叶内水分的减少温度慢慢降低至60℃左右。全程炒40～60min，手捻茶条成粉末，便起锅。稍摊晾后装袋。

锅炒利弊：锅炒毛坯和锅炒。干燥方法是过去屯绿茶普遍采用的方法。只要掌握好火候，便能做出紧结、圆直、条状的茶条。但也存在一些问题，如毛火阶段，揉捻叶在锅中炒，茶叶的叶汁黏在锅面，形成锅巴，使茶叶滋味淡而醇，扁条碎茶多。足干阶段叶含水量降至15%左右，叶子脆硬，且由于炒手撞击而使茶条断碎。

改进：一方面对机子本身进行改进，适当调节炒干机的转速。同时要调整好炒手与主轴夹角大小及炒手与锅之间的距离间隙等，通过实践证明，安装炒手时，边炒手与主轴夹角40℃，中炒手与主轴夹角20°。在这样的夹角范围内炒手与茶叶接触面小，挤压力减小，碎茶率大大降低。另一方面，根据干燥的目的必须对干燥机具和干燥工艺流程进行适当改进。

②烘或滚湿坯→锅炒毛坯→锅炒足干：这种方法基本上与全炒相同，不同之处是将锅炒毛坯分为"烘或滚湿坯"和"炒坯"二阶段。这种以烘（滚）代炒的方法，克服了揉捻叶直接下锅炒毛火所产生的锅巴现象。目前烘坯的机具有烘笼、手拉百页烘干机、自动烘干机等。滚湿坯使用的是滚筒炒坯炒干机。

炭火烘坯：温度90~100℃。每笼投叶量0.8~1kg，每隔2~3min翻一次。时间10min。翻拌时笼移出火坑，以免茶末落入炭火使茶坯带有烟味。

手拉百页烘干机烘坯：生火后开动鼓风机使热空气进入烘箱。当进风口热空气温度达到120~130℃才开始上叶。摊叶厚度1~1.5cm。每3~5min，拉动第一层百页板，使上面叶子落到第二层百页板，然后在第一层百页板上再上叶。上烘叶子经第六层百页板后落入出茶门。

自动烘干机烘坯：此法采用高温、快速、薄摊。进风口温度120~130℃，叶子由输送带自动送入烘箱，约10min后，当叶子含水量40%，失水率15%~20%时即下机。叶子要立即摊开，厚度5cm，摊晾20min左右。

滚筒炒坯，炒干机炒干：这是以滚代炒的方法，使之达到以烘代炒的目的。操作时温度150℃，每筒投叶量10~15kg，上叶后5min开动风扇进行排气。全程滚15~20min，达三四成干，即下叶。

烘或滚下叶后，稍经片刻摊晾，再进行锅炒至七八成干时下叶，摊晾30min后，再进行锅炒至足干。锅炒足干具体操作与前种方法基本相同。

③滚湿坯→炒毛坯→滚足干：滚筒炒湿坯和锅炒毛坯的做法与前第二种相同。唯足干是由滚筒炒干机完成的。其具体操作：温度掌握先高后低，开始温度100℃，以后逐渐下降。机转速20~24r/min，投叶量25kg以上。当上叶后5min开风扇。达八成干时闭风扇，滚炒至足干。

④滚湿坯→滚毛坯→炒足干：此种工艺是滚筒炒湿坯达四成干足后，下叶摊凉。然后再上滚筒滚毛坯。此时温度要掌握100~110℃，投叶量20~25kg湿坯叶。炒至滚筒内大量水蒸气时，开动风扇，排出水汽。以后根据水汽多少，随时开动风扇。

一般滚25~30min，此时叶含水量20%，减重率25%~30%，手捏茶条有刺手感觉又不断碎。下叶摊晾30min，再进行锅炒至足干。锅炒方法与前面相同。

⑤全滚：干燥全过程都在滚筒内完成，具体操作方法可参考以上几种进行。

（4）常用干燥机械设备　常见的干燥设备是烘干机械和炒干机械，其结构、工作原理和规格等可参阅本系列教材之一的《茶叶加工机械与设备》

一书。

二、炒青加工技术

我国绿茶生产以炒青最为主要。炒青绿茶是用炒滚方式为主干燥的茶，分长炒青和圆炒青。长炒青外形是呈长条形的炒青，圆炒青外形是呈圆形的炒青，二者均分为一级、二级、三级、四级、五级、六级。

长炒青绿茶是我国绿茶产区最广、产量最多的一种绿毛茶，经过精制后，因成品茶外形成条、略曲、辉白、似老人眉毛，故长炒青绿茶的精制茶又名"眉茶"。

各产茶省都生产炒青茶，其中以安徽、江西、浙江为主。产品有安徽省生产的"屯绿"、"舒绿"和"芜绿"；浙江省生产的"杭绿"、"遂绿"和"温绿"；江西省生产的"婺绿"和"饶绿"；湖南省生产的"湘绿"；广东省生产的"粤绿"；贵州省生产的"黔绿"；四川省生产的"川绿"；云南省生产的"滇绿"；江苏省生产的"苏绿"等；山东省生产的"崂山绿"等；湖北、陕西、广西等省区也有生产。

各省所产的长炒青毛茶由于地区鲜叶的关系，加工机组配套以及具体加工方法不同，品质各有差异，有的甚至有较大差异（表4－5）。

表4－5　不同产地炒青绿茶品质特征

品质	安徽屯绿炒青	安徽舒绿炒青	浙江温绿炒青	浙江遂绿炒青
外形	紧结壮实，灰绿光润	条索紧细，嫩梗较多	条索较细紧、芽锋显露，灰绿带霜	肥壮重实，绿润起霜
汤色	汤色绿而明亮	汤色绿，沉淀较多	汤色浅黄明亮	微黄清澈
香气	熟板栗香，高长持久	香气较高长	高鲜、有嫩香	香气浓烈
滋味	浓而爽口，回味甘甜	—	滋味鲜爽	滋味浓厚
叶底	叶底嫩绿明亮，叶质柔软、肥厚	叶底黄绿，叶质柔软、单薄	叶底细嫩多芽，黄绿明亮	叶底嫩厚开展，色泽嫩绿明亮

圆炒青是外形呈颗粒状的炒青，因产地和采制方法不同，有平水珠茶、涌溪火青等。

（一）条形炒青茶 （长炒青） 加工技术

1. 长炒青品质标准

长炒青感官品质特征见表4－6。

表4-6 长条形炒青感官品质特征

级别	外形				内质			
	条索	整碎	色泽	净度	香气	滋味	汤色	叶底
一级	紧细,显锋苗	匀整	绿润	稍有嫩茎	鲜嫩高爽	鲜醇	清绿,明亮	柔嫩,匀整,嫩绿,明亮
二级	紧结,有锋苗	匀整	绿尚润	有嫩茎	清高	浓醇	绿,明亮	嫩绿,明亮
三级	紧实	尚匀整	绿	稍有梗片	清香	醇和	黄绿,明亮	尚嫩,黄绿,明亮
四级	尚紧实	尚匀整	黄绿	有片梗	纯正	平和	黄绿,尚明亮	稍有摊张,黄绿,尚明亮
五级	粗实	欠匀整	绿黄	有梗朴片	稍有粗气	稍粗淡	黄绿	有摊张,绿黄
六级	粗松	欠匀整	绿黄带枯	有黄朴梗片	有粗气	粗淡	绿黄,稍暗	粗老,绿黄,稍暗

2. 长炒青生产技术规程一

(1) 鲜叶处理

①鲜叶标准见表4-7。

表4-7 炒青绿茶各级鲜叶品质规定

级别		感官指标				芽叶组成/%		
		嫩度	匀度	净度	鲜度	一芽二、三叶	一芽二、三、四叶	单片
高档	一级	色绿微黄,叶质柔软,嫩茎易折断。正常芽叶多,叶面多呈半展开状	匀齐	净度好	新鲜,有活力	40以上	55以上	10以下
	二级	色绿,叶质较柔软,嫩茎易折断。正常芽叶较多,叶面多呈展开状	尚匀齐	净度尚好,嫩茎夹杂物少	新鲜,有活力	30~39	45~54	11~18

续表

级别		感官指标				芽叶组成/%		
		嫩度	匀度	净度	鲜度	一芽二、三叶	一芽二、三、四叶	单片
中档	三级	绿色稍深，叶质稍硬，嫩茎可折断。正常芽叶尚多，叶面呈展开状	尚匀	净度尚好	新鲜，尚有活力	20~29	35~44	19~26
	四级	绿色较深，叶质较硬，茎折不断，稍有刺手感。正常芽叶较少，单片对夹叶稍多	尚匀	稍有老叶	尚新鲜	10~19	25~34	27~34
低档	五级	深绿稍暗，叶质硬，有刺手感。单片对夹叶较多	欠匀齐	有老叶	尚新鲜	1~9	15~24	35~44
	六级	深绿较暗，叶质硬，刺手感强。单片对夹叶多	欠匀齐	老叶较多	尚新鲜	极少	5~14	45以上

②鲜叶摊放（摊青、晾青）：将进厂鲜叶均匀摊放于竹垫或通气式晾青槽上，气温高、湿度大时启动排风换气扇，确保叶温控制在30℃以下。摊放时间视鲜叶减重率而定，用感官判断以叶色变暗、青草气消失，出现愉快的生苹果香为适度，一般4~12h。

（2）杀青

杀青机具：60型或80型滚筒式连续杀青机。

杀青温度：130~140℃（进料口一侧筒体内空气温度）。

投叶量：要求用输送带或手工均匀投入滚筒内，60型连续滚筒杀青机投放鲜叶125~175kg/（台·h）；80型连续滚筒杀青机300~350kg/（台·h）。

杀青时间：2~4min。

杀青程度：叶缘锯齿略有干焦现象，梗折而不断，手捏成团，稍有弹性，清香显露，色泽由鲜绿变为暗绿，无红梗红叶现象，嫩而不生，老而不焦。

冷却：杀青叶要快速冷却、冷透。

（3）揉捻

机具：55型或265型等揉捻机。

原则：无压揉→轻揉→无压揉，加压要先轻后重，逐步加压，最后无压揉；嫩叶慢揉，老叶快揉。

投叶量：投叶至揉桶的 4/5 处为宜。55 型 20 ~ 25kg、265 型 30 ~ 35kg。

揉捻时间：15 ~ 20min，无压揉 5min，再轻揉 5 ~ 10min，最后再无压揉 5min。

程度：茶条成形，手捏有粘手感，要求无球团、无碎断。

（4）烘二青

机具：连续式烘干机。

温度：120 ~ 130℃。

摊叶厚度：1 ~ 2cm，要求茶叶均匀铺在百页板上。

时间：5 ~ 8min。

程度：略有刺手感觉，叶色变暗，茎梗仍为绿色。

冷却堆放：冷却后堆放至水分重新分布均匀。

（5）复揉

鲜叶质量超过特级时应取消复揉工序，适当延长初揉时间，二烘时干度达到"毛火"要求，确保成品茶色泽和汤色。

机具：55 型或 265 型等揉捻机。

投叶量：投叶至揉桶的 4/5 为宜。

揉捻时间：25 ~ 30min，空揉 5min，再轻揉 10min，再重揉 5 ~ 10min，最后再空揉 5min。

程度：茶条成形，手捏有粘手感。

解块：用解块机将团块解散。

（6）毛火

机具：连续式烘干机。

温度：120 ~ 130℃。

摊叶厚度：1 ~ 2cm，要求茶叶均匀铺在百页板上。

时间：5 ~ 10min。

程度：含水量 11% ~ 12% 为宜。

冷却堆放：冷却后堆放至水分重新分布均匀。

（7）足火

机具：连续式烘干机。

温度：90 ~ 100℃。

时间：5 ~ 10min。

程度：含水量 9% 左右，要求含水量必须适当以便于辉锅，含水量过高，辉锅后条索虽紧细，但较弯曲；含水量过低，条索伸直但断碎多。

冷却堆放：冷却后堆放至水分重新分布均匀。

（8）辉锅

机具：一般采用90型或110型瓶炒机。

温度：80~120℃，要求温度"高→中→高"，根据茶叶含水量掌握温度，先采用高温炒制，出现水蒸气时要打开风扇排气，排完气后要立即停止排风；整个升温过程缓慢进行，不能突然升降温，否则会影响茶叶品质或造成严重的事故茶。出锅前4~5min缓慢升温，待茶叶达到要求的最佳栗香时间时立即出锅，要特别注意出锅时间，若提早出锅香气达不到要求，推迟出锅可能会产生事故茶。

投叶量：90型瓶炒机30kg/台，110型瓶炒机50kg/台。

时间：辉锅60min左右，提香3~5min。

程度：茶叶色泽呈银灰色或瓦灰色，栗香味显著，含水量低于6.5%。

自然冷却后装箱。

3. 长炒青生产技术规程二

（1）杀青

机具：60型或80型滚筒式连续杀青机。

杀青温度：140~160℃（进料口一侧筒体内空气温度）。

鲜叶摊放：将进厂鲜叶均匀摊放于竹垫或通气式晾青槽上，待青草气消失，显生苹果香时开始杀青。

投叶量：要求用输送带或手工均匀投入滚筒内，60型连续滚筒杀青机投放鲜叶125~175kg/（台·h）；80型连续滚筒杀青机300~350kg/（台·h）。

杀青时间：2~4min。

杀青程度：叶缘锯齿略有干焦现象，梗折而不断，手捏成团，稍有弹性，清香显露，色泽由鲜绿变为暗绿，无红梗红叶现象，嫩而不生，老而不焦。

冷却：杀青叶要用排风扇快速冷却、冷透。

（2）揉捻

机具：55型或265型等揉捻机。

原则：无压揉→轻揉→轻揉→无压揉。嫩叶慢揉，老叶快揉。

投叶量：投叶至揉桶的4/5处为宜。55型20~25kg、265型30~35kg。

揉捻时间：15~20min，无压揉5min，再轻揉5~10min，最后再无压揉5min。

程度：茶条成形，手捏有粘手感，要求无球团、无碎断。

（3）烘二青

机具：连续式烘干机。

温度：120~130℃。

摊叶厚度：1～2cm，要求茶叶均匀铺在百页板上。

时间：5～8min。

程度：略有刺手感觉，叶色变暗，茎梗仍为绿色，干度达到55%～60%。

冷却堆放：冷却后堆放至水分重新分布均匀。

（4）复揉

机具：55型或265型等揉捻机。

投叶量：投叶至揉桶的4/5处为宜。

揉捻时间：25～30min，空揉5min，再轻揉10min，再重揉5～10min，最后再空揉5min。整个揉捻过程中加减压要按照"轻→重→轻"的原则，反对骤轻骤重。

程度：茶条成形，手捏有粘手感。有一定数量的球状团块。

解块：用解块机将团块解散。

（5）炒三青

机具：一般采用90型或110型瓶炒机。

温度：100～120℃，要求温度一定要适当，同时整个锅体受热要均匀，整个锅体温度过高或过低、锅体局部高温或低温都会造成茶叶粘锅，影响茶叶品质或造成事故茶。

投叶量：90型瓶炒机8～10kg/台，110型瓶炒机15～20kg/台。

时间：12～15min。

程度：含水量在15%～20%。

冷却堆放：冷却后摊晾至水分重新分布均匀。

（6）做形

机具：一般采用90型或110型瓶炒机。

温度：90～100℃。

投叶量：90型瓶炒机10～15kg/台，110型瓶炒机20～25kg/台。

时间：5～10min。

程度：含水量在10%左右，外形卷曲、色泽绿润。

冷却堆放：冷却后摊晾至水分重新分布均匀。

（7）辉锅

机具：一般采用90型或110型瓶炒机。

温度：80～120℃，要求温度"高→中→高"，根据茶叶含水量掌握温度，先采用高温炒制，出现水蒸气时要打开风扇排气，排完气后要立即停止排风；整个升温过程须缓慢进行，不能突然升降温，否则会影响茶叶品质或造成严重的事故茶。出锅前4～5min缓慢升温，待茶叶达到要求的最佳栗香时间时立即出锅，要特别注意出锅时间，若提早出锅香气达不到要求，推迟出锅可能会产生事故茶。

投叶量：90型瓶炒机30kg/台，110型瓶炒机50kg/台。

时间：辉锅60min左右，提香3~5min。

程度：茶叶色泽呈银灰色或瓦灰色，栗香味显著，含水量低于6.5%。自然冷却后装箱。

（二）圆炒青绿茶加工技术

1. 圆炒青绿茶感官品质特征

圆炒青绿茶感官品质特征见表4-8。

表4-8　圆炒青绿茶感官品质特征

级别	外形				内质			
	条索	整碎	色泽	净度	香气	滋味	汤色	叶底
一级	细圆，重实	匀整	深绿，光润	净	香高持久	浓厚	清绿，明亮	芽叶较完整，嫩绿，明亮
二级	圆紧	匀整	绿润	稍有嫩茎	高	浓醇	黄绿，明亮	芽叶尚完整，黄绿，明亮
三级	圆结	匀称	尚绿润	稍有黄头	纯正	醇和	黄绿，尚明亮	尚嫩，尚匀，黄绿，尚明亮
四级	圆实	匀称	黄绿	有黄头	平正	平和	黄绿	有单张，黄绿，尚明亮
五级	粗圆	尚匀	绿黄	有黄头扁块	稍低	稍粗	淡绿黄	单张较多，绿黄
六级	粗扁	尚匀	绿黄，稍枯	有朴块	有粗气	粗淡	黄稍暗	粗老，绿黄稍暗

2. 圆炒青生产技术规程

（1）杀青　珠茶初制杀青技术基本上与眉茶初制相同。鲜叶下锅后，使用锅式杀青机先闷炒3~4min，待大量水蒸气从盖缝上冲出时，揭盖抛炒，直到叶色变为暗绿，茎梗折而不断时起锅。杀青叶含水量60%~64%，失重35%~40%。

珠茶先闷后抛的方法，杀青时间短，叶色翠绿，香气清爽，较先抛后闷好。珠茶闷炒时间较眉茶杀青长1~2min。闷的目的是提高叶温。使叶质柔软，避免产生红梗红叶，有利于以后做形。但闷炒时间不宜过长，防止产生水闷气和叶色显黄熟。适当多闷,对杀透杀匀都有好处,特别可减轻在较长的干燥过程中黄变的程度。

杀青叶适度标准是:叶熟不黄,色翠不生,叶质柔软而不焦。若杀青掌握不当,易造成烟焦味,严重影响品质。

(2)揉捻 珠茶揉捻所用机械,方法基本上与眉茶相同。

不同点在于珠茶揉捻的时间比眉茶稍短,压力比眉茶轻,为了保持叶质柔软,杀青叶子摊凉后立即揉捻。一般嫩叶揉 10~15min,老叶 15~20min。

揉捻适度标准:细胞破坏率 45%~60%,嫩叶成条率 90% 左右,4~5 级成条率 85% 左右即可。揉捻时间过短,成条率差,不利于制成颗粒状的珠茶。

揉捻叶应适当解决,及时干燥,以防叶色闷黄。

(3)干燥 珠茶干燥过程包括炒二青、小锅、对锅与大锅四个程序,可以使用瓶式炒干机和锅式圆茶炒干机械进行。

①滚二青:采用滚筒炒干机炒二青。

滚炒二青工艺参数:110 型滚筒(瓶式)炒干机,每筒投揉捻叶 35kg 左右,筒壁温度约 240℃,时间视揉捻叶含水量高低而定。含水量高的,滚炒时间较长,约需 45min;含水量低的,一般 35min 左右已够。

滚炒二青优缺点:炒制珠茶在外形上最终目的是要达到圆紧如珠。因此,对二青叶有特别严格的要求,既要叶子失去部分水分,又要保持茶条的柔软。相反,如茶条硬,炒成圆坯就有困难,如茶条失水过少,虽然茶条可保持较大的柔软度,但由于含水量过高,也会影响炒制成圆,往往会碎末较多,未圆而先扁。

炒二青适度标准:二青叶含水量直接影响小锅的操作。过干不易成圆,过湿容易结块。二青叶一般以含水量 40% 左右为宜。夏茶气温高,炒干时叶子失水较快,二青叶含水量应比春茶高,以 45% 较好。

②炒小锅和炒对锅、炒大锅:这三个工序都是珠茶鲜叶加工成圆的过程,都在相同的珠茶炒干机中完成,既有共同的技术措施,又各有独特的目的要求。

炒小锅在蒸发水分的同时,主要使较细嫩和较碎的所谓"下脚茶"成圆。

炒对锅是大部分叶子成圆的最基本过程,颗粒的形成,尤其是中档茶颗粒形成的过程,都是在炒对锅中产生。

炒大锅则是进一步干燥,使在炒对锅时所形成的颗粒予以固定,并使面张粗大叶子成圆。所谓"小锅脚、对锅腰,大锅冒"就是这个意思。

a. 炒小锅。叶量要少,锅温稍高,抛炒有力,这是炒小锅的技术要点。

每锅叶量为 12.5~15kg 二青叶。炒时掌握叶温先高后低,高级茶叶温度高,低级茶叶温度应低。高级肥壮嫩叶温度 45~50℃;中低级以及夏秋茶 40~

45℃，炒制时间 45min 左右，炒到细嫩茶条初步成圆或形成弯卷；春茶含水量30% 左右，夏秋茶约为 35% 为适度。

b. 炒对锅。这是珠茶鲜叶加工成圆的关键。随着珠茶炒干机的炒板往复运动，叶子在锅中不断受到弧形炒板的推力和球形锅面的反作用，促使叶子在锅中不断推炒，逐渐卷曲，形成颗粒。炒对锅实质上是颗粒"做坯"的过程。温度不宜过高，以免水分蒸发过快而叶子来不及成圆。对锅要炒到叶子基本成"圆坯"，且能分颗为止。到了炒大锅时，逐渐固定已形成的颗粒，所谓"大锅炒茶对锅保"，也说明炒对锅对形成珠茶特有的外形的重要性。

对锅投叶量一般为二锅小锅叶合并而成。但也因叶质不同而有差异。高级嫩叶每锅投小锅叶 22.5kg，中低级为 20kg 左右。叶质不同，叶温掌握也应变化。嫩叶肥壮、芽多的叶子叶温可稍高，瘦薄叶子叶温应略低。一般在 40 ~ 50℃，并掌握先高后低的原则。

对锅要炒到腰档叶及紧细脚茶成圆率达到 80% 以上，有些粗大的单片叶卷曲成圆片，含水量降到 15% ~ 17% 为适度。炒制时间 90 ~ 120min。

c. 炒大锅。这是干燥作业的最后一个过程。主要作用是炒紧和固定腰档茶，做圆面张茶，并使茶叶炒干。

每锅投叶量为对锅叶 40kg 左右，叶温掌握视叶质而定。高级嫩叶为 40 ~ 45℃，加盖后升至 50℃；中低级叶为 38 ~ 40℃，加盖后升至 45℃。炒制时间150 ~ 180min，炒到含水量为 40%，至颗粒外表色绿起霜，以手指搓捻成粉状，即可起锅。

有三种炒法：第一种是炒大锅前段不加盖，炒至 90min 以后，加盖 30min 左右，使水分蒸发减慢，叶温升高，保持叶质柔软，对颗粒圆紧是有一定作用的，但对内质有影响。第二种是高档嫩叶炒大锅的全程都不加盖，中低级叶在对锅结束后予以筛分，将筛面和筛下的茶叶分别进行炒制，筛下嫩叶炒大锅全程都不加盖，筛面茶采用分次加盖的方法炒干，这种炒法在保证内质的前提下，对颗粒规格的提高有效果。第三种采取分次加盖的方法，在大锅炒制90min 左右后，分二三次加盖炒制，每次加盖时间 10 ~ 15min，然后去盖炒制15 ~ 20min。交替进行。

（4）圆炒青毛茶加工技术　具体工序包括：毛茶进厂验收、毛茶加工定级归堆、毛茶选配、毛茶加工及成品拼配、匀堆装箱等。

着糊：补火束色工序中，为了使颗粒更圆结，开口茶闭口，利用糯米糊的黏着力，在炒身滚转过程中进行着糊。

着糊技术要求：糯米首先必须滚透，磨浆时加水均匀，冲糊必须用沸水冲熟，搅拌均匀。

着糊量：0.5kg 糯米冲糊 3 ~ 3.5kg 茶叶，着糊均匀。

（三）屏山炒青绿茶加工技术

1. 基本情况

屏山是四川省宜宾市的茶叶主产县之一。幅员面积 1527.5km²，属亚热带湿润季风气候，境内气候温和，雨量充沛，高山多雾，生物多样，植被繁茂，森林覆盖率 45.8%（主产茶区近 60%），年降雨量 1000mm，土壤多为酸性或微酸性，土质肥沃，特别适宜茶树生长，是建设无公害茶叶生产基地和发展无公害茶、绿色食品茶、有机茶的理想之地。屏山炒青出产于四川省屏山县境内海拔 600~800m、自然植被和人工林等覆盖度在 45.8% 以上的无公害茶园。到目前为止，屏山全县有茶园面积 7.5 万亩（1 亩≈667 平方米），覆盖全县二十一个乡镇的 186 个村，已全部通过无公害农产品生产基地认证，已通过绿色食品基地认证的有 0.8 万亩。

屏山炒青的品质特点：条索卷曲灰绿润，栗香花香高而悠，汤绿叶绿明又亮，滋味鲜爽耐冲泡。感官品质特征要求见表 4-9。

表 4-9 屏山炒青品质特征

外形				内质			
条索	整碎	色泽	净度	香气	滋味	汤色	叶底
紧细卷曲、白毫披露	匀整	嫩绿	净	鲜嫩	鲜爽回甘	黄绿明亮	嫩匀明亮

屏山炒青制作特点：屏山炒青制作特点是"鲜、高、快、冷、长"，即鲜叶要鲜，忌隔夜制作，高温杀青，忌高温不持久，快速杀青和毛火，快速冷却，冷要冷过心，摊放摊得凉；炒干时间长，忌快速干燥，影响茶香味，甚至造成"外干内湿"的假干。"屏山炒青"制作最讲究火功，杀青、毛火的锅温普遍很高，足火和辉锅的时间偏长，也是温度之积累，亦属高温，这与形成其"栗香高、滋味醇厚"的品质有着密切关系。

2. 加工技术

（1）鲜叶及鲜叶处理　优质鲜叶是优质茶的物质基础。屏山县茶树多生长在海拔 800~1050m 的云雾高山，茶园间植在松竹林中，除原始森林覆盖率高之外，灌木丛生，溪泉潺潺，茶区风景秀丽，鲜叶天生丽质。优质屏山炒青茶选用每年 4 月 21 日（农历谷雨节）以前采摘的一芽二、三叶茶树鲜叶作为茶原料，做到：不采病虫叶、对夹叶、紫芽叶、焦边叶、雨水叶、露水叶。鲜叶进厂后，薄摊在通风处，表面呈波浪形，厚度 15~30cm，摊放 2~4h 为宜。每隔 40~60min 轻翻一次，摊至叶片呈萎蔫状，略有清香即可进行杀青工艺。

（2）制作技术

基本工艺流程：鲜叶→摊凉→杀青→摊凉→初揉→二青→摊凉→复揉→滚毛火→摊凉→炒足火→摊凉→辉炒（至足干）。

①杀青：目的是短时间内迅速破坏多酚类氧化酶的活性，使之保持清汤绿叶的品质特征，同时，散失一定水分，以利揉捻成条。

杀青分为头青、二青、三青，具体杀几次青要根据情况而定，一般不少于两次。锅温渐次下降。操作要求"高温快速、少量多抖"的原则。头青锅温不低于240℃，即白天看见锅壁为灰白色，夜晚为暗红色，用手置锅腔内有强刺手感，900型瓶炒机的投叶量为17.5kg/锅；一般开排风扇（抖炒）3~4次，视鲜叶情况而定，第一次排气一定要排够排透，炒至"叶子叶色呈暗绿色，叶梗折不断，手捏略粘手"时下锅，边下叶子边开排风扇，迅速将杀青叶吹冷。

②揉捻：分为初揉、复揉、捆条三个阶段，多用55型揉茶机。待杀青叶冷透之后，由三锅左右杀青叶揉一次，初揉不加压，揉15~20min，茶叶初卷成条，手触有滑腻感即可下桶解决。复揉为2.5锅二青叶揉一次，按"轻—重—轻"交替加（减）压方式，历时20~25min，手触茶条有粘手感即可下桶解决。捆条为2锅三青叶揉一次，按"中—重—轻"交替加（减）压方式，历时约25min，成条率达95%为适度。各阶段揉捻技术掌握原则，应根据来料情况而定，不可死搬硬套。

③干燥：是散失茶叶水分的同时，发展茶香、茶叶成形的关键阶段。分为：毛火、足火、辉锅三道工序。

毛火：卷曲形屏山炒青在瓶炒机中炒制，近年来新发展的伸直形屏山炒青是在烘干机上操作。卷曲形屏山炒青的毛火锅温为150℃左右，一桶半至两桶捆条叶炒一锅，叶子入锅即排气，所谓"锅要热，茶要凉"即是，历时约15min，茶条转为墨绿色，手捏有刺手感时下锅摊凉回潮。

足火：毛火叶经2~3h摊晾，茶条回软后，用1.5锅的毛火叶投入锅中炒足火，注意排气，锅温约120℃，历时50~60min，手捏茶条成颗粒状，有明显的新茶香时即可下锅摊凉，重新分布水分。

辉锅：足火叶经3~5h摊晾，叶内水分分布均匀后，两锅足火为一锅辉锅叶，锅温80℃左右，注意抖炒，历时约60~90min，待茶条呈灰绿油润时下锅，下锅前，用竹竿旺火提香5min，充分发展茶香，增进滋味。

茶叶下锅后，摊凉隔脚封装。

三、烘青加工技术

烘青绿茶是用烘焙方式干燥呈长条形的茶，分为一级、二级、三级、四级、五级、六级。

烘青绿茶产区分布较广，产量仅次于眉茶。以安徽、浙江、福建三省产量较多，其他产茶省也有少量生产。烘青除部分在市场上销售的素烘青外，大部分是用来窨制花茶。如茉莉花、白兰花、玳玳花、珠兰花、金银花、槐花等。销路很广（东北、郑州、北京、西安、山东），茶价很高，深受国内外饮茶者喜爱。

（一）烘青感官品质特征要求

具体见表4－10。

表4－10　烘青绿茶感官品质特征

级别	外形				内质			
	条索	整碎	色泽	净度	香气	滋味	汤色	叶底
一级	细紧，显锋苗	匀整	绿润	稍有嫩茎	鲜嫩清香	鲜醇	清绿，明亮	柔软匀整，嫩绿，明亮
二级	细紧，有锋苗	匀整	尚绿润	有嫩茎	清香	浓醇	黄绿，明亮	尚嫩匀，黄绿，明亮
三级	紧实	尚匀整	黄绿	有茎梗	纯正	醇和	黄绿，尚明亮	尚嫩，黄绿，尚明亮
四级	粗实	尚匀整	黄绿	稍有朴片	稍低	平和	黄绿	有单张，黄绿
五级	稍粗松	欠匀整	绿黄	有梗朴片	稍粗	稍粗	淡绿黄	单张稍多，绿黄，稍暗
六级	粗松	欠匀整	黄，稍枯	多梗朴片	粗	粗淡	黄，稍暗	较，粗老黄，稍暗

（二）生产技术规程

（1）鲜叶处理

鲜叶标准：加工不同等级的毛茶应采用不同级别的鲜叶（鲜叶基本标准见表4－11）。要求采收鲜叶叶质肥壮柔软、鲜嫩，无病虫叶、变质叶等其他外来杂物。

表4-11　毛茶鲜叶收购标准

级别	一芽二叶比例	一芽三叶比例	同等嫩度对夹叶比例
特级	90%以上		10%以下
一级	40%	40%	20%
二级	30%	40%	30%
三级	20%	40%	40%
四级	10%	40%	50%

（2）杀青

机具：40型、60型、70型、80型等连续滚筒杀青机或90型、110型等型号的瓶炒机。

杀青温度：130~170℃。

投叶量：40型连续滚筒杀青机40~50kg/（台·h）；60型连续滚筒杀青机125~175kg/（台·h）；70连续滚筒杀青机225~275kg/（台·h）；80型连续滚筒杀青机300~350kg/（台·h）；90型瓶炒机110~120kg/（台·h）；110型瓶炒机125~160kg/（台·h）。

杀青时间：1~4min。

杀青程度：叶缘锯齿略有干焦现象，梗折而不断，手捏成团，稍有弹性，初显清香，色泽由鲜绿变为暗绿，无红梗红叶现象，嫩而不生，老而不焦。

（3）揉捻

机具：40型、45型、55型、65型等揉捻机。

原则：嫩叶冷揉、老叶温揉，加压要先轻后重，逐步加压，轻重交替，最后无压揉，嫩叶慢揉，老叶快揉。

投叶量：投叶至揉桶的4/5处为宜。

揉捻方法：揉捻时间和压力见表4-12。揉捻程度：三级以上的叶子成条率达80%以上，三级以下的叶子成条率达60%以上，茶汁黏附叶面，有粘手感觉。

表4-12　不同压力条件下的揉捻时间

揉捻叶级别	揉捻总时间/min	第1次无压揉捻时间/min	轻压揉捻时间/min	中压揉捻时间/min	重压揉捻时间/min	第2次无压揉捻时间/min
特级、一级	25	10	10			5
二级、三级	20~25	5~10	5	5		5
四级	30	10		5	10	5

（4）烘（炒）二青 初揉叶用烘干机或瓶炒机进行烘（炒）二青。

温度：110～120℃。

时间：8min 左右。

程度：有刺手感觉，叶色变暗，茎梗仍为绿色。

（5）复揉 复揉所用机具、投叶量及方法与初揉大致相似。

揉捻时间和压力见表4－13。

表4－13 不同压力条件下的复揉时间

揉捻叶级别	复揉总时间/min	第1次无压复揉时间/min	轻压复揉时间/min	中压复揉时间/min	重压复揉时间/min	第2次无压复揉时间/min
特级、一级	30～40	10	15～20			5～10
二级、三级	40～50	5	10	10～15	10～15	5
四　级	40～50		5	20～25	10～15	5

程度：茶条成形较紧细，茶汁黏附叶面，有粘手感觉。

（6）毛火（将复揉叶解块分筛后进行烘干）

机具：采用连续式烘干机。

温度：120～140℃。

摊叶厚度：1～2cm。

时间：8～10min。

含水量：10%～12%。

（7）足火

机具：采用连续式烘干机。

温度：80～100℃。

摊叶厚度：1cm 左右。

时间：10～12min。

含水量：≤7%。

冷却后装箱。

小 结

绿茶是我国生产的主要茶类，其中大宗绿茶产量多，消费群体广。大宗绿茶的杀青方式、干燥方式不同，造就了炒青、烘青、蒸青和晒青四个类型。

杀青是绿茶品质形成的关键工序，利用高温迅速破坏鲜叶中酶活性，散失部分水分，挥发部分低沸点香气物质，发展香气，让内含成分向有利于绿茶品质发展方向转变的过程。因此，杀青中要注意温度以及杀青方式。"高温杀青，先高后低""抛闷结合，多抛少闷""老叶嫩杀，嫩叶老杀"是大宗绿茶杀青的基本原则。

揉捻是初步做形工序。所谓揉捻，即采用"搓与揉"的方法使茶叶面积缩小卷成条形，通称条茶。鲜叶经过揉捻后，茶汁挤出，有利冲泡，同时缩小体积，有利贮运。针对不同嫩度的叶子，要遵循"嫩叶冷揉，老叶热揉""嫩叶短揉，老叶长揉""嫩叶轻揉，老叶重揉"等原则，并适时解块筛分，以提高茶叶成条率。

干燥是绿茶加工的最后一道工序，但并不是一个纯粹以失水为目的的过程。在干燥中，往往要充分利用各种加工设备，应用外力作用，以塑造茶叶优美的外形。因此，茶叶的干燥兼具有整形的作用。干燥方法有炒干、烘干和晒干。因干燥方法不同，从而形成各类绿茶不同的品质特征。在具体的干燥方法使用上，要注意采用"多次干燥，或烘或炒"、"高温干燥，先高后低"以及"长时干燥，先短后长"等干燥技术。

我国绿茶生产，以炒青最为主要。炒青绿茶是我国绿茶产区最广、产量最高的一种绿毛茶，各产茶省都有生产炒青茶，主要有外形成条、略曲、辉白，似老人眉毛的长炒青绿茶的"眉茶"和外形颗粒紧实的圆炒青的"珠茶"。

两种长炒青生产技术规程；圆炒青加工技术规程；烘青加工技术规程。

项目五 特种绿茶加工技术

（1）掌握特种绿茶的概念和质量特征。

（2）掌握扁形、卷曲形、针形等各种特种绿茶的手工加工及机械化加工技术。

（3）了解其他特种绿茶加工方法。

（1）能根据具体的加工设备，设计扁形、针形、卷曲形特种绿茶的加工工艺路线。

（2）具备对特种绿茶加工中出现的质量问题进行分析的能力，并能初步解决问题。

一、特种绿茶品质特征与加工工艺

（一）特种绿茶的概念与分类

所谓特种绿茶，是指选用特殊嫩度的原料，采用特殊加工技艺，制成特殊外形和特殊内质的绿茶。

我国茶区辽阔，茶叶生产历史悠久，制茶经验丰富。劳动人民在长期的生产中创制了形质各异的绿茶。譬如外形，有的扁平似剑片，有的卷曲如绿螺，有的细直似松针；再如香味，有的馥郁芬芳似栗子，有的高雅含蓄盛兰花。知名的有西湖龙井、洞庭碧螺春、六安瓜片、南京雨花茶、蒙顶甘露、都匀毛尖、涌溪火青等，花色品种繁多。这些绿茶，我们称之为特种绿茶，是我国茶叶宝库的珍品，也是中华民族灿烂历史文化的一个重要组成部分。

特种绿茶往往是一些名茶。名茶属于特种绿茶的范畴，但是和特种绿茶又有一些区别。特种绿茶包括两方面，即名茶和优质绿茶，前者基本囊括了各种特种绿茶，而后者则包括的范围更广，例如高级的眉茶、高档的珠茶，属于优质茶，但并不是特种绿茶，它们只是大宗绿茶中的高档产品。

特种绿茶按其传承与创制过程，又可分为三类（表5-1）。

表5-1 特种绿茶按传承与创制过程分类

类型	典型代表	备注
历史名茶	西湖龙井、洞庭碧螺春、太平猴魁、六安瓜片、恩施玉露、巴山雀舌、信阳毛尖、顾渚紫笋、庐山云雾	多为历史上的贡茶
恢复性历史名茶	蒙顶甘露、徽州松萝、蒙顶石化、贵定云雾、万叶银春、杭州径山茶、安徽雾里青	历史上多有记载，但久已失传，新中国成立后重新发掘整理、恢复生产的
新创制特种绿茶	南京雨花茶、安化松针、永川秀芽、叙府龙芽、贵定雪芽、峨眉毛峰、高桥银峰、邓村云雾、婺源茗眉	新中国成立以后创制的

（二）特种绿茶的品质特征

1. 形状

形状包括外形和叶底的形态。特种绿茶的外形要求形状一致、大小一致、不断、不碎，制工精良、造型奇特是多数特种绿茶显著标志之一。不同特种绿茶叶底形态不尽相同，或束或朵或片状等，形态匀齐、大小一致是特种绿茶叶底的基本要求。

我国特种绿茶外形从造型方法和形状特点可以划为九种类型（表5-2）。

表5-2 特种绿茶外型

序号	外型	形状特征	典型代表
1	扁形	扁平挺直	西湖龙井、天柱剑毫
2	针形	条索紧细圆直，呈松针状	南京雨花茶、恩施雨露茶
3	条形	外形条索状，条梭松紧程度一致	毛峰

续表

序号	外型	形状特征	典型代表
4	卷曲形	外形纤细卷曲	洞庭碧螺春、都匀毛尖
5	圆形	外形圆紧，颗粒重实	涌溪火青、前冈辉白
6	芽形	包括芽茶和雀舌形	特级黄山毛峰
7	尖形	条直有锋，自然舒展	太平猴魁
8	片形	外形平直完整，呈片状	六安瓜片
9	束形	形似菊花、毛笔等	霍山菊花茶

2. 色泽

色泽包括干茶色泽、汤色和叶底色泽。特种绿茶的色泽要求三绿，且光泽度要好，干茶色泽以绿润为好，汤色和叶底色泽以绿亮为好。

我国现有特种绿茶干茶色泽可以分成以下五种类型：

翠绿型：如西湖龙井、六安瓜片等；

嫩绿型：鲜叶嫩度高，如蒙顶甘露等；

银绿型：一般白毫比较多；

苍绿型：如太平猴魁等；

墨绿型：这种茶叶在制造过程中细胞组织破碎率较高，如涌溪火青等。

影响干茶色泽的主要物质是叶绿素。叶绿素 a 为蓝绿色，叶绿素 b 为黄绿色。茶叶中叶绿素含量高，色泽就绿。鲜叶中叶绿素含量高，茶叶中叶绿素含量就可能高。需要指出的是，鲜叶中叶绿素含量受多种因素的影响。例如，鲜叶的成熟度，一芽二叶＞一芽一叶＞芽，有的高山茶干色欠绿可能与缺乏氮素有关。经过加工，鲜叶中的叶绿素要被破坏一部分，尤其是湿热作用时间长，对叶绿素的破坏就越多。

一般认为色泽的润度与水溶性果胶含量有关，含量越高，干茶色泽润度好。

特种绿茶汤色以浅绿色、浅黄绿色，并且鲜亮或亮为好。深、暗、浊不好。汤色绿的主要成分是黄酮类物质。叶绿素属脂溶性物质，不能溶解于茶汤中，在茶汤中仅有极微量呈悬浮颗粒状。茶汤中黄色的主要成分主体是多酚类的氧化物，多酚类氧化量越大，汤色越黄，汤色越黄，特种绿茶质量差。

特种绿茶的叶底色泽要一致，明亮。鲜绿、嫩绿、浅黄绿都属正常，以嫩绿为多，叶绿素保留量越多，叶底越绿，湿热作用越强，形成的脱镁叶绿素越多，叶底则绿带褐黄。白毫多的茶叶，叶底往往为灰白色，亮度显得不够，容易产生错觉。类胡萝卜素呈黄色，也是构成叶底色泽的物质，紫色芽叶的叶底呈靛蓝色。

虽然构成干茶色泽、汤色、叶底色泽的物质成分有差别，但三者之间关系密切。汤色绿亮的茶叶，干茶色泽和叶底色泽均较好。

3. 香气

优质茶叶的香气高长或幽雅。特种绿茶的香气类型较复杂，影响香型的因素也很多。

原料香：香型与鲜叶嫩度关系密切。鲜叶嫩度高且多毫，茶叶往往是毫香型。

香型与制造技术关系密切，可称为"制工香"，例如清香型、熟板栗香往往受制工的影响。

生态香：香型主要由茶叶生长的生态条件决定。花香型多产生于生态条件特殊的高山环境中。

"品种香"的香型主要由茶树品种所决定，黄枝制出的青茶有蜜桃香，祁门七号制出的绿茶有清花香。

我国现有的特种绿茶中常见的香气类型有：

①毫香型：白毫越多的鲜叶，制的茶叶往往毫香越显，毫香型茶叶对鲜叶嫩度要求较高，制造中火功掌握要适当。

②嫩香型：鲜叶嫩度要高，鲜叶采运中要注意保鲜，制造技术要求高。

③熟板栗香：鲜叶嫩度适中，制造中火功饱满。

④清香型：这种香型的特种绿茶较多。鲜叶采运中要注意保鲜，制造技术要求高。

⑤花香型：这种香型的形成与茶树品种、生态条件、制造技术有关，具有花香的特种绿茶多产于高山。

特种绿茶种类多，香气特征差异大，构成香气成分复杂。据分析，构成绿茶香气的化学成分有 136 种，其中以醇类、吡嗪类较多，其次是碳氢化合物、酮类、酸类、醛类、酯类等，芳香物总量为 $50 \sim 100 \mathrm{mg/kg}$。

特种绿茶的香型不同，芳香物质构成成分有别，例如西湖龙井、碧螺春等具有明显的鲜爽清香，其戊烯醇、顺 $-3-$ 己烯醇、沉香醇等含量较高；黄山毛峰、太平猴魁具有花果香，其香叶醇、苯乙醇、$\beta-$ 紫罗酮、沉香醇等含量较高。

如果鲜叶中淀粉、糖类、果胶质含水量量较高，炒制中火功饱满，制出的特种绿茶呈熟板栗香型。如果有青气，则顺 $-3-$ 己烯醇、顺 $-3-$ 己烯醛挥发量不够，保留量过多。

4. 滋味

苦、涩、甜、鲜之味感以茶汤中的物质为基础。适度的苦味是茶汤的正味，但回味苦则不好。涩味给人的口腔以收敛感，涩味适度是特种绿茶的正常滋味，涩味过重则是不好的品质。适度苦涩的茶汤给人以清鲜爽口之感，是茶汤浓度的特征。茶汤入口甜不是绿茶的品质特征，回味甜才是特种绿茶品质之所求。茶汤鲜爽给人以快感，是特种绿茶应具备的。

茶叶中呈味物质主要是茶多酚、氨基酸、咖啡碱、可溶性糖、有机酸、芳香油和可溶性果胶等。茶多酚有苦涩味，氨基酸有鲜味或甜味，咖啡碱有苦味，可溶性糖有甜味，有机酸有酸味，可溶性果胶增加茶汤的厚度，芳香油给人以快感。茶汤的滋味是这些呈味物质的综合反映，各呈味物质多少和比例关系了决定茶汤的品质。

特种绿茶的滋味以鲜、醇、厚、回甘为好，苦涩、清淡、回味差不好，异味是特种绿茶之大忌（烟味、高火味）。

5. 风味

"风味"用来表示茶叶的品质特征，是指质量极好的茶叶给人的嗅觉和味觉综合感受的美好印象。例如：

涌溪火青：香气清高鲜爽，有特殊的花香，味鲜、醇、厚、回味甘甜；

太平猴魁：香气高爽，有明显的兰花香，味浓、鲜、厚、回味无穷，难以言表，以"猴韵"谓之；

祁红有甜香、果香、花香浑然一体的"祁门香"；

武夷岩茶有香味奇异的"岩韵"；

安溪铁观音既有圣妙香又有天真味的"音韵"。

风味难以用语言文字加以准确描述，茶叶某种风味的强弱、有无，专家和"老茶客"们都可以作出正确一致的判断，但目前还不能科学地说明它。

（三）加工工艺

特种绿茶的工艺流程是在杀青、揉捻、干燥的基本工艺上发展而来的，然而由于特种绿茶特有的外形要求和鲜叶特性的不同，使得特种绿茶的工艺流程比大宗茶更为精湛复杂，但综合多种特种绿茶工艺流程分析，其摊放、杀青、揉捻三道工序较为一致，仅在干燥工序上可分为三种类型，即锅炒干型、烘笼烘干型和烘炒结合型。

特种绿茶的各道工序并不像大宗茶那样能截然分开，由于特种绿茶多靠手工制作，因而各个工序的作用是多方面的，有的一个工序包含多个不同的作业阶段，有的同一目的的作业要分成几个工序来完成。

1. 全（锅）炒型工艺流程

全炒型工艺是指干燥作业全部在锅中完成，主要工艺流程有以下两种。

①鲜叶摊放→青锅→辉锅：该工艺名茶多为扁形或雀舌类名茶。如西湖龙

井、千岛玉叶、竹叶青、大方、茅山青峰等。

②鲜叶摊放→杀青→揉捻→做（整）形烘干：这类工艺茶多为卷曲形。如碧螺春、雨花茶、峨蕊、无锡毫茶等。

第一种工艺流程以龙井和竹叶青为典型，其特点是全程仅用青锅和辉锅两个主要工序，中间结合摊放和筛拣等辅助作业，工艺简单，但制作手法却十分复杂。归纳其制作手法达10多种，根据在制品含水率的不同，青锅主要采取抖、抹、挡、搭、抛手法，辉锅则采用推、抓、捺、奈、磨、扣等手法。使之形成的成茶外形具有扁平、挺直、光滑、内质香、高味浓的独特风格。该工艺缺点是，易造成芽叶断碎，成品茶叶底不够完整。

第二种做法的工艺以传统炒青为代表的典型，其特点是几乎所有的干燥作业都在锅中完成，有时穿插1～2次复揉或摊凉、筛拣等辅助作业，根据不同特性的原料和外形要求，多以2～3次造型炒干。多次炒干的目的有所不同，第一次采用抓、抖、抛等手法以进一步蒸发水分，并采用揉等手法以初步做形；第二次采用搓、揉、抓、理等手法，使茶叶在蒸发水分的同时基本成形；第三次的目的是提毫和足干，从而形成针形、眉形、卷曲形的各种形状。采用该工艺制成的名茶，外形紧结，白毫显露，色泽绿润，香高味浓。但如果掌握不当，易出现高火或焦烟等气味，以及芽叶完整性较差，碎末茶较多。

2. 全烘型工艺流程

该工艺指干燥过程全部用烘笼烘干完成，主要工艺流程有以下两种。

①鲜叶摊放→杀青→揉捻做形→烘干（2～3次）：该工艺是典型的烘青工艺，采用该工艺的制成品，其特点是条索紧细微曲，色泽绿润。

②鲜叶摊放→杀青（或兼做形）→烘干（2～3次）：该工艺无专门的揉捻工序，而是在杀青后采用轻揉，轻压的手法稍为做形，成品茶外表特点是芽叶自然舒展，形似兰花，基本上保持鲜叶状态。

全烘型工艺名茶，要求鲜叶原料特别细嫩，一般要求全芽或一芽一叶初展，否则由于全烘型工艺名茶不注重造型，芽叶显得松散，而会给人比较粗老的错觉，此外，全烘型工艺要求鲜叶色泽翠绿，而颜色偏黄的鲜叶，制成的名茶色泽显得干枯。

综合上述两种工艺，干燥过程用烘笼分2～3次烘干完成。第一次烘至含水率15%～20%，第二次再烘至足干，或第二次烘至含水率25%～30%，再行复揉，最后烘至足干。对全烘型名茶最后一次烘干，惯用低温长烘，烘温50～70℃，烘时60～90min，这样可提高全烘型名茶的香气。全烘型名茶的特点及要求是：外形完整，色泽翠绿，香气幽雅，滋味甘醇鲜爽，碎茶少。但外形花样不多。

3. 烘炒结合型工艺流程

该工艺是目前特种绿茶加工中最为广泛采用的一种，通过烘与炒相结合进行造型与干燥，集全烘型和全炒型工艺于一体。该类名茶在前阶段的鲜叶摊放、杀青、揉捻的工序较为一致，主要区别在于烘与炒的组合不同。其烘炒名茶工艺有以下几种。

①鲜叶摊放→杀青→揉捻→炒→烘→（烘）：该种工艺流程是在揉捻后采用一次性做形炒干，至含水率10%～15%时才烘至足干。

在做形炒干过程中，实际上分三个阶段：一是锅温90～100℃，采用抖、抛、搓揉等手法以进一步蒸发水分和做形，至含水率降至30%～35%；二是锅温70～80℃，采用搓、理等手法以进一步固定形状，初步提毫，至含水率降至20%左右；三是锅温50～60℃，重点在固定形状和提毫，至含水率10%～15%，最后烘至足干。

②鲜叶摊放→杀青→揉捻→炒→炒→烘（→烘）：该工艺为二炒一烘（或二烘），实际上是将第一种工艺的第一阶段和第二阶段作为第一炒，第三阶段作为第二炒。第一炒要求达到基本成型、白毫初显；第二炒要求达到理顺茶条，固定形状、白毫显露，如高桥银峰、庐山云雾等。

③鲜叶摊放→杀青→揉捻→烘→炒（→炒）→烘：该工艺较适合芽叶肥壮、茸毛多的鲜叶原料，如福鼎大毫茶等。第一次烘的目的是在静态条件下进一步蒸发水分，保持色泽翠绿及白毫不致过早脱落。温度在90～100℃条件下烘至茶叶含水35%～40%时即可转入锅中做形，锅温50～60℃，至茶叶含水15%左右，白毫显露，基本成型时再烘至足干，形成色绿多毫、滋味鲜爽的名茶。

④鲜叶摊放→杀青→揉捻→炒→炒→烘：这是传统的三炒一烘，实际是将第一种工艺三个阶段的炒分成三个工序来完成，其作用是相同的。

4. 其他工艺流程

造型独特的工艺名茶，如菊花形、橄榄形、环形、螺形等，制作过程中常采用一些特殊的加工技术。

5. 常用造型技术

（1）理条、压扁技术

①理条的目的是茶条索紧直、芽叶完整、锋苗显露、色泽绿润。压扁的目的是茶叶扁平、光滑、挺直。

②造型机械工作原理：作业时，热源对炒叶锅加热，在制叶投入往复运转的槽式长形炒叶锅内，由于长形槽式锅的特殊结构和垂直于轴向的往复运动，使杀青叶沿轴向顺序排列，不断翻转，得到理条。到基本成条时，即可在每一槽内加一根加压棒，开始扁形茶的整形工序。加压棒一般用塑料管内灌黄沙，

两端封死，外面紧包棉布制成，通常有几种重量规格，视加工叶状况与加工工序的不同而灵活选用。在适宜的整形锅温下，炒叶锅不断往复运行，加压棒在槽内不断对已理条的加工叶进行滚压，直到全部成形，完成扁茶加工目标。

振动理条是矛盾的两个方面，理条既要靠来回振动磨擦塑造紧、细、直的外形，又要避免过多的磨擦而使色泽变暗；既要靠热化学作用发展内质，又要避免在高湿环境中的热化学作用对叶绿素的大量破坏。

③操作要点：理条的关键在于对理条时的投叶量、理条时间、在制品含水率、工艺流程、理条温度及理条方法等制约因素在度和量上的正确把握。

温度以 75~85℃ 最好，投叶量以每槽 0.18kg 为好，理条时间以 15min 为宜。在理条方法上可根据需要和机械性能选择 75~85℃ 恒温理条，再结合定时鼓风或先高后低再高的变温理条。

当锅体温度达到 80~100℃ 时，将含水率为 35%~40% 的待炒制茶叶均匀投入每一槽锅中，总投叶量在 1.2kg 左右。

在炒制约 3min 时投入压茶棒，经 4~5min，在制叶含水率降至 20% 左右，茶叶成扁平状、香气外溢时，即停机提起锅柄，使茶叶迅速排出锅外。认真掌握锅体温度变化，防止色泽变黄、变暗和产生高火叶味。

a. 毛峰、松针等条形茶理条操作。当锅温达到 80~100℃ 时，调慢速度，投入待炒在制叶并调快运行速度，或快慢交替运行进行理条整形炒干作业，快慢速度的调节应根据茶叶炒制过程变化和制茶工艺要求调整，经 8~10min 出锅，此时茶叶含水率约为 20% 左右，摊凉回潮后进行下道工序炒制。

b. 扁形茶压扁操作。当锅温升到 100℃ 左右，调慢速，投入待炒在制茶叶，若茶叶翻动不畅，应加快运行速度，依此快慢交替炒制，当茶叶翻动自如流畅（1min 左右）应调至慢速将压棍放入槽锅，并观察叶温和茶叶的色泽变化，经 2~3min 炒制，色泽基本固定，再炒制 3~4min，此时茶叶成扁平、挺直、有刺手感，再炒制 2~3min，待失水量为 20% 左右时出锅，出锅后在制叶经分筛后复炒至茶叶扁、光滑、挺直、含水率低于 7% 时出锅，过筛完成。

（2）搓团提毫技术

①目的：形成茶叶卷曲成螺、白毫遍布的外形特征。

②操作技术要点：锅温 60~65℃，双手五指并拢略弯曲，捧握茶叶团转，用力均匀，与锅温相应，锅温呈低→高→再低，用力按照轻→稍重→轻，边搓团边解散，每团搓揉 3~5 转，抖散一次，搓至条索卷曲，茸毛显露，茶坯达八成干时即可，历时 15min 左右。

③名优茶提毫机（图 5-1）的工作原理：是曲轴炒叶板下沿带有波浪形曲线突起，或在弧形炒手上设有数个锥形凸起，曲轴炒叶板沿锅面往复摆动，使茶叶在往复摆动的翻炒过程中，不断地将其在揉捻过程中被茶汁紧粘在茶条

上的毫毛产生松动而显露出来，从而达到茶叶"茸毫披露"的目的。

图 5 - 1　名优茶提毫机

二、扁形（芽形）特种绿茶加工

（一）产品品质特征

外形微扁挺直秀丽、色泽黄绿油润，香气栗香馥郁，汤色嫩绿鲜亮，滋味鲜爽甘醇，叶底全芽明亮。

叙府龙芽产于四川省宜宾市，其品质标准为外形挺直、匀整、饱满一致，色泽嫩绿鲜润，香气嫩香馥郁持久，滋味鲜爽甘醇。

（二）加工技术

1. 鲜叶采摘

采摘优质独芽或一芽一叶初展鲜叶为原料，要求芽头壮实、饱满、完整、匀净、新鲜和清洁。不采病虫芽、紫芽、霜冻芽、鳞片、鱼叶、单片叶等不合格鲜叶及杂物，鲜叶无废气废物污染及机械损伤和发热红变等现象。收鲜叶必须严格执行验收制度：按原料的不同品种和级别分类收购和摊放，以便分类加工。一级鲜叶为全实心芽，二级允许有空心芽但不超过 15%，三级允许有空心芽、一芽一叶初展叶不超过 30%。

2. 鲜叶摊放

器具：用 1m × 1.5m 长方形或直径为 1m 的竹簸箕或不锈钢网上铺纱布摊放。

摊放标准：摊叶厚度 1.5～2cm，要求芽头抖散摊平，保持厚度、松度一致，要分品种、分大小，按收鲜时间顺序分别摊放。

时间：视气温及含水量高低而定，气温越高、鲜叶含水量低，摊放时间短些；气温低、含水量高，摊放时间长些，一般 8～12h。

程度：青草气散失，叶色变暗，出现愉快的生苹果香气。

3. 杀青

杀青原则：高温杀青，先高后低。

机械：30 型或 40 型连续式滚筒杀青机。

杀青温度：120 ~ 130℃（进料口一侧筒体内空气温度）。

投叶量：用手将芽头轻拿、抖散均匀放入滚筒内，以收鲜时质量计，30 型杀青机投放鲜叶 20 ~ 25kg/（台·h），40 型杀青机投放鲜叶 30 ~ 35kg/（台·h）。

杀青时间：55 ~ 65s。

杀青程度：以杀匀杀透杀香为原则，不出现焦尖、爆点、黄变现象，含水量降至 65% 左右；叶质变软，失去光泽，香气显露，手捏不黏。

冷却摊放：杀青叶应用风扇快速冷却，冷透后堆放至水分重新分布均匀。

4. 初烘

机具：名茶烘焙机。

温度：130 ~ 140℃（温度表显示）。

投叶量：0.5 ~ 0.8kg/斗（杀青叶）。

时间：3 ~ 4min，中途翻动 2 ~ 3 次。

程度：不粘手，有轻微刺手感。

冷却：初烘叶应用风扇快速冷却，冷却后摊晾至水分重新分布均匀。

5. 理条、做形

机具：名茶多功能机。

温度：140 ~ 150℃（槽锅底部温度）。

投叶量：0.5 ~ 0.7kg 初烘叶。

做形：投叶后先以最快的速度炒 1 ~ 2min，待芽叶变软后减慢速度；再加棒 5 ~ 8min 把芽叶压扁平后再去棒炒 1 ~ 2min，中途翻拌 4 ~ 5 次避免粘锅，加棒后调节振动频率，以棒滚压芽叶，棒不跳动和撞击槽壁为适度。

程度：外形伸直略扁平，要求无焦尖、爆点、破皮、碎断现象。

冷却、摊放：用微风冷却，冷却后摊晾使水分重新分布均匀。

6. 二烘

机具：名茶烘焙机。

温度：110 ~ 120℃（温度表显示）。

投叶量：0.5 ~ 1kg/斗（理条叶）。

时间：5 ~ 8min，要求全过程勤翻快翻，芽叶失水均匀。

程度：手捏有刺手感，芽毫显露。

冷却、摊放：应用微风冷却，冷却后摊晾使水分重新分布均匀。

7. 去毫

机具：名茶理条机。

温度：80~90℃（槽锅底部温度）。

投叶量：0.2~0.25kg/槽（二烘叶）。

时间：5~10min。

程度：外形伸直，白毫去尽，嫩绿尽显。

冷却、摊放：应用微风冷却，冷却后堆放至水分重新分布均匀。

8. 辉锅

机具：名茶多功能机。

温度：80~90℃（槽锅底部温度）。

投叶量：0.2~0.25kg/槽。

时间：不低于60min。

程度：含水量≤6.0%、色泽黄绿色、栗香显露。

9. 提香

在辉锅结束时，提高锅温至120~130℃提香1~2min，手捏茶有烫手感觉，注意不要产生高火味。

三、卷曲形特种绿茶加工

（一）产品品质特征

外形条索紧卷，白毫显露，色泽墨绿油润；香气鲜浓，汤色黄绿明亮，滋味鲜爽，叶底嫩黄芽叶完整明亮。洞庭碧螺春品质特征如表5-3所示。

表5-3 洞庭碧螺春品质特征

等级	外形				内质			
	条索	整碎	色泽	净度	香气	滋味	汤色	叶底
特级一等	纤细，卷曲呈螺，满身披毫	银绿隐翠，鲜润	匀整	洁净	嫩香，清鲜	清鲜，甘醇	嫩绿，鲜亮	幼嫩多芽，嫩绿鲜活
特级二等	较纤细，卷曲呈螺，满身披毫	银绿隐翠，较鲜润	匀整	洁净	嫩香，清鲜	清鲜，甘醇	嫩绿，鲜亮	幼嫩多芽，嫩绿鲜活
一级	尚纤细，卷曲呈螺，白毫披覆	银绿，隐翠	匀整	匀净	嫩爽，清香	鲜醇	绿明亮	嫩，绿明亮

续表

等级	外形				内质			
	条索	整碎	色泽	净度	香气	滋味	汤色	叶底
二级	紧细，卷曲呈螺，白毫显露	绿润	匀尚整	匀尚净	清香	鲜醇	绿尚，明亮	嫩，略含单张绿明亮
三级	尚紧细，尚卷曲呈螺，尚显白毫	尚绿润	尚匀整	尚净，有单张	纯正	醇厚	绿尚，明亮	尚嫩，含单张，绿尚亮

（二）加工技术

1. 鲜叶标准

采摘一芽一叶初展或一芽一叶开展的优质鲜叶为原料，要求芽的长度等于或大于叶片的长度；鲜叶必须保持芽叶完整、匀净、新鲜和清洁；不采病虫叶、紫叶、鳞片、鱼叶、对夹叶、单片叶等不合格鲜叶及杂物，鲜叶无废气废物污染及机械损伤和发热红变等现象；采收的雨水叶必须经过去表面水处理。收鲜叶必须严格执行验收制度，按原料的不同品种和级别分类收购和摊放。

2. 鲜叶摊放

摊叶器具：用 1m×1.5m 长方形或直径为 1m 的竹簸箕摊放。

摊放标准：摊叶厚度 2~3cm，要求鲜叶要抖散摊平，使叶子呈自然蓬松状态，保持厚度、松度一致。

摊放时间：视气温及含水量高低而定，气温越高、鲜叶含水量低，摊放时间短些；气温低、含水量高，摊放时间长些，一般 4~12h。

程度：叶面变软，叶色变暗，青草气散失，出现清香为适度。

3. 杀青

原则：高温杀青，先高后低。

机具：采用 30 型或 40 型连续式滚筒杀青机杀青。

杀青温度：120~130℃（进料口一侧筒体内空气温度）。

投叶量：要求用手将芽头轻拿、抖散均匀放入滚筒内，以收鲜时质量计，30 型杀青机投放鲜叶 25~30kg/（台·h），40 型杀青机投放鲜叶 40~50kg/（台·h）。

杀青时间：30 型杀青机 50~55s，40 型杀青机 60~65s。

杀青程度：以杀匀杀透杀香为原则，不出现焦尖、爆点、红变现象，含水量降至 65% 左右；叶质变软，失去光泽，手捏成团、有弹性，梗折不断，香气显露为适度。

冷却摊放：杀青叶应用风扇快速冷却，冷透后堆放至水分重新分布均匀。

4. 揉捻

机械：采用中小型揉捻机（如30型、40型、45型）。

投叶量：一般装至揉桶的4/5处为宜，30型4～6kg、40型8～10kg、45型12～15kg、55型16～20kg。

揉捻方法：采取轻揉或无压揉：一般30型、40型采取轻揉，45型、55型采取无压揉。

揉捻时间：55型无压揉35～55min；30型、40型先无压揉10～15min，再轻揉15～20min，最后再无压揉10～15min。杀青叶质量和含水量及所用机型不同时揉捻时间不同。

程度：茶条形成，手捏有粘手感，要求无球团、无碎断、无芽叶分离。

5. 初烘和手工做形

机械：名茶烘焙机。

投叶：每斗0.5～0.6kg揉捻叶。

温度：135～155℃。

时间：15～25min，不断翻动茶叶，烘至不粘手（手捏成团抖动散开）时即可手工做形（结合揉捻机原理和曲毫机原理进行搓揉）。

程度：条索较紧细微卷曲，微显白毫，手捏成团、松手即散时即可。

冷却堆放：用风扇快速冷却，冷透后堆放至水分重新分布均匀。

6. 曲毫炒干

机械：双锅曲毫炒干机。

温度：80～100℃（离锅底3cm左右的空气温度）。

投叶量：8～12kg初烘叶。

摆幅要求：先大幅后小幅。

时间：40～55min，其中大幅10～15min，小幅30～40min。

热风要求：水分高、易成团块时加热风15～20min，水分低、不成团块时少加或不加风。

程度：条索紧细卷曲，显毫，色泽深绿。

7. 提毫

温度：140～150℃。

投叶量：0.8～1kg/斗（炒干叶）。

手法要求：用手采取同揉捻一致的方向快速搓团。

时间：2～3min。

程度：白毫显露，色泽绿润，香气清纯。

8. 毛火

机具：特种绿茶烘焙机。

温度：120～130℃。

时间：10～12min。

投叶量：摊叶厚度 2cm 左右。

冷却堆放：自然冷却或微风冷却后堆放 30min 左右。

9. 足火

机具：特种绿茶烘焙机。

温度：80～90℃。

投叶量：摊叶厚度 3cm 左右。

时间：40～60min。

水分：≤6%。

冷却装箱：自然冷却或微风冷却后装箱。

四、毛峰形特种绿茶加工

（一）产品品质特征

毛峰形特种绿茶的外形条索紧细匀直显毫峰，色泽绿润；香气清香持久，汤色黄绿明亮，滋味鲜爽甘醇，叶底黄绿明亮，芽叶完整。

（二）加工技术

1. 鲜叶标准

采摘一芽一叶开展至一芽二叶初展的优质鲜叶为原料，鲜叶必须保持芽叶完整、匀净、新鲜和清洁；不采病虫叶、紫叶、鳞片、鱼叶、对夹叶、单片叶等不合格鲜叶及杂物，鲜叶无废气废物污染及机械损伤和发热红变等现象；采收的雨水叶必须经过表面去水处理。收鲜叶必须严格执行验收制度，按原料的不同品种和级别分类收购和摊放。

2. 鲜叶摊放

摊叶器具：用 1m×1.5m 长方形或直径为 1m 的竹簸箕摊放。

摊放标准：摊叶厚度 2～3cm，要求鲜叶要抖散摊平，使叶子呈自然蓬松状态，保持厚度、松度一致。

摊放时间：视气温及含水量高低而定，气温越高、鲜叶含水量低，摊放时间短些；气温低、含水量高，摊放时间长些，一般 4～10h。

摊放程度：叶面变软，叶色变暗，青草气散失，出现清香为适度。

3. 杀青

杀青原则：高温杀青，先高后低。

杀青机具：30 型或 40 型连续式滚筒杀青机。

杀青温度：120 ~ 130℃（进料口一侧筒体内空气温度）。

投叶量：要求必须均匀投放，以收鲜时质量计，30 型杀青机投放鲜叶25 ~ 30kg/（台·h），40 型杀青机投放鲜叶 40 ~ 50kg/（台·h）。

杀青时间：30 型杀青机 51 ~ 55s，40 型杀青机 60 ~ 70s。

杀青程度：以杀匀杀透杀香为原则，不出现焦叶、爆点、红变现象，含水量降至 65% 左右；叶质变软，失去光泽，手捏成团、有弹性，梗折不断，香气显露。

冷却摊放：杀青叶应用风扇快速冷却，冷透后堆放至水分重新分布均匀。

4. 揉捻

机械：中小型揉捻机（如 30 型、40 型、45 型）。

投叶量：一般以装至揉桶的 4/5 处为宜，30 型 4 ~ 5kg、40 型 8 ~ 10kg、45 型 12 ~ 15kg。

揉捻方法：无压揉→轻揉→无压揉。

揉捻时间：无压揉 10min，再轻揉 5min，最后再无压揉 5min。

程度：茶条形成，有粘手感，要求无球团、无碎断、无芽叶分离。

5. 初烘

机械：3 斗或 5 斗名茶烘焙机或小型自动烘干机。

温度：130 ~ 140℃。

时间：4 ~ 6min。

程度：手捏不粘，成团易抖散。

冷却堆放：冷却后堆放至水分重新分布均匀。

6. 复揉

时间：一般共需 25min 左右，其中先无压揉 10min 左右，再加轻压揉 10min 左右，最后再减压揉 5min 左右。

程度：茶条成形，紧细，手捏有粘手感。

7. 理条

机具：名茶理条机。

温度：130 ~ 140℃（槽锅底部温度）或 80 ~ 100℃（槽内空气温度）。

投叶量：0.2 ~ 0.25kg/槽（初烘叶），投叶前需解散团块。

槽锅运动频率：200 ~ 250 次/min。

时间：8 ~ 10min。

程度：外形伸直紧细，白毫显露，峰苗挺秀。

冷却、摊放：冷却后摊放至水分重新分布均匀。

8. 毛火

机具：特种绿茶烘焙机。

温度：120～130℃。

时间：8～10min。

投叶量：摊叶厚度2cm左右。

冷却堆放：自然冷却或微风冷却后堆放至水分重新分布均匀。

9. 足火

机具：特种绿茶烘焙机。

温度：80～90℃。

投叶量：摊叶厚度3cm左右。

时间：70～80min。

水分：≤6%。

冷却装箱：自然冷却或微风冷却后装箱。

小　结

我国劳动人民在长期的生产过程中创制了形质优异的各种特种绿茶，外形有扁、片、卷条、球、针、尖、朵、束等多种形状。特种绿茶具有严格的鲜叶要求、精湛的加工技艺、独特的品质特征以及悠久的历史渊源等共同特征。

各个地方都出台了一系列原产地保护的特种绿茶的标准，且各种特种绿茶的传统工艺均为手工加工，但产量受到限制。目前，各地特种绿茶加工绝大部分已经实现了机械化加工，特种绿茶产量和品质都得到了保障和提升。

综合多种特种绿茶工艺流程分析，其摊放、杀青、揉捻三道工序较为一致，仅在干燥工序上可分为三种类型，即锅炒干型、烘笼烘干型和烘炒结合型。

扁形（芽形）特种绿茶加工技术；卷曲形特种绿茶加工技术；毛峰形特种绿茶加工技术。

项目六 红茶加工技术

知识目标

（1）掌握红茶的基本品质特征及红茶品质形成的机理。

（2）掌握工夫红茶的加工工艺流程、技术参数、要求和技术要点。

（3）了解小种红茶和红碎茶的加工技术。

技能目标

（1）掌握工夫红茶的加工工艺流程和操作要领。

（2）能进行工夫红茶的加工操作。

必备知识

红茶是初制过程中将在制品放置在一定的温度、湿度和供氧条件下，经过特有的发酵作用所形成的一类具有叶色、汤色和叶底都红艳明亮的茶叶。红茶属发酵茶，其基本加工工艺是萎凋、揉捻（切）、发酵和干燥。

红茶是我国生产和出口的主要茶类之一，以香高、味浓、色艳驰名世界。我国红茶产量占全国总产量的5%，出口约占全国总出口量的10%。由于制法不同、品质的差异，我国红茶可分为小种红茶、工夫红茶和红碎茶三种。

一、红茶品质的形成机理

红茶初制过程中，在制品经过一系列复杂的理化变化，形成了红茶特有的色、香、味、形四大品质特色。理化变化因原料原有的理化性状、制茶技术等方面的差别悬殊而有较大差异。因此，探明理化变化原理，改进制茶技术，才能提高红茶品质。

（一）红茶品质的形成

红茶的品质是通过发酵使鲜叶内化学成分发生一系列的物理和化学变化而形成的。

1. 色泽的形成

红茶制造过程中，萎凋促进酶活力增强，多酚类氧化趋于不可逆反应，产物聚积。揉捻破坏细胞组织，让酶与酚接触，在有氧情况下，发酵促使酚类充分氧化，有色物质积累。干燥破坏酶的活力，结束红变，形成红茶香气。

茶红素与茶黄素含量高低及比例直接影响到红茶汤色的深浅和明亮度。红茶发酵适度，茶红素与茶黄素含量丰富、比例适中，则汤色红艳明亮；若发酵不足，则茶黄素比例高，汤偏黄，味青涩；若发酵过度，则茶红素比例高，汤暗浊，味淡。

茶黄素（TF）溶于水呈黄色，亮度、"金圈"与其含量多少决定；茶红素（TR）是一种混合物，溶于茶汤棕红色，是影响红茶汤色和叶底深度的主要物质。

叶绿素未充分破坏，胡萝卜素氧化较多，叶黄素变化小。当叶绿素破坏以后叶色呈黄色，叶黄素形成，二者不溶于水，形成干茶和叶底色泽。花青素发生氧化味，青涩味稍减少。花黄素氧化，汤色红艳。

2. 滋味的构成

多酚类化合物酶促氧化产物、咖啡碱、氨基酸是构成红茶滋味浓强鲜的主要成分。

儿茶素本具有强烈的苦涩味，收敛性强，发生氧缩合，生成茶黄素、茶红素。茶黄素有收敛性，茶红素醇和。茶黄素含量在 0.7% 以上，茶红素在 9% 以上，TR 与 TF 比值为 10～15 时，品质较优良。

氨基酸、未氧化的儿茶素、茶黄素、咖啡碱等构成茶汤鲜爽滋味。

咖啡碱带苦味，与茶红素、茶黄素形成不溶于冷水的混合物，产生冷后浑现象，颜色越红说明成分越丰富。

糖类成分作用构成茶汤甜味。多糖在溶水酶作用下生成单糖、双糖，原果胶素在果胶酶作用下生成水溶果胶。

3. 香气的形成

萎凋过程中具有青草气的青叶醇挥发或转化为具有良好香气的成分，出现清鲜花香。揉捻中大量挥发散发出浓烈的青草气味。发酵过程中香气成分发生变化，具有红茶香气特征的成分大量形成，出现浓郁水果香气。干燥时香气组分大量增加，含量却减少，一部分低沸点的不愉快的芳香成分挥发，高沸点的具有良好香气的成分透发出来，各种芳香物质组合协调而成良好的香气。

（二）红茶加工技术及其对红茶品质的影响

1. 萎凋技术对红茶品质的影响

鲜叶在通常的气候条件下薄摊，开始的一段时间，以水分蒸发为主。随着时间的延长，鲜叶水分散失到一定程度后，自体分解作用逐渐加强。水分的损失和内质的变化，叶片面积萎缩，叶质由硬变软，叶色鲜绿转变为暗绿，香味也相应的改变，这个过程称为萎凋。

（1）萎凋过程　萎凋过程中的物理变化、化学变化相互联系、相互制约。物理变化既能促进化学变化，浓度大，促进作用增强，又能抑制化学变化，通过失水抑制酶的水解作用，甚至影响化学变化的产物。化学变化也能影响物理变化的进展，用湿度、温度为主的客观条件来调控二者之间的变化。

萎凋工序以低温条件下大量失水为特点。掌握水分变化的规律，采取人工技术措施控制失水量和失水速度，以萎凋叶含水量作为萎凋适度指标，通过掌握萎凋适度以符合制茶品质的要求。

（2）影响萎凋失水的外在因素　外在因素有温度、湿度、通风条件、叶层的厚薄等，其中温度为主要因素。

在一定的温度范围内，50℃以下时随着室温的升高，空气相对湿度降低，促进叶内水分蒸发。在生产中，都是用加温的方式来加速水分的蒸发和增强酶的活化性能。在低温高湿的情况下进行加温萎凋，既能提高生产效率，同时又能提高萎凋质量；但温度以35℃以下为宜，不超过38℃。

温度调节还可用摊叶厚薄、通风条件来进行，但调节要有一定的幅度，不可太大。在调节温度时必须掌握先高后低，风量先大后小的原则。防止萎凋后期温度太高，影响品质。

（3）萎凋的程度　在生产中掌握萎凋程度，必须根据鲜叶老嫩、红茶种类、机型的不同条件有所差异。

嫩叶适当重萎凋，有利于多酚类物质的氧化；老叶轻萎凋，有利于品质的形成。工夫红茶：要求外形紧结完整，内质茶汤滋味醇和，萎凋适度必须适中（含水量58%~64%）；萎凋程度偏轻，萎凋叶含水量在65%以上，揉捻时条索断碎，不完整，茶汤滋味青涩欠醇，若萎凋叶含水量低于50%，条索不紧，茶末多。切细红茶（红碎茶）：要求碎茶多，外形呈小颗粒状，茶汤色深味浓，具有收敛性。

2. 揉捻技术对红茶品质的影响

揉捻既是红茶内质形成的基础工序，也是塑造美观外形的关键工序。

揉捻时，由于细胞张力的降低，芽叶的韧性增加，芽叶组织在承受一定压力的旋转作用下，细胞扭曲变形，液胞膜即被损坏，细胞原生汁中的多种酶与液泡中的有效化学物质接触，产生强烈的氧化作用。

（1）揉捻是形成红茶外形的关键工序　工夫红茶要求外形紧结，色深味浓，因此红茶揉捻要求充分，细胞破坏率高达 70% ~ 80%。

（2）要有更快的细胞破坏速度　单位时间内细胞破坏率低，细胞破坏时间先后的差距较大，发酵的起点很不一致，总的发酵时间延长，结果使可溶性物质损失较多，茶黄素含量减少，茶红素增加，于红茶品质不利。

（3）红茶揉捻掌握加压的原则　轻→重→轻。

嫩叶轻压短揉，老叶重压长揉，揉时长 95 ~ 120min。

（4）筛分复揉　大小不一的鲜叶采用不同的揉捻方法，可使揉捻程度基本达到一致，松紧粗细，而且有解块散热的作用。

复揉是筛面上头子茶进行再揉捻，这对保留细嫩茶叶的锋苗和提高粗大原料的成条率有良好的作用。

3. 发酵技术对红茶品质的影响

（1）温度

26 ~ 30℃：发酵顺利进行，有效成分的损失少。

40 ~ 50℃：酶活化最适宜的温度，多酚类化合物大量迅速氧化缩合，生成茶红素、黑色素，部分为蛋白质所沉淀。结果使茶汤滋味淡薄，汤色深，叶底红暗。

20℃以下：酶活力很弱，发酵难以进行。

（2）湿度　发酵室的相对湿度在 92% ~ 95%，有利于红茶发酵的正常进行。

若空气干燥，湿度太低，发酵叶水分蒸发快，造成理化变化失调，而出现乌条、花青等发酵不均匀的现象。

在夏秋季节，气温高，空气湿度相对低时，可采用室内地面、墙上喷水或喷雾。如没有专用发酵室，可在发酵盒上覆盖理布，并洒水。

（3）空气　酶促和非酶促作用，只在供氧充足下才正常进行。

发酵环境必须保持空气流动，清洁新鲜，供氧充足，适当地调节流动是非常必要的。发酵叶的摊放厚度，直接关系到供氧的多少。

一般老叶松疏透气性较好，适当摊厚，嫩叶摊薄才可发酵正常。

影响红茶发酵的温度、湿度、空气三个因素是相互联系、相互制约的。

一般情况是气温高，湿度低；湿度高，温度就低。

（4）发酵程度　水溶性多酚类化合物与红茶品质的关系：中国农业科学院茶叶研究所分析（云南切细红茶）认为，水溶性多酚类化合物的保留量在 60% ~ 65% 时品质较好，滋味浓厚鲜爽，汤味收敛性强，汤色浅；在 70% 以上时，有青味，苦涩味重；在 55% ~ 58% 时，味醇汤红，合格；在 50% ~ 53% 时，味淡秀纯，色暗，发酵过度；在 50% 以下时，味酸。

（5）发酵过程　叶象和色泽变化主要因多酚类化合物氧化造成。

在发酵开始时，多酚类化合物氧化产物——茶黄素含量较多。经过一定时间，叶温达到最高峰，茶黄素含量最高，以后茶黄素进一步缩合成茶红素，叶温开始不降，茶黄素含量逐渐减少。

这个规律告诉我们，当发酵叶温达到高峰时，应迅速利用高温制止酶的活力。在生产中具体掌握时要在高峰到来前结束发酵，在夏秋季节还要提前些。

4. 烘干技术对红茶品质的影响

发酵结束后，首先要利用高温破坏酶的活力，终止发酵，固定发酵过程中形成的色、香、味，并在干热作用下发展品质，其次蒸发水分和发展香气。

技术上采取"高温烘干，先高后低"的原则和多次干燥，在二次干燥中间进行适当摊晾。高温烘干时温度不可过高，否则芳香物质挥发散失，咖啡碱升华以及产生外干内湿的现象。

二、工夫红茶（条形红茶、名优红茶）加工

工夫红茶是我国独有的条形红茶，有 200 多年的生产历史。其名称常冠以产地名，如滇红、祁红、川红、闽红、湘红等。川红、滇红和祁红等以其独特品质风格在国际市场占有特定地位，以闽红、宜红、宁红和湖红等拼配的"中国工夫红茶"在国际市场上也占有一定地位。

（一）产品品质特点

所谓工夫红茶，是因为在初制中，特别注意条索的紧结完整，精制又很费工夫而得名。其品质是"红汤红叶"，外形条索紧细匀直，色泽乌润匀调，毫尖金黄；内质香气高锐持久，滋味醇厚鲜爽，汤色红艳明亮，叶底红明。大叶工夫红茶和中小叶工夫红茶各等级的感官品质要求分别见表6-1、表6-2。工夫红茶因产地不同而风格有异。

表6-1　大叶工夫红茶各等级的感官品质要求

级别	外形				内质			
	条索	整碎	净度	色泽	香气	滋味	汤色	叶底
特级	肥壮紧结，多锋苗	匀齐	净	乌褐油润，金毫显露	甜香浓郁	鲜浓，醇厚	红艳	肥嫩多芽，红匀明亮

续表

级别	外形				内质			
	条索	整碎	净度	色泽	香气	滋味	汤色	叶底
一级	肥壮紧结，有锋苗	较匀齐	较净	乌褐润，多金毫	甜香浓	鲜醇，较浓	红尚艳	肥嫩有芽，红匀亮
二级	肥壮紧实	匀整	尚净稍，有嫩茎	乌褐尚润，有金毫	香浓	醇浓	红亮	柔嫩，红尚亮
三级	紧实	较匀整	尚净，有筋梗	乌褐，稍有毫	纯正，尚浓	醇，尚浓	较红亮	柔软，尚红亮
四级	尚紧实	尚匀整	有梗朴	褐欠润，略有毫	纯正	尚浓	红尚亮	尚软，尚红
五级	稍松	尚匀	多梗朴	棕褐，稍花	尚纯	尚浓，略涩	红欠亮	稍粗尚，红稍暗
六级	粗松	欠匀	多梗，多朴片	棕稍枯	稍粗	稍粗涩	红稍暗	粗、花杂

表 6-2　中小叶工夫红茶各等级的感官品质要求

等级	外形				内质			
	条索	整碎	净度	色泽	香气	滋味	汤色	叶底
特级	细紧，多锋苗	匀齐	净	乌黑，油润	鲜嫩，甜香	醇厚，甘爽	红明亮	细嫩显芽，红匀亮
一级	细紧，有锋苗	较匀齐	净稍，含嫩茎	乌润	嫩甜香	醇厚，爽口	红亮	匀嫩，有芽红亮
二级	紧细	匀整	尚净有嫩茎	乌尚润	甜香	醇和，尚爽	红明	嫩匀，红尚亮
三级	尚紧细	较匀整	尚净，稍有筋梗	尚乌润	纯正	醇和	红尚明	尚嫩匀，尚红亮
四级	尚紧	尚匀整	有梗朴	尚乌，稍灰	平正	纯和	尚红	尚匀尚红
五级	稍粗	尚匀	多梗朴	棕黑，稍花	稍粗	稍粗	稍红暗	稍粗硬，尚红稍花
六级	较粗松	欠匀	多梗，多朴片	棕稍枯	粗	较粗淡	暗红	粗硬红，暗花杂

1. 祁门工夫茶

祁门工夫茶产于安徽省祁门县,与其毗邻的石台、东至、黔县及贵池等县也有少量生产。该茶条索紧秀,锋苗好,色泽乌黑泛灰光,俗称"宝光";内质香气浓郁高长,似蜜糖香,又蕴藏有兰花香,汤色红艳,滋味醇厚,回味隽永,叶底嫩软红亮。国外把"祁红"与印度大吉岭茶、斯里兰卡乌伐的季节茶,并列为世界公认的三大高香茶,祁门红茶品质超群,被誉为"群芳最"。

2. 滇红工夫茶

滇红工夫茶属大叶种类型的工夫茶,是我国工夫红茶的新葩,以外形肥硕紧实,金毫显露和香高味浓的品质独树一帜,并称著于世。云南是世界茶叶的原产地,是茶叶之路的起始点,云南红茶生产仅有 50 年的历史,滇红产于滇西、滇南两个自然区。滇西茶区,包括临沧、保山、德宏、大理四个州(地区),其中凤庆、云县、双江、临沧、昌宁等县占滇红产量的 90% 以上。滇南茶区是茶叶发源地,包括思茅、西双版纳、文山、红河四个州(地区),滇红产于西双版纳和景洪、普文等地。

3. 川红工夫茶

川红工夫茶始创于 20 世纪 50 年代初期,有 60 多年的历史。以其独特的橘糖香于 20 世纪 70—80 年代享誉全球,与"祁红""滇红"并称"中国三大工夫红茶"。川红主产于四川省宜宾的高县、筠连县、宜宾县、翠屏区、屏山县和珙县等地。川红工夫茶产区在长江流域以南边缘地带,地势北高南低,东部形成盆地,秦岭、大巴山挡住北来寒流,东南向的海洋季风可直达盆地各隅,气温较高,春季回暖早,每年春茶上市时间比"祁红"等早 15～30d,且品质优异。川红工夫外形条索圆紧、显金毫、色泽乌黑油润,内质香气清鲜带橘糖香,滋味醇厚鲜爽,汤色浓亮带"金圈"。

4. 宁红工夫茶

宁红工夫茶是我国最早的工夫红茶之一,主产于江西省修水县,武宁、铜锣次之,毗邻修水的湖南平江县长寿街一带的红毛茶,亦由修水茶厂加工为宁红工夫。宁红产区位于赣西北边隅,外形条索紧结圆直,锋苗挺拔,略显红筋,色乌略红,光润;内质香高持久似祁红,滋味醇厚甜和,汤色红亮,叶底红匀。高级茶"宁红金毫"条紧细秀丽,金毫显露,多锋苗,色乌润,香味鲜嫩醇爽,汤色红艳,叶底红嫩多芽。

"宁红"除散条形茶外,还有一种束茶——龙须茶。龙须茶用独特工艺加工而成,因成茶身披经袍、叶条似须而得名,形如红缨枪之枪头,条索挺秀显毫,外披五彩花线;冲泡时,将花线头拿起抽掉,基本白线丝仍扎不解,整个龙须茶便在茶汤基部成束下沉,而芽叶向上散开,宛如一朵鲜艳的菊花,若沉若浮,故有"杯底菊花掌上枪"之称,其汤色中间红艳明亮,边缘金黄,叶底嫩匀有光，香气鲜爽馥郁，滋味甘醇爽口，冲泡 3~5 次，色味仍佳。

5. 宜红工夫茶

宜红工夫茶产于鄂西山区宜县、恩施地区，宜红工夫茶以条索紧细有金毫，内质香味鲜醇，汤色红亮，有"冷后浑"为主要特点。鄂西山区是神农架一带，山林茂密，河流纵横，气候温和，雨量充沛，土壤大都属微酸性黄红壤土，宜茶生长。

6. 闽红工夫茶

闽红工夫茶包括政和工夫茶、坦洋工夫茶和白琳工夫茶。

（1）政和工夫茶　政和工夫茶产于闽北，以政和县为主，松溪以及浙江的庆元地区所产红毛茶，亦集中政和加工。政和工夫茶按品种分为大茶、小茶两种。大茶系采用政和大白条制成，是闽红三大工夫茶的上品，外形条索紧结肥壮多毫，色泽乌润，内质汤色红浓，香气高而鲜甜，滋味浓厚，叶底肥壮尚红。小茶系用小叶种制成，条索细紧，香似祁红，但欠持久，汤稍浅，味醇和，叶底红匀。

（2）坦洋工夫茶　坦洋工夫茶分布较广，主产于福安、拓荣、寿宁、周宁、霞浦及屏南北部等地，坦洋工夫茶外形细长匀整，带白毫，色泽乌黑有光，内质香味清鲜甜和，汤鲜艳呈金黄色，叶底红匀光滑。

（3）白琳工夫茶　白琳工夫茶产于福鼎县太姥山白琳、湖林一带。白琳工夫茶系小叶种红茶，当地种植的小叶群体种具有茸毛多、萌芽早、产量高的特点，一般的白琳工夫茶，外形条索细长弯曲，茸毫多呈颗粒绒球状，色泽黄黑，内质汤色浅亮，香气鲜纯有毫香，味清鲜甜和，叶底鲜红带黄。

7. 湖红工夫茶

湖红工夫茶主产于湖南省安化、桃源、涟源、邵阳、平江、浏阳、长沙等县市，湖红工夫茶以安化工夫茶为代表，外形条索紧结尚肥实，香气高，滋味醇厚，汤色浓，叶底红稍暗。平江工夫茶香高，但欠匀净。长寿街及浏阳大围山一带所产茶香高味厚（靠近江西修水者归入宁红工夫），新化、桃源工夫外形条索紧细，毫较多，锋苗好，但叶肉较薄，香气较低，涟源工夫系新发展的茶，条索紧细，香味较淡。

8. 越红工夫茶

越红工夫茶系浙江省出产的工夫红茶，产于绍兴、诸暨、嵊县等县。越红工夫茶以条索紧结挺直、重实匀齐、锋苗显、净度高的优美外形称著。越红工夫茶条索紧细挺直，色泽乌润，外形优美，内质香味纯正，汤色红亮较浅，叶底稍暗。越红毫色银白或灰白。浦江一带所产红茶，茶索尚紧结壮实，香气较高，滋味亦较浓，镇海红茶较细嫩。总的来说，越红条索虽美观，但叶张较薄，香味较次。

（二）加工技术

工夫红茶加工技术分为萎凋、揉捻、发酵和干燥四道工序。前三道工序是创造适宜条件，充分提高酶活力，促进以多酚类酶促氧化为中心的一系列反应，形成红茶色、香、味、形品质特征。第四道工序的作用是固定和发展前三道工序形成的品质特色。

1. 鲜叶要求

以一芽二、三叶为主要原料。要求芽叶匀齐，新鲜，叶色黄绿，叶质柔软，多酚类和水浸出物含量要高，鲜叶进厂要分级验收、管理和付制。

2. 萎凋

萎凋是指鲜叶在一定条件下，逐步均匀失水，发生一系列理化变化的过程，是形成红茶品质的重要工序之一。

（1）目的

①使叶片缓慢、均匀地蒸发部分水分，减少细胞膨压，使叶片柔软呈萎蔫状态，便于揉捻。

②伴随水分减少，蛋白质发生水解，酶由结合状态转变为游离状态，活力增强，促进叶内化学成分的转化。

③使鲜叶的青草气挥发，形成茶香。

（2）方法和技术　自然萎凋、萎凋槽萎凋和萎凋机萎凋三种方法。自然萎凋包括日光萎凋和室内自然萎凋。目前多采用日光萎凋和萎凋槽萎凋。

①日光萎凋：是将鲜叶直接薄摊在日光下进行萎凋的一种方式。萎凋时间最好是在上午10时以前或下午14时以后，在阳光过强的时候不能日光萎凋。

萎凋时，将叶片薄摊在晒席上，以叶片基本不重叠为适度。萎凋时间春茶一般1~2h，夏茶1h左右，中间轻翻1~2次。以晒到叶质柔软、叶面卷缩为适度。晒后的萎凋适度叶必须摊凉后进入室内继续萎凋至要求的含水量后才能揉捻。

②室内自然萎凋：是将鲜叶薄摊在室内，利用自然气候条件进行萎凋的一种方法。试验表明，室内自然萎凋，茶叶品质较日光萎凋要好。

要求萎凋室空气流通，无阳光直射入室内。温度在20~24℃，相对湿度控制在60%~70%。室内装置萎凋架，架上安置萎凋帘。

③萎凋槽萎凋：这是人工控制的半机械化的加温萎凋方式。萎凋茶叶品质较好，是一种较好的萎凋方式。

萎凋槽的基本构造包括空气加热炉灶、鼓风机、风道、槽体和盛叶框盒等。操作技术主要掌握好温度、风量、摊叶厚度、翻拌和萎凋时间等。

温度：萎凋槽热空气一般控制在35℃左右，最高不能超过40℃，要求槽体两端温度尽可能一致。在调节温度时必须掌握先高后低，风量先大后小的原则。萎凋结束下叶前 10～15min，应鼓冷风。雨水叶在上叶后先鼓冷风，除去表面水后再加温，以免产生水闷现象。

风量：风力小，生产效率低；风力过大，失水快，萎凋不匀。风力大小应根据叶层厚度和叶质柔软程度加以适当调节。一般萎凋槽长 10m、宽 1.5m、高 20cm，有效摊叶面积 $15m^2$，采用 7 号风机即可。

摊叶厚度：摊叶厚度与茶叶品质有一定关系。摊叶依叶质老嫩和叶形大小不同而异。掌握"嫩叶薄摊，老叶厚摊"和"小叶种厚摊，大叶种薄摊"的原则，一般小叶种摊叶厚度 20cm 左右，大叶种 18cm。叶片要抖散摊平，厚薄一致。

翻抖：翻抖是达到均匀萎凋的手段。一般每隔 1h 停鼓风机翻拌 1 次，翻拌时动作要轻，切忌损伤叶片。

萎凋时间：萎凋时间长短与鲜叶老嫩、含水量多少、萎凋温度、风力强弱、摊叶厚薄、翻拌次数等相关。如温度高、风力大、摊叶薄、翻拌勤，萎凋时间会缩短；反之则会延长。

萎凋时间长短与茶叶品质关系极大。萎凋时间长，茶叶香低味淡，汤色和叶底暗；萎凋时间短，程度不匀，发酵不良，叶底花杂。因此要求温度控制在 35℃ 左右，萎凋时间 4～5h；春茶在 5h 以上，雨水叶要 5～6h，叶片肥嫩或细嫩叶片，时间会更长些。

（3）萎凋程度

①掌握萎凋适度是制好工夫红茶的关键。各种红茶因其品质要求不同，萎凋的程度也有所差异。重萎凋：萎凋叶含水量一般为 56%～58%，制成的毛茶条索紧细，香味稍淡，汤色及叶底色泽稍浅暗。中度萎凋：萎凋叶含水量为 60% 左右，其品质居中。轻萎凋：萎凋叶含水量为 62%～64%，制成的毛茶条索稍松扁多片，但香味较鲜醇，汤色叶底色泽较鲜艳。

②鉴别萎凋适度的办法有以下几种。

a. 感官鉴别方法。

手捏：柔软如棉，紧握成团，松手不弹散，嫩梗折而不断；

眼观：叶面光泽消失，叶色由鲜绿变为暗绿，无枯芽、焦边、泛红；

鼻嗅：青臭气消失，发出轻微的清新花果香。

b. 减重率。在 31%～38%。

c. 萎凋叶含水量。一般在 58%～62% 为宜。萎凋不足，萎凋叶含水量偏高，化学变化不足。揉捻时茶叶易断碎，条索不紧，茶汁大量流失，发酵困难，制成毛茶外形条索短碎，多片末，内质香味青涩淡薄，汤色混浊，叶底花杂带青。

③不良萎凋现象：

萎凋不足：含水量偏高，生物化学变化尚不足。揉捻时芽叶易断碎，芽尖脱落，条索不紧，揉捻时茶汁大量流失，发酵困难，香味青涩，滋味淡薄，毛茶条索松，碎片多。

萎凋过度：含水量偏少，生物化学变化过度，造成枯芽、边、泛红等现象。揉捻不易成条，发酵困难，香低味淡，汤色红暗，叶底乌暗，干茶多碎片末。

萎凋不匀：萎凋过度，不足叶子占有相当比例，这是采摘老嫩不一致及操作上不善的，捻捻和发酵均发生很大困难，制出毛茶条索松紧不匀，叶底花杂。

因此，萎凋程度应掌握"嫩叶重萎，老叶轻萎"的原则，做到萎凋适度。

3. 揉捻

将萎凋叶在一定的压力下进行旋转运动，使茶叶细胞组织破损，溢出茶汁，紧卷条索的过程称为揉捻。揉捻是形成工夫红茶、外形条索紧结，内质滋味浓厚甜醇的重要环节。

（1）揉捻目的　形成卷紧的条索；同时，随芽叶细胞损伤，茶汁流出，使多酚类氧化，为形成红茶品质奠定基础。

（2）揉捻室环境要求　要求低温高湿，温度 20～24℃，相对湿度 85%～90%。

（3）揉捻技术　与转速、投叶量、揉捻时间、揉捻次数、加压和松压、解块分筛等因素相关。

①转速：以 55～60r/min 为宜。如转速过快，揉捻叶在揉机内翻转不良，易形成团块、扁条、紧结度差；如转速过慢，茶叶翻转也不良，揉效低，揉时延长，会导致茶叶香低味淡，汤色和叶底红暗。

②投叶量：取决于揉机大小和叶子的老嫩。一般嫩叶可适当多投叶，老叶可少投叶。

③揉捻时间和次数：依揉机性能和叶子老嫩不同而变化。

大型揉捻机一般揉 90～120min，嫩叶分 3 次揉，每次 30min；中等嫩度叶片分 2 次揉，每次 45min；较老叶片要延长揉捻时间，分 3 次揉，每次 45min。

中小型揉捻机一般揉捻 60～90min，分 2 次揉，每次 30～35min，老叶可适当延长揉捻时间。

气温高，揉时宜短；气温低，揉时宜长。

④加压与松压：一般掌握"轻→重→轻"的加压原则。揉捻开始或第一次揉不加压，使叶片初步成条，而后逐步加压卷成条，揉捻结束前一段时间减压，以解散团块，散发热量，收紧差条，回收茶汁。但老叶最后不必轻压，以防茶条回松。

嫩叶轻压，老叶重压。

揉捻时要分次加压，加压与减压交替进行。如加压7min、减压3min、或加压10min，减压5min，即所谓"加七减三法"或"加十减五法"。以90型揉捻机为例，一级原料，第一次揉30min，不加压，第二、三次揉各30min，采用"加十减五法"，重复1次。中级原料第一次揉45min，不加压，第二次揉45min，重复2次。

⑤解块分筛：筛网配置分上下两段，上段4号筛，下段3号筛。

（4）揉捻程度　细胞损伤率80％以上，茶叶成条率90％以上，条索紧卷，茶汁充分外溢，用手紧握时，茶汁能从指间挤出。

4.发酵

（1）目的　红茶发酵的目的在于人为地创造条件，使以多酚类化合物为主的内含成分发生一系列化学变化的过程。它是形成红茶特有色、香、味品质的关键工序之一。

（2）发酵技术

①发酵室：大小适中，清洁卫生，无异味。窗口朝北，离地1～1.5m，便于通风，避免阳光直射。

②温度：对发酵影响很大，包括气温和叶温两个方面，气温直接影响叶温。发酵过程中，多酚类氧化放热，使叶温提高；当氧化作用减弱时，叶温降低。因此，叶温有一个由低到高再到低的过程。叶温一般比气温高2～6℃，有时高达10℃以上。要求发酵叶温保持在30℃以下为宜，气温控制在24～25℃为佳。

如气温和叶温过高，多酚类氧化过于剧烈，毛茶香低味淡，汤色叶底暗，因此在高温时（叶温超过35℃）时，必须采取降温措施，如薄摊叶层、降低室温等。

如气温和叶温过低，氧化反应缓慢，内含物质转化不充分，将会使发酵时间延长，降低茶叶品质。因此在春茶低温时，要采取升温措施，如厚摊叶层、升温等。

③湿度：一是发酵叶的含水量，二是空气的湿度。决定发酵正常进行的因素主要是发酵叶的含水量。发酵室的相对湿度要在95％以上，发酵叶含水量在60％～64％为宜。

④通气供氧：红茶发酵是需氧氧化过程，在发酵中要耗费大量氧气，释放二氧化碳和热量。据测定，制造1kg红茶，仅发酵工序，要耗氧4～5L；从揉捻开始到发酵结束，100kg茶叶释放出二氧化碳30L。为使供氧充分，二氧化碳能及时排除，发酵室应保持空气流通和新鲜。

⑤摊叶厚度：摊叶厚度影响通气和叶温。摊叶过厚，通气不良，叶温升高

快；摊叶过薄，叶温难以保持。摊叶厚度要依叶质老嫩、茶叶筛号大小、气温高低等而定，一般嫩叶、叶型小和筛号小的茶要薄摊；老叶、叶型大和筛号大的茶要厚摊；气温低要厚摊，气温高要薄摊。无论厚摊还是薄摊，都要求均匀、疏松。具体要求是，一般摊叶厚度为6~12cm，1号茶6~8cm，2号茶8~10cm，3号茶10~12cm。

⑥发酵时间：依叶质老嫩、揉捻程度、发酵条件不同而有差异。一般从揉捻开始算起，需2.5~3.5h。春茶季节，气温较低，1、2号茶需2.5~3h，3号茶需3~3.5h；夏秋季气温高，揉捻结束，叶片普遍泛红，已达到发酵适度，不需要专门发酵，应直接烘干。但应注意，不能认为发酵过程可有可无，不能用延长揉捻时间来代替发酵工序。

（3）发酵程度

①叶色变化：有由青绿、黄绿、黄、黄红、红、紫红到暗红的颜色变化过程。

一般春茶发酵，要求叶色为黄红色时为适度，夏茶以红黄色为适度。

叶质老嫩不同有异，嫩叶色泽红匀，老叶因发酵较困难而显红里泛青。

发酵不足，叶色青绿或青黄。

发酵过度，叶色红暗。

②香气的变化：有由青气、清香、花香、果香到熟香以后逐渐低淡的气味过程。

发酵适度的叶子：花香或果香。

发酵不足：青气。

发酵过度：香气低闷，甚至酸馊。

③叶温的变化：有由低到高再到低的变化过程。在发酵中，到叶温达高峰趋于平衡时，即为发酵适度。

这三者的变化有同一性，都以多酚类氧化为基础。发酵适度，应综合三者变化程度而定。

5. 干燥

（1）干燥目的　终止酶活性；充分干燥失水；散发青臭气，发展茶香。

（2）干燥技术　有烘笼烘干和烘干机烘干两种方式。采用两次烘干法。毛火要求"高温、薄摊、快干"，足火要求"低温、厚摊、慢烘"。

①自动烘干机烘干：其操作技术参数见表6-3。

温度：毛火进风口温度110~120℃，不超过120℃，足火85~95℃，不超过100℃。毛火与足火之间摊晾40min，不超过1h，摊晾叶厚度10cm。温度过低，会造成发酵过度、温度过高，造成外干内湿、条索不紧、叶底不展等缺点。

风量：风速以 0.5m/s，风量 6000m³/h 为宜。

烘干时间：毛火 10~15min，足火 15~20min。

表 6-3　自动烘干机操作技术参数

烘次	进风温度/℃	摊叶厚度/cm	烘干时间/min	摊晾时间/min	含水量/%
毛火	110~120	1~2	10~15	40~50	20~25
足火	85~90	3~4	15~20	30	4~5

②烘笼烘干：其技术参数见表 6-4。

温度：毛火 85~90℃，足火 70~80℃。

叶量：毛火每笼 1.5~2kg，足火 3~4kg。

表 6-4　烘笼烘干技术参数

烘次	温度/℃	叶量/（kg/笼）	烘干时间/min	翻叶间隔时间/min	干度	摊晾时间/min	摊晾厚度/cm
毛火	85~90	1.5~2	30~40	5~10	7成	60~90	3~4
足火	70~80	4~8	60~90	10~15	足干	30~60	8~10

（3）干燥程度　毛火叶含水量 20%~25%，足火叶含水量 4%~5%。

感官鉴别：毛火叶达七八成干，叶条基本干硬，嫩梗稍软，手握既感刺手又感稍软。足火叶折梗即断，手捻茶条成粉末。

（三）川红工夫茶加工

川红功夫茶的品质特征见表 6-5。

表 6-5　川红工夫品质特征

级别	外形				内质			
	条索	整碎	净度	色泽	香气	滋味	汤色	叶底
特级	细紧，多锋苗	匀齐	净	乌黑，油润	鲜嫩，甜香	醇厚，甘爽	红明浓亮	细嫩显芽，红匀亮
一级	细紧，有锋苗	较匀齐	净稍，含嫩茎	乌润	嫩，甜香	醇厚，爽口	红亮	匀嫩有芽，红亮
二级	细紧	匀整	尚净，有嫩茎	乌尚润	甜香	醇和，尚爽	红明	嫩匀，红尚亮

续表

级别	外形				内质			
	条索	整碎	净度	色泽	香气	滋味	汤色	叶底
三级	尚细紧	较匀整	尚净，稍有筋梗	尚乌润	纯正	醇和	红尚明	尚嫩匀，尚红亮
四级	尚紧	尚匀整	有梗朴	尚乌稍灰	平正	纯和	尚红	尚匀，尚红
五级	稍粗	尚匀	多梗朴	棕黑稍花	稍粗	稍粗	稍红暗	稍粗硬，尚红，稍花
六级	较粗松	欠匀	多梗朴片	棕稍枯	粗	较粗淡	暗红	粗硬，尚红，暗花杂

加工工艺流程：鲜叶→萎凋→揉捻→发酵→毛火→摊凉→足火→摊凉→精制→提香→包装→成品。

1. 萎凋

（1）萎凋方式　分为自然萎凋、日光萎凋和萎凋槽热风萎凋，现多半采用萎凋槽自然萎凋加热风相结合。

（2）摊叶厚度及萎凋时间　单芽至一芽一叶摊放厚度一般不超过 1cm，摊叶要均匀，时间 8～15h；一芽二、三叶摊放厚度一般不超过 10cm，时间 16～18h，中途每隔 2h 翻动一次使失水均匀。在气温低、空气湿度大时吹热风，缩短萎凋时间。

（3）萎凋程度　萎凋适度的方法以经验判断结合萎凋叶含水量测定比较准确。

经验判断是以萎凋叶的物理特征为标志。萎凋适度叶叶形皱缩，叶质柔软，嫩梗萎软，曲折不断，手捏叶片软绵，紧握萎凋叶成团，松手可缓慢松散。叶表光泽消失，叶色转暗绿，青草气减退，透发清香。工夫红茶萎凋叶含水率以 60%～64% 为适度标准。季节不同，萎凋程度掌握略有不同。春季萎凋叶含水率以 60%～62% 为宜，夏季萎凋叶含水率以 62%～64% 为宜，一般初制厂条件有限，以经验判断为主。

2. 揉捻

揉捻是川红工夫红茶塑造外形和形成内质的重要工序。工夫红茶要求外形条索紧结，内质滋味浓厚甜醇，它取决于揉捻叶的紧卷程度和细胞的损伤率。充分揉捻是发酵的必要条件。揉捻适度以细胞损伤率在 80% 以上、叶片 90% 以上、成条为宜。

（1）投叶量　以桶装4/5多一点为宜；揉捻机一般使用40型、55型、265型，一般情况下，55型揉捻机揉捻叶的质量较好，被厂家普遍使用，265型揉捻机在加工较粗老的鲜叶而且鲜叶量很大时才使用。

（2）揉捻时间及加压　单芽揉捻时间55min左右，春茶芽实心时间长些，夏秋茶芽空心时间短些，原则上不加压；一芽一叶揉捻时间60min左右，先不加压，揉捻结束前加轻压6min左右（含减压）；一芽二、三叶揉捻时间60min左右，先不加压，初步成条后开始加压，掌握"轻→重→轻"原则，先加轻压然后逐步加重，最后减压，时间约为25min。

（3）解块

①瓶炒锅冷锅解块：揉捻叶进入瓶炒锅冷锅解块，时间5min左右，既能解散团块，不造成碎断，还能保持条索紧细。

②解块机解块：速度快但容易造成碎断。

③解块分筛机解块：揉捻叶经过解块分筛机，成条揉捻叶在筛底可进入下工序加工，筛面为较粗老、未成条的叶子，进行复揉，适宜于处理鲜叶不匀的原料，缺点是抖松部分茶条，筛网易变形。

3. 发酵

发酵是工夫红茶形成品质的重要工序。目的在于促进内含物发生深刻变化，为形成红茶特有的色、香、味品质准备基质。

（1）发酵的主要条件是温度、相对湿度、通气（供氧）、摊叶厚度、时间长短等。

①温度：根据多酚氧化酶活化最适温度、内含物变化规律和品质要求，发酵叶温保持在30℃为最适，气温以24~25℃为宜，气温低可采用发酵室加温措施，以达到发酵所需的温度。

②湿度：一是指发酵叶本身的含水量，二是指空气的相对湿度。发酵室要保持高湿状态，以相对湿度95%以上较好。有时必须采取喷雾或洒水等增湿措施。

③通气（供氧）：物质氧化需消化大量氧气，同时也释放二氧化碳，因此发酵场所必须保持新鲜空气流通。

④摊叶厚度影响通气和叶温。一般为8~12cm，嫩叶和叶型小的薄摊，老叶和叶型大的厚摊；气温低厚摊，气温高薄摊。叶层厚薄均匀，不要紧压，以保持通气良好。

⑤发酵时间长短因揉捻程度、叶质老嫩、发酵条件不同而异，一般从揉捻开始计算，需3~4h。

（2）发酵程度　准确掌握发酵程度是制造优质工夫红茶的重要环节。

发酵适度叶，青草气消失，出现发酵叶特有的香气——一种清新鲜浓的花果香味。叶色春茶黄红，夏茶红黄，嫩叶红匀，老叶红里泛青。发酵不足，带青气，叶色青绿或青黄；发酵过度，香气低闷，叶色红暗。

在生产中，发酵程度掌握"适度偏轻"。因为发酵叶上烘后，叶温升高过程还可促进多酚类化合物的酶促氧化和湿热作用下的非酶促氧化，使发酵过度，降低品质，所以发酵程度掌握"宁轻毋过"。

①单芽至一芽一叶发酵经过探索进行了调整和改进，发酵叶青草气消失，出现了特有的香气——"花果香气"，叶色75%左右转红，25%左右转为青黄色，进行散热失水。

②散热失水：将发酵叶摊放在萎凋槽上，厚度1cm左右，鼓风1.5~2h，再进行干燥。

初烘：一芽二、三叶发酵叶进入自动烘干机，温度95~100℃，时间8min左右，冷却30min左右再进行复揉。

复揉：复揉时间30min左右，先不加压，15min左右以后再加轻压，逐步加重，再减压。

解块：将复揉叶放入瓶炒锅冷锅解块5min左右，团块解散后下锅。

4. 干燥

干燥是鲜叶加工的最后一道工序，也是决定品质的重要环节。采用烘焙干燥，一般分为毛火和足火，中间经一段时间的摊晾。烘焙技术主要掌握温度、烘干时间和摊叶厚度等。

（1）温度　掌握"毛火高温、足火低温"的原则。单芽至一芽一叶一般采用名茶烘干机，一芽二、三叶一般用自动烘干机，毛火进风温度为120~130℃；足火80~90℃，毛火与足火之间摊晾30min左右。

（2）时间　一般毛火高温短时，单芽至一芽一叶4min左右，适时翻动；一芽二、三叶以8~12min为宜；足火应低温慢烘，时间应适当延长，使香味充分发展；单芽至一芽一叶25~30min，中途翻动两次，一芽二、三叶以15~20min为宜。

（3）摊叶厚度　毛火摊叶厚度1~2cm，足火可加厚至3~4cm。掌握"毛火薄摊，足火厚摊"、"嫩叶薄摊，老叶厚摊"、"碎叶薄摊，条状叶厚摊"的原则。

（4）干燥程度　毛火叶干度达到八成半到九成干为宜，如果没有达到一定干度，后续工序中受力的作用，最后毛茶条索要弯曲。足火叶含水量5%~7%为适度。实践中常以经验掌握，毛火叶达八成半干，叶条基本干硬，足火达足干，梗折即断，用手指碾茶条即成粉末。

三、红碎茶加工

目前，国际茶叶市场上红茶贸易量占茶叶总贸易量的90%，而红碎茶又占红茶的98%，是国际茶叶市场的主要品种。我国红碎茶生产地有滇、桂、粤、琼、黔、川、湘、闽、鄂、苏、浙等10多个省区，其产量和出口量仅次于炒青绿茶，已成为我国一个重要的茶叶品种。

（一）产品品质特点

红碎茶按其成品茶的外形和内质特点可分为叶茶、碎茶、片茶、末茶四大类。其外形叶茶呈条状，条索紧直；碎茶呈颗粒状，颗粒紧结；片茶皱折如"碗口"形；末茶似沙粒。四类茶叶规格差异明显，互不混杂，叶色润泽，内质汤色红亮，香气滋味浓、强、鲜。四类茶叶包含多种花色，品质各有差异。

1. 叶茶类

叶茶类外形规格大，包括部分细长的筋梗。有两种花色，均系条形茶。

（1）花橙黄白毫（FOP） 茶枝最顶尖的新芽（芯芽），条索紧卷匀齐，色泽乌润，金黄毫尖多，长8~13mm，不含碎茶，末茶或粗大叶子，是叶茶中品质最好的。

（2）橙黄白毫（OP） 茶枝最顶起数的第二片叶，主要由头子茶中产生。不含毫尖，条索紧卷，色泽尚乌润，是叶茶中品质稍差的。

2. 碎茶类

碎茶类外形较叶茶细小，呈颗粒状或长粒状，长2.5~3mm，汤艳味浓，易冲泡，是红碎茶中大量生产的花色。

（1）花碎橙黄白毫（FBOP） 由嫩芽所组成，多属第一次揉捻后解块筛分出的一次一号茶，呈细长颗粒状，含大量毫尖。形状整齐，色泽乌润，香高味浓，是碎茶中品质最好的花色。

（2）碎橙黄白毫（BOP） 切碎了的橙黄白毫，大部分同嫩芽组成，颗粒长度3mm以下，色泽乌润，香味浓郁，汤色红亮，是红碎茶中经济效益较高的产品。

（3）碎白毫（BP） 切碎了的橙白毫，形状与碎橙黄白毫相同，色泽稍次，不含毫尖，香味较碎橙黄白毫次，但粗细均匀，不含片、末茶。

（4）碎橙黄白毫片（BOPF） 切碎了的橙白毫细片，系从较嫩叶子中取出的一种小型碎茶，外形色泽乌润，汤色红亮，滋味浓强。由于体型较小，极易冲泡，是袋泡茶的好配料。

3. 片茶类 （F）

片茶类系从碎茶中风选出的片形茶，质地较轻。按外形大小可分为片茶一号（F1）和片茶二号（F2）。中小叶种还要按内质分为上、中、下三档。

4. 末茶类 （D）

末茶类外形呈沙粒状，色泽乌润，紧细重实，汤色较深，滋味浓强。由于体形小，容易冲泡，也是袋泡茶的好原料。

我国红茶有两大适销区，一是外形匀整、颗粒紧细、粒型较大、汤色红浓、滋味浓厚、价格适当的中下级茶和普通级茶，适合某些中东国家；二是体型较小、净度较好、汤色红艳、滋味浓强、鲜爽、香气高锐持久的中高级茶，适合欧、美、澳洲国家。

根据国际市场对红碎茶的规格要求和我国的生产实际，按传统制法、产地、茶树品种和产品质量，制订了四套加工、验收统一标准样。第一套样适用于云南省云南大叶种制成的红碎茶；第二套适用于广东、广西、贵州等省（区）引种的云南大叶种红碎茶；第三套适用于贵州、四川、湖北、湖南汨罗江、零陵、石门等地的中小叶种制成的产品；第四套适用于浙江、江苏、湖南等省的小叶制成的产品。

（二）鲜叶要求

红碎茶鲜叶要求嫩、鲜、匀、净。各茶厂都有试行的鲜叶评级验收标准，现列举两例供参考（表6-6、表6-7）。

表6-6　广东温泉茶场鲜叶验收标准

级别	主要芽叶组成	各种芽叶比例/%
一级	一芽二叶	一芽二叶占50%，一芽三叶初展占30%，同等嫩度的对夹叶、单片占20%
二级	一芽二叶，一芽三叶初展	一芽二叶占20%，一芽三叶初展占50%，同等嫩度的对夹叶、单片占30%
三级	一芽二、三叶	一芽三叶初展占15%，较老化一芽二、三叶占40%，同等嫩度的对夹叶占45%
等外	对夹叶及单片叶	老嫩不分的芽叶，较老的对夹叶和单片叶

表6-7　四川红碎茶鲜叶分级标准

级别	芽叶组成/%			品质说明
	一芽二、三叶	同等嫩度的对夹叶、单片	单片叶最高	
一级	65～70	30～35	10	芽叶鲜嫩而壮，柔软，多茸毛

续表

级别	芽叶组成/%			品质说明
	一芽二、三叶	同等嫩度的对夹叶、单片	单片叶最高	
二级	55~60	40~45	20	芽叶鲜嫩、柔软、有茸毛
三级	45~50	50~55	30	芽叶新鲜尚柔软、无伤、变叶
四级	30~40	60~70	40	芽叶新鲜、叶质欠柔软不含硬化叶
五级	30以下	70以上		低于四级品质的叶

（三）初制技术

红碎茶初制分为萎凋、揉切、发酵、干燥四道工序。

1. 萎凋

红碎茶萎凋的目的、环境条件、方法等与工夫红茶相同，仅是萎凋程度存在差异。

萎凋程度应根据鲜叶品种、揉切机型、茶季等因素确定。一般传统制法和转子制法萎凋偏重，CTC和LTP制法偏轻。但是茶季不同，含水量不同，如使用转子揉切的，春茶因嫩度好、气温低，萎凋程度偏重，控制含水量在60%~64%；夏秋茶为65%左右。如使用LTP型锤击机与CTC机组合的，含水量以68%~70%为好（表6-8）。

表6-8 不同制法萎凋适度指标

品种	含水量/%			
	传统制法	转子制法	CTC制法	LTP制法
云南大叶种	55~58	58~62	68~72	68~70
中小叶种	58~60	60~65	66~70	66~70

萎凋时间长短受品种、气候、萎凋方法等影响。一般视萎凋程序而定，通常控制在6~8h完成为宜。

2. 揉切

揉切是红碎茶品质形成的重要工序，通过揉切既能形成紧卷的颗粒外形，又使内质气味浓强鲜爽。揉切室的环境条件与工夫红茶相同，但使用机器类型、揉切方法不同。

（1）揉切机器 揉切机有圆盘式揉切机、CTC揉切机、转子揉切机、LTP锤击机等。

①圆盘式揉切机：又称平板机。揉盘上设有 8～12 个弧形锋利的揉齿，茶条在揉桶中回转时切细。用普通揉捻机与圆盘式揉切机联用制红碎茶称为传统制法。

②CTC 揉切机：机器主体由刻有凹形花纹的不锈铜滚筒组成，两个滚筒反向内旋，转速分别为 660r/min 和 70r/min，茶条经搓扭、绞切作用，形成颗粒碎茶，切细效率高。

③转子式揉切机：利用转子螺旋推进茶条，以挤压、紧揉、绞切茶叶。绞切效率高，碎茶比例大，颗粒紧实。型号大致有叶片棱板式、螺旋滚切式、全螺旋式和组成式四大类。

④LTP 锤击机：是一种新型制茶机械。机内有锤片 160 块，分 40 个组合。前 8 组锤刀，后 31 组锤片加 1 组锤刀，转速 2250r/min，在 1～2s 内完成破碎任务。由于叶片受到锤片的高速锤击，形成大小均匀、色泽鲜绿的小碎片喷出。

（2）揉切方法　目前各地多采用多种类型机器配套机组和配套揉切技术，完成红碎茶揉切工序。依选用的揉切机种不同，可归纳为如下几种。

①传统制法：一般先揉条，后揉切。要求短时、重压、多次揉切，分次出茶。

一般要求取碎茶85%左右，茶头率15%。如有必要可进行第四次揉切，时间 10min。但老叶不宜强揉。揉切时加压与松压交替，一般加压 7～8min，减压 2～3min，多加重压，以使揉叶翻切均匀，降低叶温，多出碎茶。揉切次数和时间长短依气温高低、叶质老嫩而定。气温高则每次揉时应短，增加揉切次数，嫩叶揉切次数和每次揉时均可减少。

②揉捻机与转子机组合：这两种机器组合揉切，一般要求先揉条，后揉切。要求短时、重压，多次揉切，多次出茶。近似传统揉切法，萎凋程序适当偏重。其产品外形颗粒紧结，色泽也较乌润，但香气和滋味往往显得钝熟。揉切操作方法因茶树品种、生产季节而有差异。在大叶种地区，春茶一般先以 90型（即克虏伯）揉捻机揉条 30～45min，然后进行解块筛分，筛底提取毫尖茶，筛面茶进行转子揉切 3～4 次，总揉切时间需 70min。夏秋茶揉条后如无毫尖可提，则可全部由转子机切碎。

中小叶种中下档鲜叶原料制红碎茶，是萎凋后经 90 型揉捻机揉条 30～40min，再用 27 型转子机连续切 3～4 次，每次切后只解决不筛分。揉切叶经发酵后立即烘毛火，烘后的毛火叶用平面圆筛机筛出团块茶。团块茶经打碎后再过筛，然后分别足火。

③转子机组合：转子揉切机所制红碎茶比传统揉切法具有揉切时间短、碎茶率高、颗粒紧结、香味鲜浓等优点。

操作方法是：用 30 型转子搓揉机代替 90 型揉捻机，并实行与转子机组合使用，另外解块分筛也改用平面圆筛机，这样可使切碎茶筛成圆颗粒状，有利于改善外形。平面圆筛机用于筛分揉切叶，筛孔容易阻塞，可采用经常更换筛片的办法加以解决。

④LTP 和 CTC 机组合：采用这两种机型组合，必须具备两个条件：

第一，鲜叶萎凋程序要轻，含水率应保持在 68% ~ 70%，以利于切细、切匀；

第二，鲜叶原料要有良好的嫩度。假定鲜叶分为五级，则以 1 ~ 2 级叶为好，这样可取得外形光洁、内质良好的产品。如果用下档原料，则制出的干茶色泽枯灰，而且筋皮毛衣和茶粘成颗粒，在精制中较难清理，而且青涩味也较重。试验表明，对较为下档的原料在经 LTP 与 CTC 机切后，再上转子机揉切 1次，可提高品质。

其工艺流程如下：

1 ~ 3 级原料，经轻萎→振动槽筛去杂质→LTP→3×CTC→发酵→毛火→7孔平面圆筛机→筛面团块→打块机→足火；筛底茶直接足火。

4 ~ 5 级原料，经轻萎→振动槽筛去杂质→LTP→3×CTC→转子机→解块→发酵→烘毛火→7孔平面圆筛机→筛面茶→打块机→足火；筛下茶直接足火。

LTP 和 CTC 机的刀口一定要保持锋利，切出的茶叶才会外形光洁，筋皮毛衣少。如果刀口钝，则切出的茶叶呈粗大的片茶，筋皮毛衣多。因此，在红碎茶生产之前就应检查刀口情况，若发现刀口磨损较大，应采取措施维修。

⑤洛托凡和 CTC 结合：洛托凡揉切机与我国的邵东 30 型转子机相似。在小叶种地区用洛托凡和 CTC 组合，不及 LTC 和 CTC 组合。因小叶种鲜叶叶质比较硬，不易捣碎，使毛茶外形粗大松泡，片茶多，滋味浓度也较低。大叶种上档原料用洛托凡和 CTC 组合制红碎茶尚可。

3. 发酵

红碎茶发酵的目的、技术条件及发酵中的理化变化原理与工夫红茶相同。

由于国际市场要求香味鲜浓，尤其是茶味浓厚、鲜爽、强烈、收敛性强、富有刺激性的品质风格，故对发酵程序的掌握较工夫红茶为轻，多酚类的酶性氧化量较少。但品种不同，发酵程序不同，中小叶品种需加强茶汤浓度，程度应比大叶种稍重，大叶种要突出鲜强度，程度应轻；气温高，发酵应偏轻，气温低则稍重。

在一定条件下，发酵程序与时间有关，一般云南大叶种发酵叶温控制在26℃以下，升温高峰不超过28℃，时间以 40 ~ 60min 为宜（从揉捻开始）。中小叶种叶温控制在 25 ~ 30℃，最高不超过 32℃，时间以 30 ~ 50min 为宜。

发酵程度的鉴别有两种：

一是感官鉴别叶象。贵州湄潭茶叶研究所和羊艾茶场研究发酵叶象与发酵程序的关系，将发酵叶象分为六级：一级，叶色呈青绿色，有浓烈的青草气；二级，青黄色，青草味；三级，黄色，清香；四级，黄红色，花香或果香；五级，红色，熟香；六级，暗红色，低香。

云南大叶种以 2.5~3 级，中小叶种以 3.5~4 级为宜。

二是用化学分析方法，测定水溶性多酚类的保留量。根据中国农业科学院茶叶研究所测定，红碎茶的毛茶水溶性多酚类（含氧化和未氧化的）的保留量在 60%~65% 时，品质较好，滋味浓强鲜爽，汤色红艳明亮。

4. 干燥

干燥的目的、技术以及干燥中的理化变化与工夫红茶相同，仅在具体措施上有差别。

由于揉切叶细胞损伤程度高，多酚类的酶促氧化激烈，迅速采用高温破坏酶的活力，制止多酚类的酶促氧化；迅速蒸发水分，避免湿热作用引起非酶促氧化。因此，要求"高温、薄摊、快速"一次干燥为好。但目前由于我国使用烘干机烘，仍采用两次干燥。

毛火：进风温度 110~115℃，采用薄摊快速烘干，摊叶厚度 1.25~1.50kg/m²，烘至含水量 20%。毛火叶摊晾 15~30min，叶层要薄，宜在 5~8cm。

足火：进风温度 95~100℃，摊叶 2kg/m²，烘至含水量达 5%。

干燥应严格分级分号进行，干燥完毕摊凉后装袋，及时送厂精制。

近年来，我国在红碎茶干燥方式上有很多革新，如沸腾烘干机烘干、远红外线烘干、高频烘干、微波供干等，有待不断实验、推广。在提高烘干效果上也有很多措施，如在烘干机顶层加罩、加大风量、分层干燥、在输送带上加温等。

四、小种红茶加工

小种红茶是福建省的特产，有正山小种和外山小种之分。正山小种产于崇安县星村镇桐木关村一带，分布在海拔 1000m 以上的高山，也称"桐木关小种"或"星村小种"，如今那里已经实行了"原产地保护"，口味讲究的是"松烟香，桂圆汤"。其他周边所产的仿照正山品质的小种红茶，品质较差，统称为"外山小种"或"人工小种"。

（一）产品品质特点

正山小种红茶条索粗壮紧直，身骨重实，不带毫心；色泽褐红润泽，汤色红艳，香气高爽浓烈，微带松烟香；滋味浓醇、甘甜，似桂圆汤味；叶底古铜色明亮，叶张大而柔软，肥厚壮实。

（二）鲜叶要求

小种红茶原料较为粗老，一般采摘半开面三、四叶，由于嫩梢较成熟，芽尖很小，糖类含量较高，多酚类含量较少，有利于茶汤滋味的形成。春茶一般在 5 月上旬开采，6 月下旬采夏茶，不采秋茶。

（三）初制技术

小种红茶制法比其他红茶精细，分为萎凋、揉捻、发酵、过红锅、复揉、熏焙、复火七道工序。

1. 萎凋

有室内加温萎凋和日光萎凋两种方法。

（1）室内加温萎凋　俗称"焙青"，在"青楼"进行。青楼分上、下两楼，不铺楼板，中间每隔 3～4cm 架一条木质挡板，上铺青席，供摊叶用。横挡下 30cm 处装焙架，供熏焙干燥时放置水筛用。

加温时关闭门窗，在地面上燃放松柴。火堆呈"T"、"川"或"＝"字形排列，每隔 1～1.5m 堆一堆，待室温升到 28～30℃ 时，把鲜叶均匀撒在青席上，厚度 10cm 左右。中间每隔 10～20min 轻轻拌 1 次，达到萎凋适度约需 2h。

室内加温萎凋的优点是不受条件限制，萎凋叶能直接吸收烟味，毛茶烟量充足。缺点是劳动强度大，操作较困难。

（2）日光萎凋　在室外清洁、向阳和避风处搭高 2.5m 的"青架"。晒青时摊叶厚度 3～4cm，每隔 10～20min 翻拌一次，至叶面萎软、失去光泽、折梗不断、青气减退、略有清香时为适度。

日光萎凋时间视光照强弱、鲜叶含水量多少而定。光照较强，含水量较少，则时间较短，可在 30～40min 完成；光照较弱，含水量略高，时间需稍延长，达 3h 以上；一般在 1～2h 可完成。

日光萎凋的优点是设备简单、成本低、操作方便，缺点是受气候限制大，而且不能吸收送烟，毛茶吸烟量不足，滋味不够鲜爽。

同时，肥壮芽叶和老嫩不匀鲜叶，萎凋程度不一致，生产中常采取日光萎凋和加温萎凋交替进行的方法。

2. 揉捻

用 55 型揉捻机，每机投叶量 30kg。揉捻时间因叶质老嫩不同而异，嫩叶揉 40min，中等嫩度叶子揉 60min，老叶揉 90min。一般分 2 次揉捻，中间解块分筛。揉到叶汁挤出，条索紧结时即可。

3. 发酵

将揉捻叶用箩筐盛装，叶层厚度 30~40cm，如装叶过厚，中间宜掏 1 个孔，以利通气。在箩筐上覆盖湿布，以保持湿度，春季气温较低时，可将箩筐放在焙青室内，以提高叶温。

发酵过程一般需 5~6h，当茶叶青臭气消失、显露清香，并有 80% 以上的茶叶呈红褐色时即为适度。

4. 过红锅

这是小种红茶初制过程的特殊工艺。其目的在于利用高温阻止酶活力，中止多酚类的酶促氧化，保持一部分可溶性多酚类不被氧化，使茶汤鲜浓，滋味甜醇，叶底红亮展开；散发青草气，增进茶香；同时散失部分水分，叶质变软，有利于复揉。

5. 复揉

过红锅后趁热揉捻，时间 5~6min。

6. 熏焙

这是小种红茶特有的工序，它对形成小种红茶品质十分重要。其作用是：蒸发水分，使茶叶干燥适度；使茶叶吸收大量松烟，为形成品质起重要作用。

传统的熏焙方法是将复揉叶摊在水筛上，每筛摊叶 2~2.5kg，置于焙楼下的焙架上。地面燃烧松柴片，明火浓烟，一批茶叶经 8~12h 的熏焙，达八成干时便压小火苗，降低温度，增大烟量，使茶叶吸收大量松香味。熏焙时不要翻拌，以免茶条松散。

传统方法劳动强度大，容易引起火灾，现改为烟道熏焙。

7. 复火

复火方法是在焙楼上堆成大堆，进行低温长熏，使毛茶在干燥的同时吸足烟量，含水量控制在 7% 以内。

小　结

红茶的色、香、味品质特点，是以多酚类氧化还原反应为中心的一系列化学成分变化所形成的，加工技术环节采取不同的技术参数和加工机械，产生了工夫红茶、红碎茶、小种红茶等不同的品种。

萎凋是指鲜叶在一定条件下，逐步均匀失水，发生一系列理化变化的过程，是形成红茶品质的重要工序。

揉捻（揉切）是红茶塑造外形和形成内质的重要工序。工夫红茶要求外形条索紧结，内质滋味浓厚甜醇，它取决于揉捻叶的紧卷程度和细胞的损伤率。通过揉切既形成紧卷的颗粒外形，又使内质气味浓强鲜爽。充分揉捻是发酵的必要条件。

发酵是工夫红茶形成品质的重要工序。目的在于促进内含物发生深刻变化，为形成红茶特有的色、香、味品质准备基质。

干燥是鲜叶加工的最后一道工序，也是决定品质的重要环节。采用烘焙干燥，一般分为毛火和足火，中间经一段时间的摊凉。烘焙技术主要掌握温度、烘干时间和摊叶厚度等。

川红工夫红茶加工技术规程；名优工夫红茶加工技术规程；红碎茶加工技术；小种红茶加工技术。

拓展知识

发酵中茶多酚的氧化与红茶品质

发酵过程中的化学变化非常复杂，其中最主要的变化是茶多酚的酶促氧化，对红茶色香味的形成起决定性作用。茶多酚的主要成分是儿茶素，其中没食子儿茶素（GC）及其没食子酸酯（GCG）在发酵中起主导作用。

在发酵中，儿茶素尤其是没食子儿茶素及其没食子酸酯在多酚氧化酶的作用下发生酶促氧化，形成一类被称为邻醌的物质。邻醌是一类氧化还原作用很强的初级产物，很不稳定，易于氧化其他物质而被还原，对促进红茶品质特征的形成具有重要作用，如叶绿素的破坏、花青素等苦味物质的转化、发酵中大量香气的形成等均与邻醌的作用十分密切。另外，邻醌能被抗坏血酸（维生素 C）所还原，所以红茶中维生素 C 的含量极低。

邻醌又容易聚合（缩合）成联苯酚醌。联苯酚醌是发酵过程中的中间产物，性质也很不稳定，一部分被还原成双黄烷醇，一部分进一步氧化生成茶黄素和茶红素类，茶黄素转化为茶红素，茶红素又进而转化为暗褐色的物质，这是发酵过程中多酚类化合物转化的基本规律。

儿茶素的氧化，只是在发酵初期需要多酚氧化酶的催化，当邻醌、联苯酚醌形成后，由于醌类化合物的氧化能力很强，就可通过醌类化合物的氧化还原作用，促使一系列化合物的氧化。茶多酚在发酵过程中的变化规律如图 6-1 所示。

双黄烷醇无色，溶于水，具有鲜味，是构成茶汤鲜度、强度和浓度的综合因素之一。含量一般占干物质的 1%~2%。

茶黄素的水溶液呈橙黄色，具有强烈的收敛性，是决定茶汤明亮度的主要成分和构成滋味鲜强度的重要因子。茶汤与瓷碗接触处常呈现一圈鲜明的金黄色，称为"金圈"或"金边"，这是茶黄素含量较多的表现。茶黄素的含量，

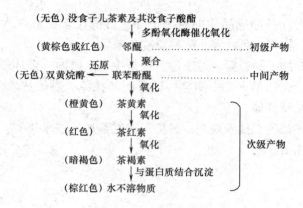

图 6 - 1　红茶的发酵原理

一般占干物质的 0.2% ~1.5% ，高的可达 1.7% 以上。

　　茶黄素进一步氧化，生成茶红素。茶红素的水溶液呈红色，收敛性较弱，是红茶汤色的主体物质，并对滋味的浓度起重要作用。茶红素的含量一般占干物质的 5% ~11% 。

　　茶红素一部分与蛋白质结合，形成不溶于水的棕红色物质，存在于芽、叶、茎、梗中，是形成红色叶底的主要物质，还有一部分进一步氧化形成茶褐素。

　　茶褐素的水溶液呈暗褐色，是茶汤发暗的主要成分，与红茶品质呈负相关，其含量一般占干物质的 4% ~9% 。

　　茶多酚、茶黄素、茶红素和茶褐素在发酵中的变化具有规律性，如图 6 - 2 所示。在发酵初期，茶黄素增加很快，并不断转化为茶红素；随着发酵的进展，茶黄素不断形成，但增加不显著；当茶黄素含量达高峰后，由于儿茶素的

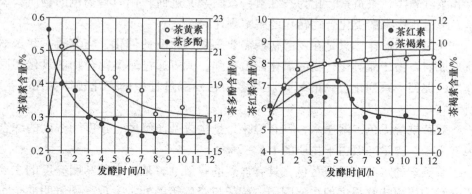

图 6 - 2　茶多酚、茶黄素、茶红素和茶褐素在发酵中的变化规律

消耗导致茶黄素的形成减少，而茶红素却增加；当茶红素增加到一定程度，由于作为基质的茶黄素减少以及茶红素进一步氧化成暗褐色的茶褐素，使茶红素含量逐渐降低。

经过发酵，多酚类化合物发生了明显的变化，发酵产物可分为水溶性和水不溶性两部分。发酵后儿茶素和水溶性茶多酚的含量都有很大程度减少，而水不溶性茶多酚含量则有所增加（表6-9）。

表6-9 红茶发酵中多酚类物质的变化

成分	发酵时间/min				
	80	100	120	140	160
儿茶素总量/（mg/g）	40.23	30.85	23.60	17.50	17.50
水溶性茶多酚含量/%	16.03	14.21	12.94	11.73	10.29
水不溶性茶多酚含量/%	5.69	6.13	5.62	6.13	6.38
茶黄素含量/%	0.49	0.45	0.33	0.32	0.23
茶红素含量/%	13.38	14.57	15.54	16.13	15.15

水溶性部分可进入茶汤是决定红茶品质的重要物质基础，应有适当的保留量，与其他水溶性滋味成分相协调，可获得滋味浓强鲜爽、汤色红艳明亮的优良品质。如保留量过少，则茶汤味淡、香钝、色暗，说明发酵过度。反之，如保留量过多，则茶汤色浅、涩味较重，是发酵不足的表现。

茶黄素是红茶汤色亮度、香味鲜爽度和浓烈度的重要因素，茶红素是茶汤红浓度的主体，收敛性较弱，刺激性小。品质优良的红茶，茶黄素和茶红素的含量均较高，而且茶红素与茶黄素的比值也较适宜。茶汤冲入牛奶后，汤色粉红，既没有奶腥味，又能保持茶的香味。如茶黄素多，茶红素少，冲入牛奶后呈姜黄色；相反，如茶黄素少，茶红素多，冲入牛奶后则黄中带灰。

项目七　黑茶加工技术

（1）掌握我国黑茶的种类花色和品种特点。

（2）了解黑茶的加工工艺流程、技术参数、要求和操作要领。

（3）理解黑茶品质形成的基本知识、基本理论。

（1）具备介绍我国各黑茶种类品质特点的能力。

（2）初步具备能够按照四川黑茶的工艺流程进行操作加工的能力。

　　黑茶是六大茶叶种类之一，也是我国特有的一大类茶，产量占全国茶叶总产量的 1/4 左右，生产历史悠久，产区广阔，销售量大，品种花色也很多，是制造紧压茶的原料。成品黑茶现有湖南的天尖、贡尖、生尖、黑砖茶、花砖茶、特制茯砖茶、普通茯砖茶，湖北青砖茶，广西六堡茶，四川的南路边茶和西路边茶，云南紧茶等。以边销为主、部分内销，少量侨销，因而，习惯上称黑茶为"边茶"。

　　黑茶是我国西北广大地区藏、蒙、维吾尔等兄弟民族日常生活必不可少的饮料。"宁可一日无食，不可一日无茶""一日无茶则滞，三日无茶则病"就是这些民族对茶叶需要的真实写照。唐代《唐史·食货志》就有兄弟民族"嗜食乳酪，不得茶以病"的记载。说明西北少数民族饮茶有着悠久的历史，黑茶已是日常生活的必需品。这是因为：第一，西北地区兄弟民族，一般是以牧业为主，或农牧业结合的生产方式，生活上多食乳肉，为解油去腻、帮助消化，需大量饮茶；第二，高寒地区气候干燥，人体需供应大量水分，喝茶能帮助消化、生津止渴，是理想的饮料；第三，高原草地，新鲜水果和蔬菜较少，而茶叶中含有多种维生素，喝茶能适当补充维生素的不足。

黑茶成品繁多，炒制技术和压造成型的方法不尽相同，形状多样，品质不一，但有如下几方面的共同性：

①原料粗老：一般鲜叶较粗，多系新梢形成驻芽时采摘，外形粗大，叶老梗长。

②渥堆变色：黑茶都有渥堆变色的过程，有的采用毛茶干坯渥堆变色，如湖北老青砖茶和四川茯砖茶等，有的采用湿坯渥堆变色，如湖南黑茶和广西六堡茶等。

③高温汽蒸：目的在于吸收一定的蒸汽湿热，促使茶坯变软，便于压造成型；同时，因受湿热作用，促进内含物一定程度的转化，达到产品外形、色泽黑褐油润，汤色橙黄或橙红，香气醇和不涩，叶底黄褐均匀的要求。

④压造成型：黑茶成品都需要经过压造成型，砖茶在压模内冷却，使其形状紧实固定后，将其退出。所有黑茶都要送烘房进行缓慢干燥，便于长途运输和贮藏保管。

一、黑茶品质的形成机理

黑茶初制的特殊工艺，引起一系列内含物成分的变化，从而形成黑茶特有的色、香、味品质特征。

（一）黑茶品质的形成

黑茶品质的共同特点是：外形叶张宽大厚实，条索卷折，色泽黄褐油润，汤色深橙黄或黄褐色，滋味醇和。

1. 色泽的形成

黑茶色泽的形成与叶绿素的破坏和多酚类化合物的氧化有密切关系。

（1）叶绿素的变化 黑茶类的干茶，色泽黑褐色，汤色棕红色，叶底深红暗棕色。这种色泽的形成，主要是原有绿色（叶绿素）被破坏，原有的黄色物如叶黄素、花黄素、胡萝卜素等的显露和多酚类化合物氧化为黄色素和红色素的结果。

绿色的叶绿素在黑茶初制中逐步减少而引起叶色改变。

叶绿素 A 含量：鲜叶 11.06mg/g，毛茶 5.266mg/g。

叶绿素 B 含量：鲜叶 4.986mg/g，毛茶 2.518mg/g。

叶黄素含量：鲜叶 0.812%（干重），毛茶 0.271%。

胡萝卜素含量：鲜叶 0.325%（干重），毛茶 0.579%。

由于叶绿素总量减少，尤其是叶绿素 A 大幅减少，主体颜色——绿色已减弱，茶叶中原有一些色素如胡萝卜素、花黄素、叶黄素等，虽然含量不多，但在制造过程中变化不大，它们的颜色都近似黄褐色，从而使绿色减退，黄色显露。

（2）茶多酚的变化 在制造过程中，总的变化是多酚类在湿热作用下，总量和各组分相应减少，儿茶素的氧化产物有邻醌（黄色）、茶黄素、茶红素及茶褐素等。它们分别是橙黄色和红褐色，也参与汤色的组成。茶汤中可氧化总量高于一般红茶，茶红素也高于红茶，茶黄素则低于一般红茶。黄红两种色素的比值比红茶大得多。从茶红素的含量来看，是使茶汤呈现红色，从两者的比值来看，是与黑茶汤棕红相一致的，也是形成棕褐色的叶底的主要原因。

另外，糖在高温下，发生分解的产物与蛋白质结合，形成黑色产物。如多缩甲基戊糖 $\xrightarrow{\text{分解}}$ 羟甲基呋喃甲醛 $\xrightarrow{\text{氨基酸}}$ 暗黑色物质。

2. 香气的发展

黑茶鲜叶原料粗老，但其毛茶香气却显得纯正，这是在特殊工艺条件下，内含物变化的结果。

（1）类似青叶醇等一些低沸点（具有青臭气）在干热作用下大量挥发或发生异构，使青臭气消失，产生清香。同时，随低沸点成分的挥发，一些高沸点的具有芳香的成分得以显露。

（2）儿茶素、蛋白质等物质在湿热、微生物、机械力及微弱酶促作用的综合作用下，发生变化所形成的产物增加香气。

（3）糖类物质在干热、湿热、酶促、机械、微生物等因素作用下，发生分解、转化、结合等反应，形成有香气的物质。如可溶性糖在干燥后期，水分大量蒸发，因干热作用而形成焦糖香。

（4）在热、机械等多种因素作用下，糖、蛋白质、氨基酸、儿茶素等发生一系列生化反应，使醇、醛、酸、酮类物质增加。

3. 滋味的形成

黑茶原料粗老，而黑毛茶滋味醇和，这是儿茶素、蛋白质、糖类等物质在热、酶、微生物、机械力等因素的综合作用下发生变化的结果。

（1）蛋白质分解成氨基酸、胺、有机酸或醛类。据测定，在黑茶初制中，天冬氨酸等游离氨基酸增加。

（2）儿茶素

①酯型儿茶素在湿热作用下分解，形成简单儿茶素和没食子酸，使苦涩味减轻。

②儿茶素发生异构化，使滋味醇和。

③儿茶素发生氧化作用形成的初级产物与氨基酸结合，使茶汤滋味醇和鲜爽；茶黄素与咖啡碱结合，使茶汤苦味减轻；同时，儿茶素氧化还原中所产生的醇、醛、酸等物质与茶黄素发生综合反应，使茶汤有酸辣味。

④糖类物质发生水解作用，使难溶性物质转化为可溶性物质，从而改善茶汤滋味。如：

果胶质→可溶性果胶；

半纤维素→微量水解；

糖类、有机酸、儿茶素氧化产物或氨基酸→黑茶的香味物质。

（二）初制加工技术与黑茶品质的关系

黑茶品质特色的形成，除以鲜叶原料为基础外，还有其独特的初制工艺技术。概括起来，它有两个特点，即从杀青到干燥，每道工序都要保湿保温，其次，它有独特的渥堆工序。

1. 杀青与黑茶品质的关系

黑茶鲜叶粗老，水分含量低，因此，杀青应把握三个要点。

（1）洒水灌浆　黑茶杀青的目的是蒸发一部分水分，使叶质变软以利揉捻，但因鲜叶较粗老，纤维素和半纤维素含量高，水分含量低，故杀青前的鲜叶采取洒水灌浆，利用水分，产生高温蒸汽来提高叶温，使其杀透杀匀。同时，使叶绿素在高温湿热作用下，适度破坏，叶色由深绿色转化为暗绿色，为形成黑茶色泽品质奠定基础。

（2）高温短时　因鲜叶较粗老，叶中有效成分较少，要求在短时内破坏酶活力，制止酶促氧化，以保留较多的有效成分。

（3）投叶量要多　有利于高热水蒸气在叶间滞留，杀青匀透，叶质软化，同时，因杀青锅大，投叶量多，也有利于提高功效。

总之，影响杀青的因素以温度为最重要，其他因素次之。

2. 揉捻与黑茶品质的关系

揉捻是形成黑茶外形的重要工序，同时，对外形色泽、茶汤、滋味浓度也有一定影响。因此，揉捻应把握两个技术关键。

（1）趁热揉捻　影响揉捻的因素很多，如揉捻机大小、转速、叶温高低、揉时、加压轻重等。但以趁热揉捻，叶温较高为最重要。因为鲜叶粗老，叶片组织比较坚硬，水溶性果胶物质含量较少，纤维素含量较高，不利于揉成条，也不易揉破叶细胞。

但在高温杀青后，由于叶片受湿热的综合作用，多糖分解，细胞膨压降低，原果胶物质在湿热作用下，部分水解为水溶性果胶物质，并带有一定黏性，趁热揉捻，就有利于成条和揉破叶细胞。

（2）轻压、短时、慢揉　在揉捻过程中，无论初揉或复揉，采取轻压、短时和慢揉，一般都能取得良好的效果。如果揉捻过程中加重压、时间长、转速快，则叶肉叶脉分离形成"丝瓜瓢"，茎梗表皮脱落形成"脱皮梗"。而大部分叶片并不因为重压而成条，给品质带来不利影响。

3. 渥堆与黑茶品质的关系

渥堆是形成黑茶品质的关键工序，它与红茶的堆积"发酵"不同，而是堆大、堆紧、渥堆时间长，并先通过杀青，再在抑制酶促作用的基础上进行渥堆，这是黑茶特有的制造技术。

黑茶渥堆是酶、微生物、湿热作用的综合作用，引起叶内的内含物发生了一系列的深刻变化，尤其是多酚类化合物的自动氧化。影响渥堆的因素主要是水分、温度和氧气。渥堆应把握三个技术要点。

（1）保温保湿　适宜条件：空气相对湿度为 85% 左右，室温一般应在25℃以上，茶坯含水量在 65% 左右。如水分过多，易渥烂；水分过少，渥堆缓慢，且化学变化不均匀。

为了保持渥堆中水分不致散失或散失微小，除注意调节室内相对湿度外，可在堆面加盖湿布等物，尤其是在叶少堆小的情况下，通常要采取这种措施，既保持渥堆叶的含水量，又能促进化学变化。

在渥堆中，保湿也是形成品质优次的重要措施。杀青叶趁热揉捻，及时渥堆，都是保湿措施。

（2）堆实筑紧　渥堆要保温保湿，茶坯就要适当筑紧，但不能过度紧。因渥堆是在湿热作用下部分多酚类化合物的适度氧化，所以需要一定的空气，只需把成团的揉叶堆起，稍加压实即可。待堆 24h 左右，手伸入堆内感觉发热，茶堆表层出现水珠，叶色黄褐，嗅到有酒糟气或酸辣气，则应立即开堆复揉。

渥堆不足，叶色黄绿，粗涩味重；渥堆过度则显泥滑，再经复揉，则叶肉叶脉分离，形成"丝瓜瓢"，而且干茶色泽不润，香味淡薄。

（3）适度供氧　一方面是多酸类化合物的适度氧化需要氧气。另一方面在黑茶渥堆中，有青霉、黑曲霉、根霉等真菌类微生物繁殖，这些真菌类微生物具有氧化酶的特性，可代替多酚氧化酶，引起多酚类的变化，使叶色由暗绿色变为黄褐色。

综上所述，黑茶渥堆的实质，主要是在湿热作用下，多酚类化合物自动氧化的结果。即在一定保温保湿的前提下，随渥堆温度的增高，多酚类化合物氧化渐盛，叶绿素破坏增加，叶色由暗绿变成黄褐，黑茶品质基本形成。

4. 干燥与黑茶品质的关系

干燥是水分散失最多的一个过程。干燥中，多酚类化合物有少量的下降，由渥堆叶的 12.22% 降到毛茶的 11.93% 。叶绿素的变化最多，由渥堆叶的 0.88mg/g 降到毛茶的 0.28mg/g。两者变化，使叶色更加黄褐，多酚类减少是自动氧化的动力，而叶绿素的下降是因湿热分解作用，其次还有脱镁作用所致。

组成茶场的滋味是一切可溶性物质的混合体，在干燥过程中，虽然各种化学成分发生有增有减、有多有少的变化，但总的趋势是下降。如多酚类、水浸出物总量均有所下降，这使茶汤粗涩味进一步减轻而变得醇和。

黑茶干燥采取低温长烘，有利于品质的提高。

二、四川边茶加工

四川边茶生产历史悠久。据《宋史·食货志》记载，南宋光宗绍熙元年（公元 1190 年）四川边茶年产量达 12500t，约占当时全国产量的 50% 左右。后因四川茶税猛增，逐渐衰落，到公元 1371 年，四川茶叶产量仅为 500t 左右。为了加强对边茶的控制，明代以来统治阶级推行"茶马法"，分别在雅安和天全等地设立"茶马司"，垄断边茶贸易，管理茶马交换。后又改为"茶引制"，在川陕要道设立"批验茶引站"，规定茶商购茶 100 斤（1 斤 = 500 克），纳税 1000 文，领取"茶引"一道。清代乾隆年间（公元 1736—1795 年），边茶供不应求，又增税很多，并规定销路分为"南路边茶"和"西路边茶"。

（一）南路边茶

南路边茶是四川生产的、专销藏族地区的一种紧压茶，过去分为毛尖、芽细、康砖、金玉和金仓六个花色，现简化为康砖和金尖两个花色。过去主产于雅安和乐山两地，现已扩大到全省茶区，在雅安、万县、宜宾和重庆等地集中加工。

南路边茶原料粗老，且包含一部分茶梗。因鲜叶加工方法不同，把毛茶加工分为两种：杀青后未经蒸揉而直接干燥的称为"毛庄茶"或"金玉茶"，杀青后经多次蒸揉和渥堆后干燥的称为"做庄茶"。

1. 产品品质特点

南路边茶外形卷折成条，如辣椒形；色泽棕褐油润，如猪肝色；香气纯正，有老茶香；滋味醇和，汤色黄红明亮，叶底棕褐粗老，无落地叶和腐败枝叶。

2. 鲜叶要求

采当年"收颠红梗"（即嫩梢形成驻芽）和老叶，但不掺落地老叶和腐败烂叶、病虫叶。

3. 初制技术——传统制法

以做庄茶为例，传统工艺要经过一炒、三蒸、三揉（踩）、四堆、四晒、二拣、一筛共18道工序，最少也要14道工序。20世纪60年代以来，经过不断改进，革新工艺已简化成8道工序。品质以革新工艺为好，有耐泡、味正和香气高的特点。

传统制法工艺流程：锅炒杀青→渥堆→晒茶→蒸茶→揉捻（踩）→渥堆→拣梗→晒茶→蒸茶→揉捻（踩）→渥堆→拣梗→晒茶→筛分→蒸茶→揉捻（踩）→渥堆→晒茶。

（1）杀青　用直径96cm的大号锅，锅温300℃，投叶量15~20kg。先闷炒，后翻炒，翻闷结合，以闷为主，时间10min，鲜叶减重约10%。

用川-90型杀青机杀青，锅温240~260℃，投叶量20~25kg，闷炒7~8min，炒到叶面失去光泽、叶质变软、折梗不断并有茶香散出即可。

如温度过高、时间过长，易引起焦煳；杀青不足，则香气低闷，有水闷气。

（2）渥堆　又称为扎堆。其目的是使茶堆积发热，促使多酚类化合物非酶性自动氧化，使叶色由青绿转变为黄褐，从而形成南路边茶特有的品质特点。

渥堆是做庄茶的重要工序，进行3~4次。第一次是杀青后，杀青叶趁热堆积，时间8~12h，堆温保持在60℃左右，以叶色转化为淡黄为宜。以后每次蒸揉后都要进行渥堆，时间8~12h。作用是去掉青涩味，发出老茶香。堆到叶色转为深红褐色，堆面出现水珠，即可开堆。

如叶色过淡，应延长最后一次渥堆时间，直到符合要求时再晒干。

如渥堆不足，茶汤不红不亮，有粗青气；渥堆过度，汤色浑浊，有酸馊味。

（3）蒸茶　使茶叶受热后，增加叶片韧性，便于脱梗和揉茶。方法是将茶坯装于蒸桶内，放在铁锅上烧水蒸茶。蒸桶上口径33cm，下口径45cm，高100cm。每桶装茶12~15kg。

蒸到蒸盖汽水下滴，桶内茶坯下陷，叶变软即可。如蒸过久，茶叶易揉烂。

（4）揉捻　一般用55型揉捻机或用72-1型粗茶揉捻机揉捻。

一揉：使梗叶分离，不加压揉3min。

二、三揉：使叶片卷成条和促使叶细胞损伤，时间6~7min，边揉边加压，待有80%~90%的叶张卷成条状即可。

传统做法：蒸好茶后趁热倒入麻袋中，扎紧袋口，两人各提麻袋一头，将茶袋放在踩板上端，然后两人并立于茶袋上，从上到下用脚踩。两人脚步要齐，用力要匀，茶袋以缓慢滚动为好，不能过快。

（5）拣梗，筛分　第二、三次渥堆后各拣梗1次，对照规定的梗量标准，10cm以上的长梗都要拣净。第三次晒茶后，进行筛分，将粗细分开，分别蒸、揉、渥堆，然后晒干。

（6）晒茶（干燥）　每次渥堆后，茶坯都要摊晒。厚度6～10cm，每次晒后茶坯都要移到室内摊1～2h，使叶内水分重新分布。摊晒干度是做好做庄茶的关键之一，根据实践：第1次晒茶，晒到6～6.5成干（含水25%～35%）；第2次晒茶，晒到7～7.5成干；第3次晒茶，晒到7.5～8成干；第4次晒茶，晒到8.5～9成干（含水10%～14%）。现多用川型炒茶机炒干。

4. 初制技术——做庄茶的革新做法

革新制法工艺流程为：蒸汽杀青→初揉→初拣→初干→复揉→渥堆→复拣→足干。

（1）蒸汽杀青　将鲜叶装入蒸桶内，放在沸水锅上蒸，待蒸汽从盖口冒出，叶质变软即可，时间8～40min，如有锅炉蒸汽发生器，则仅需1～2min。

（2）揉捻　分2次揉，现多用机揉。鲜叶杀青后，趁热初揉，目的是使茶梗分离，不加压，揉1～2min即可，揉捻后茶坯含水量为65%～70%，进行初干，使含水量降到32%～37%，趁热进行第2次揉，时间5～6min，边揉边加轻压，以揉捻成条而不破碎为度。

（3）渥堆　自然和加温保湿渥堆两种。

自然渥堆：将揉捻叶趁热堆积，堆高1.5～2m，堆面用席密盖，以保持温湿度，约经2～3d，茶堆面上有热气冒出，堆内温度上升到70℃时，应翻堆1次，将表层堆叶翻入堆心，重新打堆，再经过2～3d，堆面又出现水蒸气结成的水珠，堆内温度再次上升到60～65℃时，叶色变为黄褐色或棕褐色，即为渥堆适度，开堆拣去粗梗进行第二次干燥。

堆内温度不能超过80℃，否则堆叶会被烧坏变黑，不能饮用。

加温保湿渥堆：在特制的渥堆房内进行，室内温度保持在65～70℃，相对湿度保持在90%～95%，空气流通，在制品的含水量为28%。渥堆过程仅需36～38h即可达到要求。不仅时间短，而且渥堆质量好，可提高水浸出物含量2%，色香味都好。

（4）干燥　渥堆后的茶坯，含水量在30%以上，而做庄茶含水量要求为12%～14%，所以，渥堆后必须干燥。

干燥分2次，第1次含水量达32%～37%，第2次达12%～14%。一般使用机器烘干或炒干。

5. 南路边茶压制

现在康砖（品质较高）和金尖（品质较差）两个产品年产7500t，主销西藏、青海、四川甘孜藏族自治州。

（1）成品茶规格

①康砖茶：为圆角长方形、块重0.5kg，每包10kg，色泽棕褐，香气纯正，滋味醇正，汤色红褐，叶底花暗较粗，含梗8%，其中灰分7.5%，杂质不超过0.5%。

②金尖茶：为椭圆枕形，块重2.5kg，每包重10kg，香气平和，滋味醇正，汤色棕褐，叶底暗褐粗老，其中含梗15%、灰分8.5%、杂质1%、水浸出物21%以上。

（2）蒸压技术　两种产品均包括毛茶整理、配料拼配、蒸茶筑压、成品包装四大工序。

①原料处理：南路边茶的原料分毛茶和做庄茶两种，做庄茶在初制中已经过了渥堆发酵过程，可直接进入筛分。毛庄茶在初制中没有经过这一过程，所以，毛庄茶在蒸压前应：

a. 发水。用45℃左右的温水将茶喷淋，搅拌均匀，使含水量在25%～26%，然后堆放24h。

b. 蒸揉。控制水分的增加和茶叶温度，使蒸揉后的含水量在30%左右。

c. 渥堆。要减缓水分的蒸发，茶堆以1.8m高为宜，不宜太矮，翻堆不宜过频，堆面要翻入堆心，避免出现花杂。然后才能进行筛分。

经过筛分整形，制成面茶和里茶，要求形状匀整，清洁卫生，面茶必须成条，里茶叶形较完整。筛网规格如表7-1所示。

表7-1　康砖茶筛分筛网配置规格

品种	里茶		面茶	
	筛孔/cm	割片/cm	筛孔/cm	割片/cm
康砖	2	80孔/2.54	4孔/2.54	16孔/2.54
金尖	3	80孔/2.54	2	1

金尖面茶的整理：用一、二级做庄原料，经抖（粗细）筛和平（长短、大小）圆筛取孔径2.6cm筛下和0.8cm筛上的部分，风选除杂后即可。

康砖面茶的整理：用四级以下粗老的毛茶，通过平面筛取4孔筛下和6孔筛上茶，经风选拣剔后即可。

一般粗老茶，首先通过平面圆筛机筛分。筛网根据成品规格要求选配，作康砖配料，用孔径2.5cm的筛网；作金尖配料，用孔径3～3.5cm的筛网。两者均用80孔筛隔除灰末。

②配料：压制南路边茶的毛茶较多，有做庄茶、级外晒青毛茶、条茶、尖茶、茶梗、茶果外壳、花蕾等。各地毛茶水浸出物含量差异很大，配料要分别

测定各地毛茶的水浸出物含量，然后根据国家规定的各种成品茶水浸出物含量标准及其消费者对成品茶的品质要求，如汤色、滋味、耐熬程度预先制定一个配料比例，并按下式进行测算：

$$W = X_1 Y_1 + X_2 Y_2 + \cdots + X_n Y_n + K$$

式中　W——成品茶水浸出物总量

　$X_1 \cdots X_n$——各种毛茶拼配比例

　$Y_1 \cdots Y_n$——各种毛茶水浸出物含量

　　K——常数（K 的经验值为 +1）

按此式算出配料后，即可拼配（均匀），面茶和里茶应分别堆放，拼配后含水量应控制在 10% ~ 12% 为宜。

③称砖：为了保证每块砖茶质量符合标准，蒸压前须按规定质量称足，并根据实际含水量和半成品损耗率，按以下公式计算每块茶砖应称的半成品质量：

每块茶砖应称的半成品质量 = 每块茶砖标准质量 ×

$$\left(\frac{1 - 成品茶砖水分标准}{1 - 配料含水量} + 半成品损耗率 \right) - 晒面茶质量$$

每块茶砖标准质量是：康砖每块 0.5kg，金尖 2.5kg/块。

④蒸茶：目的是使配料变软，便于筑紧，每次在高压蒸汽下蒸 30 ~ 40s，然后倒入模型中。

⑤压制：目前大多数茶厂使用夹板锤舂包机筑压。先将长条形篾包（俗称茶斗）装入模子里，扣紧模盒，按开斗口，撒入面茶，再将蒸好的黑茶均匀地倒入斗内，开动舂包机冲压 8 ~ 10 次，再撒入与开始数量相同的面茶，并用度杆放好篾页，即为第一块砖茶，然后依次重复操作，康砖每包 20 块，金尖每包 4 块，冲完一包随即关闭电源，用竹钉封好包口，启开模盒，取出茶包，新压制的需要堆放 4 ~ 5d，冷却定形，待水分达到出厂标准方可倒包进行包装。

1974 年，雅安茶厂与贵州桐梓茶厂协作，创制南路边茶 7410 - 1 型联合压茶机，实现砖茶压制、退砖、冷却定形连续自动化。

1977 年，雅安茶厂在 7410 - 1 型边茶自动压茶机基础上，引进电子秤和电磁震动槽等设备，制成 YA - 771 型边茶自动压茶机，实现送料、称茶、蒸茶、脱模、退砖、冷却连续作业。

⑥产品包装：贴上商标纸，用牛皮纸包装送烘房烘干。封后用麻袋包装。

（二）西路边茶

西路边茶简称西边茶，系四川灌县、北川等地生产的边销茶，用竹包包装。其中灌县所产的为长方形包，简称方包茶；北川所产为圆形包，称为圆包茶（现已改为方包茶）。

西边茶，鲜叶较南路边茶更粗老，其成品有"人民团结牌"茯砖和方包茶两个品种。现集中在邛崃、都江堰、平武、北川等地茶厂加工，主销四川阿坝藏族自治州及青海、甘肃、西藏等省区，年产量近3000t左右。

1. 产品品质特点和鲜叶要求

西边茶原料比南边茶更粗老，以刈割1～2年生枝条为原料，是一种最粗老的茶叶。产区一般实行粗细兼采制度。一般在春茶采摘一次细茶后，再刈割边茶。有的一年刈割1次，称为"单季刀"，边茶产量高，质量也好，但细茶产量较低。有的2年刈割一次边茶，称为"双季刀"，有利于粗细茶兼做，但边茶质量较低。有的隔几年刈割一次边茶，称为"多季刀"，茶枝粗老，质量差，不能适应产销要求。

茯砖茶以手采老叶或修剪枝叶，杀青后直接干燥而成的毛庄金玉茶为主要原料，因未揉捻，茶汁不易熬出，色泽枯黄，品质较差，目前已用做庄茶代替毛庄金玉茶为原料。

方包茶则以采割1～2年生茶树枝条，晒干后为主要原料，含梗量多达60%。

2. 西路边茶初制技术

（1）手采老叶初制 分杀青、揉捻、渥堆、干燥四道工序。

杀青：锅温220～260℃，投叶15～20kg，翻炒3～4min到叶片变软，折梗不断，叶色暗绿，并发出清香时即为适度。因原料粗老，含水量低，杀青要洒水，一般每10kg鲜叶洒水1kg。

揉捻：杀青叶趁热装入揉捻机，加压应"轻→重→轻"，揉时13～18min，当茶条卷曲、老叶皱折时即可。

渥堆：基本方法同做庄茶，时间约18～24h，中间翻拌2～3次，当叶色黄褐、青气消失时即为适度。

干燥：多为日光晒干，也可用机器，含水量小于14%。

（2）修剪枝叶初制 分蒸青、渥堆、脱梗、揉捻、干燥、梗子去杂、切短和干燥等工序。

蒸青：一般用铁锅蒸青。当叶色黄绿、叶质变软时即可。

渥堆：方法同南路边茶。

脱梗：渥堆后，再将梗上叶片抖落，使叶梗分离，然后分别处理。

揉捻与干燥：分离出来的叶片马上进行揉捻和干燥，方法同南路边茶。

将分离出来的梗子中的白梗、麻梗剔除，红苔绿梗切成3cm左右的小节，再行干燥，至含水量小于14%。

3. 西路边茶压制

（1）成品茶规格

①西路茯砖茶：长方形砖茶，规格35cm×20.6cm×5.3cm，块重3kg，件

重 48kg，色泽黄褐有花，香气纯正，滋味醇和，汤色红尚明亮，叶底棕褐较匀，茶中含梗 20%、灰分 9%、杂质 1%。

②方包茶：为长方形篾包筑制，包体 68cm×50cm×32cm，重 35kg，梗多叶少，色泽棕褐，香味略带焦粗涩、汤色浅红略暗，叶底粗老黄褐，含梗 6%、灰分 9%、杂质 1%。

（2）蒸压技术——茯砖茶的加工技术　分毛茶整理、蒸茶筑砖、发花干燥、成品包装四道工序。

①毛茶整理：茯砖茶配料：金玉茶（毛庄茶）84%，青毛粗茶 5%，茶果外壳 5%，黄片 5%，茶末 1%。付制前，原料需经过整理。

碎断：茶梗用铡刀切断，长短不超过 3cm，其他大小不过 1cm。

配料：茯砖的毛茶种类很多，付制前要经过毛茶品质审评，根据香气、汤色、滋味及"熬头"进行拼配。

蒸茶、渥堆：按以上比例拼配后，经蒸热和渥堆始能筑压。邛崃茶厂已实现碎茶、蒸茶、渥堆机械化联动作业。毛茶经切茶机切碎后，由输送带送入蒸茶机内，蒸茶机为圆形，分 12 格，每格容茶 2.5kg，自动回转，依次装茶、蒸茶、出茶、每格茶在约 300kPa 压力的蒸汽中蒸 80s，即自动转出落在梭槽上，流入"渥堆"室，堆积约 1000kg 左右时，将茶堆扒平，然后将另行蒸好的其他毛茶按上述比例倒在大堆上，依次堆成 2~3m 高的大堆（约 10000kg），将堆面拍紧，用棕垫或麻袋覆盖，以保持温湿度。蒸好的茶坯含水量 18%~20%，堆内温度保持 60~70℃。渥堆时间 24~48h，以茶坯呈黄褐色，香味醇和，不带青涩味为适度。渥堆适度后，及时开堆散热。

②蒸茶、筑砖：分称茶、蒸茶、筑砖三道工序。

称茶：按计算公式计算好每块茶砖配料质量，校正衡量，将配料混合均匀，准确称量。

蒸茶：称出每块砖茶配料，倒入贮茶斗，同时加入用茶梗熬的汁液 0.5kg，经拌料机拌和均匀，即落入圆形蒸茶器，在约 150kPa 压力的蒸汽中蒸 30s，茶即自动由蒸茶器输送到筑砖机，装好纸袋的木模中。

筑砖：待衬好纸袋的木模中装有 1/3 的蒸料时，筑砖机开始交替筑压，以 56 次/min 的频率冲压 30s 后停止冲压，封好砖口，打开木模，取出茶砖，经验收合格即送入烘房进行发花干燥。

③"发花"干燥：发花技术措施与湖南茯砖大致相同。所谓发花，就是茯砖上自然接种灰绿曲霉的有性孢子在茶砖上的生长发育过程。

由于灰绿曲霉的生长发育中会产生多种多酚氧化酶、淀粉水解酶，促进了茶叶中多酚化合物的氧化缩合和糖的水解，使茶叶中没食子儿茶素、没食子酸酯氧化为 TF、TR 等物质，淀粉转化为葡萄糖和果糖，使茯砖的汤色变为黄红明亮，滋味甘醇可口。

在发花中，产生的金黄色有性孢子（金花）越多，这种转化越好，茶叶香气、滋味、汤色也就更高。据浙江农业大学研究人员的测定，茯砖中的灰绿曲霉还具有消化脂肪和某些具有药理作用的酶活力存在，对人体健康有良好的作用，值得进一步分析研究。

发花最适的温度为 25 ~ 28℃，空气相对湿度为 75% ~ 85%，含水量为25% ~ 30%，茶砖松紧适度，筑压均匀，掌握好上述条件，可使发花正常。否则会产生青霉、严重影响茯砖质量。

整个发花干燥过程可分为低温、中温、高温、干燥四个阶段，各阶段时间长短和温湿度掌握范围如表 7 - 2 所示。

表 7 - 2　茯砖发花、干燥各阶段的温湿度

项目	时期			
	金花初生期	茂盛期	后熟期	干燥期
时间/d	4	8 ~ 10	4	2 ~ 3
温度/℃	25 ~ 26	27 ~ 28	29 ~ 30	31 ~ 40
相对湿度/%	85 ~ 75	75 ~ 70	70 ~ 65	50 ~ 40

④成品包装：待干燥达到规定的水分标准即可包装。按规定封好袋口，打成每包净重 24kg。

（3）蒸压技术——方包茶的加工技术　这是以筑制在方形竹包中而得名的一种较粗老的蒸压茶。每包重 35kg，主销四川阿坝、甘肃、青海等地。分毛茶整理、炒茶筑包、烧包晾包三大工序。

①原料整理：分切铡筛分，分别配料等工序。

切铡：先将非茶类杂质和粗枝老梗剔除干净，然后用铡刀或切茶机将茶梗切成短节，长度不超过 3cm，直径不超过 0.3cm。

筛选：用孔径为 2.7cm 的筛网筛分，筛下部分称作"末子"，再用孔径为0.15cm 的筛网隔除灰末，筛面茶选出长短和粗老梗子后，称作"面茶"，末子和面茶分别堆放和配料。

配料：先按梗子 60%、叶子 40% 的比例拼配，再以 60% 面茶（蒸料）和40% 末子（盖料）拼配，盖料不蒸。

②蒸茶渥堆：将蒸料装入蒸桶，在沸水锅（105 ~ 107℃）内蒸 6 ~ 7min，以蒸到叶子柔软为度，此时含水量可达 22% ~ 24%。

渥堆方法：先在竹席上铺一层盖料，厚约 3cm，再铺一层蒸料，将蒸料和盖料间隔堆放，层层拍紧，渥堆 1 ~ 2d，待叶片变成油褐色，具有老茶香为止。

③称茶与炒茶：

称茶：每炒3锅筑成1包（每包35kg），每次称量应为每包质量的三分之一。称茶量按茯砖计算公式计算。

炒茶：将称好的配料放入锅温300℃锅内进行炒制，入锅后即加入煮沸的茶汁0.5kg，使茶叶柔软，减少焦末。方法是边倒茶汁边翻炒，约经1min，叶温可达90℃，含水量20%左右，锅内发出浓厚白烟时，立即出锅，趁热筑包。

④筑包：先将竹包装入筑包机的木模内，将炒制的三锅茶分次趁热倒入竹包内，开动筑包机分层筑紧，包口钉牢，贴上商标。

⑤烧包和晾包：是筑包后的渥堆和干燥过程，对品质的形成具有重要作用。

烧包是筑包以后堆积氧化，促使内质转化的过程。方法是将茶包重叠紧密排列，堆成长方形，高约3m，夏秋季堆放3～4d，冬春5～6d，中途翻堆一次。

晾包是方包茶的自然干燥过程，将烧包以后的茶包移到通风良好的地方堆放成品字形，包与包之间有6～10cm的间隙，高度不超过4m，晾包时间20～30d，晾包后茶叶含水量16%～20%，晾包堆置，待运出厂。

三、新型黑毛茶加工

（一）产品品质特征

新型黑毛茶的外形条索尚紧、匀整，色泽黑润，香气纯正浓，滋味醇厚，汤色橙黄浓，叶底尚软、黄亮。

（二）加工技术

工艺流程：鲜叶采摘（→摊放）→杀青→揉捻→渥堆（→初烘）（→复揉）→干燥→储藏。

1. 鲜叶采摘标准与管理

鲜叶标准以一芽三、四叶，同等嫩度的单片叶、对夹叶。茶园鲜叶及时分批分期采摘，鲜叶匀净、新鲜和清洁卫生，不夹带非茶类杂物，进厂的鲜叶严格按标准验收，划分等级、及时摊放，防止鲜叶机械破损和发热红变等。

2. 摊放

用具：将鲜叶及时摊放在专用的摊放架或通风槽，及时散热处理。

摊放方法：把鲜叶抖散摊平，使叶子呈自然蓬松状态，厚度不超过40cm，并适时翻动，防止发热红变。

摊放时间：根据鲜叶含水量及气温，可以摊放4～8h，也可以在鲜叶进厂冷却后随即杀青。贯彻"嫩叶重摊，老叶轻摊"的原则。

3. 杀青

设备：采用 60 型、80 型连续滚筒杀青机，或 110 型、120 型瓶炒机进行杀青。

温度：先高后低，连续杀青机进叶口温度达到 220℃ 左右（不同型号和生产厂家的机器所测温度位置不一样，温度差异也很大，根据实际情况灵活掌握）。

投叶量：以 80 型连续杀青机为例，每小时投放鲜叶量 350 ~ 400kg。粗老叶在杀青前洒 5% ~ 8% 的清水。

杀青时间和程度：以杀匀杀透为原则，连续式滚筒杀青机以 65 ~ 75s 为宜，瓶炒机 3 ~ 5min/锅，杀青叶色泽暗绿，青草气消失，茶梗折而不断。杀青叶的含水量降至 62% ~ 65%。

4. 揉捻

设备：55 型、65 型等揉捻机。

投叶量：以自然装满揉捻机揉桶为宜，揉捻前用手将揉捻叶适当轻压。

揉捻时间：杀青叶不需冷却，趁热立即揉捻，时间 30 ~ 35min。

揉捻力度：揉捻加压掌握由轻到重的原则，先空揉 10min，然后轻揉 10 ~ 15min，重揉 5 ~ 10min，再轻揉下机。

程度：一芽三、四叶确保揉捻叶成条率达到 80% 以上，粗老叶叶片变皱缩和柔软。贯彻"嫩叶重揉，老叶轻揉"的原则，防止产生片、碎、末茶和脱皮梗。

5. 渥堆

渥堆室：采用专用发酵室，室内地面和墙壁采用木板制作，配有增温增湿和通气装置，放置温湿度计，室内温度控制在 25℃ 以上，相对湿度应保持在 85% 左右。

方式：在发酵室地面铺上湿棉布，将揉捻叶放置在湿棉布上，堆高 50 ~ 60cm，粗老叶堆高可达 70 ~ 80cm，茶堆形状为长方体或正方体，堆好后放入温湿度计，再将湿棉布覆盖在茶堆上。每隔 2h 观察一次温湿度及发酵程度，根据茶堆温度和发酵程度适时翻堆，较嫩叶在温度达到 48℃ 进行翻堆，粗老叶达到 55℃ 时进行翻堆。

时间：15 ~ 24h。

发酵程度：茶叶色泽由暗绿转化为淡黄色，有酒糟香刺鼻和酸辣味时，成熟叶呈竹青色，叶脉显现为适度。

6. 初烘

采用烘干机使渥堆叶失水，烘干机温度 60 ~ 70℃，摊叶厚度 2 ~ 3cm，时间 8min 左右，初烘后回潮，时间掌握 1h 左右。

7. 复揉

为了提高成条率，将发酵叶复揉。发酵叶置于揉捻机中进行复揉，投叶量掌握揉桶高度 4/5 余为适宜，时间掌握 30min 左右，空揉 10min 左右，轻揉 10min 左右，重揉 5min 左右，减压 5min 左右即可。

8. 干燥

干燥方式：采用烘干或晒干，阳光不足时可以先采用烘干机毛火后再晒干。

（1）烘干 采用先毛火后足火，温度先高后低。毛火高温快烘，毛火烘干机温度 120 ~ 150℃ 为宜，达到七至八成干。足火采用低温，烘干机温度 80 ~ 90℃，茶叶含水量达到 8% 左右，以茶叶有刺手感，手握有清脆的响声为度。

（2）晒干 把晒垫置于晒坝中，将茶叶摊放在晒垫上，厚度 3 ~ 4cm，中途翻拌一次，晒至含水量 8% 左右，以茶叶有刺手感，手握有清脆的响声为宜，放置室内摊凉后（时间 1h 左右）即可装袋。

9. 储藏

茶叶干燥完成后采用布袋加塑料内袋装好，内袋要求扎口。运送到原料储藏室存放，存放过程中经常检查茶叶质量，防止霉变，确保茶叶自然陈化。

小 结

黑茶的炒制技术和压造成型的方法不尽相同，包括渥堆变色、高温汽蒸、压造成型等。

黑茶渥堆的实质主要是在湿热作用下多酚类化合物自动氧化的结果。即在一定保温保湿的前提下，随渥堆温度的增高，多酚类化合物氧化渐盛，叶绿素破坏加盛，叶色由暗绿变成黄褐，黑茶品质基本形成。

本部分内容主要介绍了四川南路边茶生产加工技术，四川西路边茶生产加工技术和新型黑毛茶加工技术。

项目八　乌龙茶加工技术

知识目标

（1）掌握乌龙茶品质形成的基本知识、基本理论；掌握乌龙茶加工过程中物质变化的规律，相应的加工工艺及技术措施与品质形成的关系。

（2）掌握安溪铁观音和武夷岩茶的加工工艺流程、技术参数、要求和操作要领。

（3）初步掌握台湾乌龙茶、广东凤凰单枞的加工工艺流程、技术参数、要求和操作要领。

技能目标

（1）基本具备按照安溪铁观音和武夷岩茶的加工工艺流程确定技术参数，进行加工操作的能力。

（2）初步具备按照台湾乌龙茶、广东凤凰单枞的加工工艺流程、技术参数，进行加工操作的能力。

必备知识

乌龙茶又名青茶，就制茶过程中鲜叶内含成分的转化而言，乌龙茶介于抑制多酚类酶促氧化作用的绿茶与促进多酚类酶促氧化作用的红茶之间，即发生多酚类的部分酶促氧化作用（部分发酵），遂形成乌龙茶特有的品质风韵——香高、味醇、绿叶红镶边。

一、乌龙茶的特点

乌龙茶起源于福建，主产于我国的福建、台湾和广东三个省份。除此之外，近年来湖南、江西、四川等省也有少量生产。乌龙茶以福建乌龙茶最负盛名，著名的有安溪铁观音、武夷岩茶等产品。台湾乌龙茶主产于台北、新竹、南投等地，产品包括包种茶、椪风茶、乌龙等。广东乌龙茶主要产于粤东饶平地区，著名产品有凤凰单枞，较次的为浪菜、水仙。

乌龙茶的品种花色众多，大部分以茶树品种命名。乌龙品种采制的称为乌龙，水仙品种采制的称为水仙，铁观音品种采制的称为铁观音。同一茶树品种因生长地区不同质量大不一样，所以在乌龙茶品种花色之前都冠以地区名称加以区别。如水仙有武夷水仙、闽北水仙、闽南水仙、广东凤凰水仙等，铁观音有安溪铁观音、华安铁观音、台湾木栅铁观音等。

为了方便对外贸易，除了最优和最差的品种外，其余的良种混合采制成一个花色品种，称为"色种"。

乌龙茶的品种花色随着生产科研的深入和市场的需求而不断发展。近些年来，安溪黄金桂（黄棪品种制成）、武夷水仙和武夷肉桂已成为乌龙茶类中的高级名茶。

（一）产品品质特点

乌龙茶外形条索粗壮紧实，色泽青褐油润，具有天然花果香，滋味醇厚耐泡，叶底呈青色红边，有别于其他茶类。此外，各个花色品种又有其特殊的品质风格，别具一格。如安溪铁观音滋味鲜浓，饮后生津回甘，具有优雅的兰花香，高长，有特殊的"音韵"；武夷岩茶花果香浓郁，滋味浓醇甘爽，齿颊留香，俗称"岩韵"；武夷肉桂有类似于高级桂皮的香味；金萱乌龙茶犹有一种奶香……这些特殊风味是由于各个品种的鲜叶内含物含量及比例不同所致，同时也与制造技术关系密切。

（二）鲜叶特点

乌龙茶的鲜叶要有一定的成熟度，不要太嫩，也不要过于粗老。还要保持新鲜，不损伤。乌龙茶原料的采摘要求新梢形成驻芽，采摘驻芽梢开面的二、三叶或三、四叶，俗称"开面采"。供制乌龙茶的鲜叶采摘标准闽南采摘驻芽二、三叶，闽北采摘驻芽三、四叶。开面采，按新梢伸展程度不同又有小开面、中开面和大开面之别。小开面指驻芽梢的第一片叶的叶面积约相当于第二叶的1/2；中开面指驻芽梢的第一叶的面积相当于第二叶的2/3；大开面指驻芽梢顶叶的叶面积与第二叶相似。

乌龙茶鲜叶采摘标准要求有一定的成熟度，要求不老也不嫩的原因如下。

（1）工艺效应　乌龙茶初制工艺中特有的做青工序，要求生叶发生摩擦、损伤作用。但这仅局限于生叶的叶缘部分，而对于枝梗、叶面等部分又要维护其完整性，以便生叶在做青阶段完成"走水"等一系列物理及生化变化。因此，做青阶段既要求叶组织有一定的损伤，又必须保有细胞组织的生命力。成熟度较高的驻芽梢，叶结构的表皮角质层较厚，具有较佳的耐磨性以符合做青工艺的特殊要求。如果采摘偏嫩的芽梢，因嫩叶的叶表皮角质层较薄，就容易形成"焦层"或"死青"，也就无法顺利完成做青阶段的一系列理化变化。

（2）品质效应 一定成熟度的新梢，具有良好的乌龙茶的品质效应。新梢不同部位的叶片中与品质有关的主要化学成分含量不同。随着新梢伸育，叶片的生长成熟，醚浸出物、类胡萝卜素含量逐渐增加，茶多酚类含量渐趋减少（表8-1）。

表8-1 新梢各部位化学成分含量

成分	第一叶	第二叶	第三叶	第四叶	成熟叶
醚浸出物含量/%	6.98	7.90	11.35	11.43	—
类胡萝卜素含量/%	0.025	0.036	0.041	0.041	0.126
β-胡萝卜素含量/%	0.006	0.007	0.008	0.008	0.050
茶多酚含量/%	36.79	35.73	30.27	27.38	18.76
非酯型儿茶素含量/（mg/g）	20.00	28.92	37.27	38.88	—
酯型儿茶素含量/（mg/g）	80.00	71.08	62.73	61.12	—
还原糖含量/%	0.46	1.34	2.39	2.56	—

资料来源：王汉生.《乌龙茶制造生化原理》第一讲. 广东茶叶科技，1984.

由表8-1可知，醚浸出物含量与茶叶香气呈正相关，含量高则香气也高。醚浸出物中的类脂包括脂肪、萜烯类、树脂、磷脂、蜡质等。脂肪降解可形成香气成分，萜烯类也是香气成分之一，也都是伴随着芽叶的生长而有所增加。

类胡萝卜素的含量随着新梢的伸育成熟而增加，特别是叶片成熟老化时，β-胡萝卜素、叶黄素、玉米黄素都显著增加。类胡萝卜素通常被认为是茶叶制造中可能转化成高香成分的一类物质，例如可转化形成β-紫罗酮、茶螺烯酮、二氢海葵内酯等，前者具有紫罗兰香，后两者在茶汤中哪怕含有微量也会形成明显的香气特征。

多酚类总量随着新梢伸育而减少，鲜叶在乌龙茶的萎凋、做青工序中，氧化程度相对较弱，便于工艺技术的掌握。而且在多酚类组成中，苦涩较强的酯型儿茶素相对含量随着新梢伸育而减少。苦而微甜、涩感微弱的非酯型儿茶素相对含量随着新叶伸育而增加，有助于乌龙茶醇和滋味的形成。

成熟叶肉细胞内含叶绿素增多，光合作用效率高，大型淀粉粒、糖和全果胶量增加赋予乌龙茶甜味和汤厚感。

采摘成熟度较高的芽梢恰好与乌龙茶香高味醇的特征相适应，所具备的化学物质基础符合乌龙茶品质要求。但在大面积生产情况下，为抑制"洪峰期"，调节劳力和防止粗老，采摘宜适当提早，即所谓"前期适当早，中期刚刚好，后期不粗老"。通常是以小开面开始至大开面结束。

（三）制法特点

乌龙茶品质特征的形成，除了鲜叶要满足要求外，还需制造技术相配合。乌龙茶的制造过程包括萎凋、做青、炒青、揉捻、干燥等工序。其中做青是乌龙茶的特有工序，是乌龙茶品质特征形成的关键工序。

做青既与萎凋相关联，又与炒青相关联，也就是说做青作业不是孤立存在，乌龙茶的品质优劣与萎凋、炒青的技术关系密切。揉捻和干燥同样是不可缺少的工序。从萎凋到干燥，它们之间前后联成一个整体，萎凋要为做青打基础；炒青不仅是要及时停止做青的化学变化，还要完成应有的热化学反应，并为揉捻准备条件；揉捻在造型的同时又要防止湿热作用对制茶品质的不利影响，干燥既去水分还要完成做火候，发展香味。

这些制茶技术的掌握，必须根据各茶树品种鲜叶的特性、火候情况和所使用的设备而灵活运用，否则要形成各种花色品种的特殊风味是不可能的。

二、武夷岩茶加工

武夷山是世界自然与文化遗产保护地。武夷岩茶是中国乌龙茶的代表之一，其历史悠久，品质优异，文化内涵丰厚，有独具特色的"岩骨花香"之"岩韵"，被称为乌龙茶中的珍品。

武夷山位于福建省东北部武夷山市境内，北纬27°15′，东经118°01′，方圆60km²，平均海拔650m，周皆溪壑，与外山不相连接，由三十六峰、九十九岩及九曲溪所组成，自成一体。武夷山以其独特的丹霞地貌形成"三三秀水清如玉，六六奇峰翠插天"的自然景观而位尊八闽、秀甲东南，素有"丹山碧水"之美誉。茂密的植被和风化的岩石为茶树土壤带来丰富的有机质和矿物元素，故称岩茶。岩壑常年云雾缭绕，大气相对湿度在80%以上，日照短，昼夜温差大，年均气温在18.5℃左右，为茶树内含物的形成与积累提供了良好的自然环境，是成茶品质成因的基础。

（一）产品品质特征

外形条索壮结匀净，色泽砂绿蜜黄，带蛙皮小白点，鲜润泛"宝色"。香气具岩骨花香，馥郁幽长，滋味醇厚鲜滑，回甘润爽，独具"岩韵"。汤色橙黄略深，显金圈，叶底肥厚柔软，叶缘朱砂红。叶片中央淡绿泛青，呈绿腹红边，鲜艳瑰丽。

（二）产品类别

以生态条件与茶树品种相结合进行分类，两者并用。

（1）在《地理标准产品 武夷岩茶》（GB/T 18745—2006）中，根据生态条件，武夷岩茶产区按原材料地域不同划分为两个产区，即名岩区（区域为武夷山风景区）和丹岩区（区域为武夷山市境内其他地区）；再具体划分，可分为岩茶（又分正岩与半岩）、洲茶、外山茶。正岩也称大岩，武夷山三坑两涧（即牛栏坑、慧苑坑、大坑口、流香涧、悟源涧）所产的，称正岩茶；半岩，也称小岩，武夷山范围内，三坑两涧以外和九曲溪一带山岩所产的，称半岩茶。产于平地和沿溪两岸的，称洲茶。武夷山风景区以外及武夷山毗邻一带所产的，称外山茶。

（2）根据茶树品种分类，可分为水仙、肉桂、大红袍、名枞、奇种等。将生态与品种结合命名，如岩水仙、岩奇种；洲水仙、洲奇种；外山水仙，外山奇种。奇种是指武夷山有性群体茶树，从中选择优良单株单独采制者，称为单株奇种，品质特优。株数稍多者称为名枞。名枞又为岩名枞和普通名枞，如天心岩的大红袍、竹窠岩的铁罗汉、慧苑坑的白鸡冠、牛栏坑的水金龟，号称"四大名枞"。近年来，大红袍采用扦插繁育，面积已经达到4万多亩，在《地理标准产品 武夷岩茶》（GB/T 18745—2006）中已将其作为一个品类单独列出。普通名枞有金锁匙、十里香、不知春、吊金钟、金柳条、不见天、半天夭、瓜子金等。近代引进的优良品种，如肉桂、乌龙、奇兰、梅占、铁观音、佛手、桃仁、毛蟹等，均为品种茶，品质各具特色。

目前，武夷岩茶的主要品种为水仙和肉桂。水仙原产于福建省建阳县（今建阳市）水吉镇大湖村一带，所制岩茶具有天然的花香，滋味浓郁醇厚，汤色浓艳清澈；肉桂的桂皮香明显，佳者带乳香，香气持久耐泡，入口醇和鲜爽，汤色橙黄清澈，叶底黄亮，条索紧结卷曲，色泽褐绿，油润油光。

（三）鲜叶采摘

武夷岩茶采摘要求严格，鲜叶较成熟，采取"看青做青"，并控制焙制各工序的进程，以达到最佳的毛茶品质。

武夷岩茶根据工艺与品质的要求，鲜叶要求开面采，无叶面水、无破损、新鲜、均匀一致，其中以中开面、大开面三叶质量最优，所制成茶品质最好。鲜叶过嫩，成茶外形细小，香气低淡，滋味涩，品质差。鲜叶过老，成茶外形粗松，香粗味淡，品质也差。大规模生产须根据品种、季节和劳力状况灵活调节。劳力不足，可提早开采，从小开面采起。劳力充足时，可待中开面后开采。从品种与季节看,春茶水仙应大开面采,肉桂、奇种则中开面采品质最佳。夏秋季节,新梢持嫩性差,水仙中开面采,肉桂、奇种小开面采对品质有利。大生产必须根据劳力情况进行适当调节,以保证鲜叶质量,这是生产优质武夷岩茶的前提。

武夷茶区春茶于立夏前 3~5d 开山(即开采),夏茶于夏至开采,秋茶立秋后采摘。春茶香高味厚,品质最优;秋茶香气高锐而味薄,品质次之;夏茶香低味较苦涩,品质较差。

武夷岩茶采摘时鲜叶要严格分清岩别、等级,如名岩名枞、普通名枞及品种茶要分别采摘,分别摊放,分开焙制。同一批次,不同地片(如不同岩坑、朝阳或背阴等)均要严格分开管理与付制,以便根据鲜叶不同特点采取相应的制茶工艺,发挥鲜叶品质特点,达到制茶、香味兼优的高级岩茶。

(四)初制加工技术

武夷岩茶有手工、机制和机械手工混合制法,工序分萎凋(晒青或加温萎凋)、做青、炒青、揉捻、烘焙五大工序。

手工制法较精细,可分为晒青、晾青、做青(包括摇青、做手、静置)、炒青、揉捻、复炒、复揉、走水焙、扇簸、凉索、拣剔、足火、团包、炖火等工序。做青(或加温萎凋)是诱导岩茶香味形成的基础工序,做青与炒青是岩茶品质形成与固定的关键工序,而烘焙是完成与发展岩茶韵味与色泽的重要工序,从而形成岩茶特有的"岩骨花香"和"醇厚甘滑"的品质。

1. 萎凋

萎凋是焙制岩茶的第一道工序,也是形成岩茶香味的诱导工序。当萎凋叶顶部叶片萎软时,基部梗脉仍保持充足的水分,它是走水还阳的物质基础与动力。萎凋的方法包括晒青(日光萎凋)、加温萎凋、室内自然萎凋等,生产上主要采用前两种。晒青历史短,节省能源,萎凋效果最佳;加温萎凋又分为综合做青机萎凋和萎凋槽萎凋两种方式,历时较长,萎凋不均匀,茶青损伤较为严重。

晒青:晒青是利用光能与热能促进叶片水分蒸发,使鲜叶在短时间内失水,形成顶部与基部梗叶细胞基质浓度增加,促进酶的活化,加速叶内物质的化学变化。

春茶通常在上午 11 时前和下午 2 时后进行晒青,这时阳光较弱,气温较低(不超过34℃),不易灼伤叶片。手工晒青用水筛,水筛直径 90~100cm,筛孔 0.5cm 见方。取鲜叶 0.3~0.5kg 于水筛中,两手持筛旋转。青架以小杆搭成,离地面 70~90cm,宽 4.5~5m,以能容 4 个水筛为度,长度依地形而定。晒青历时 10~60min 不等,视阳光强弱,气温高低,鲜叶含水量多少而灵活掌握，其间翻拌 1~2 次，翻拌时两筛互倒，摇转水筛将叶子集中于筛的中央，而后筛转摊叶，全程不用手接触叶子，以免损伤青叶造成死青。晒青适度时，将两筛晒青叶合并，约 1kg 左右，用手轻轻抖松摊平，移入青间晾青。

大规模生产用长 4.5~5m、宽 2.5m 的青席晒青，每平方米摊叶 0.5~1.5kg，厚薄均匀。青席通透性不如水筛，因此晒青时间稍长，期间翻拌 1~2 次。翻拌时将青席四角掀起，青叶自然集中，再用手或竹耙抖散均匀。

晒青适度后，将晒青叶置于水筛，移入青间晾青，或置青间地面的青席上摊晾散热。晾青是日光萎凋的继续和减缓，历时 1~1.5h，失水约 2%~4%。晾青使叶温下降，减缓多酚类化合物酶促氧化，防止晒青叶早期红变。晾青促进梗叶水分重新分布，萎软的嫩叶水分得以补充，叶细胞恢复生机，呈紧张状态。

加温萎凋：传统加温萎凋用"熏青"（又称"烘青"）。熏青是在焙间内设阁楼，楼面宽木条间隔，铺上有孔的青席，每 1m² 摊鲜叶 1.5~2kg，利用焙间的热空气上升至阁楼进行加温萎凋，室温以不超过 38℃ 为宜，中间翻拌 2~3 次，历时 1.5~2h。此法生产规模小，操作不便，现已不用。

大规模生产采用萎凋槽，槽内每平方米摊叶 8~10kg，厚度 15~20cm，鼓热风，温度 35~38℃，中间停机翻拌 1~2 次，约 1~1.5h 完成萎凋。萎凋叶下机前停鼓热风改鼓冷风（即自然风）10~15min，使叶温下降，以代替晾青，防止高温做青而导致死青。

萎凋槽萎凋生产效率高，不受气候限制，萎凋质量稳定，在大生产中与日光萎凋有相同的效果。

在阴雨天做青可直接用综合做青机加温萎凋，其方法与做青一并介绍。

萎凋适度：当叶面失去光泽呈暗绿色，叶质柔软，顶二叶下垂，青气减退，清香显露，减重率为 10%~15% 时萎凋适度，萎凋叶含水率达 70% 左右。

2. 做青

做青包括摇青、做手与静置，是形成武夷岩茶风格和品质的关键工序。

做青过程是摇青（含做手）与静置交替的过程，兼有继续萎凋的作用，叶细胞在机械力的作用下不断摩擦损伤，形成以多酚类化合物酶促氧化为主导的化学变化以及其他物质的转化与累积的过程，逐步形成武夷岩茶馥郁的花香、醇厚的滋味和绿叶红镶边的叶底的品质特点。

做青是在摇青与静置中，叶梢水分由叶片向环境、由叶内向叶缘、由梗脉向叶片发生转移，叶片呈现紧张与萎软的交替过程，俗称"走水"。摇青时，叶片受到振动摩擦，叶缘细胞损伤，促进水分与内含成分由梗向叶片转移。静置前期，水分运输继续进行，梗脉水分向叶肉细胞渗透补充，叶呈挺硬紧张状态，叶面光泽恢复，青气显，俗称"还阳"。静置后期，水分运输减弱，蒸发大于补充，叶片呈萎软状态，叶面光泽消失，青气退，花香现，俗称"退青"。退青与还阳的交替过程即为走水。在退青与还阳的交替中，内含物化学变化的产物不断累积，至做青后期，由于青叶厚堆，叶层湿度加大，叶片水分蒸发受到限制，叶子水分得以补充，叶片挺硬背卷呈汤匙状，叶缘红边显现。做青过程理化指标变化如表 8-2 所示。

表 8-2　武夷岩茶做青过程理化指标变化

项目	做青开始	做青 4h	做青结束（8h）
含水量/%	68.0	67.0	65.5
细胞损伤率/%	—	13.10	24.38
温度/℃	31.6	25.5	25.7
相对湿度/%	67.0	73.0	73.0
PPO 活性/（U/g）	190.0	124.0	132.0
POD 活性/（U/g）	191.0	104.0	195.0
还原糖/%	1.105	1.035	1.070
非还原糖/%	0.795	0.890	0.825
全果胶/%	4.25	3.35	3.22
氨基酸/%	0.494	0.430	0.395
儿茶素/（mg/g）			
L-EGC/（mg/g）	39.09	28.50	30.63
D，L-GC/（mg/g）	12.19	11.44	10.66
L-EC+D，L-C/（mg/g）	15.87	13.10	14.48
L-EGCG/（mg/g）	65.71	57.26	23.96
L-ECG/（mg/g）	29.67	25.36	23.96
儿茶素总量/（mg/g）	162.48	135.65	132.50

武夷岩茶做青有手工摇青、摇青机摇青和综合做青机摇青等方法。做青遵循重晒轻摇，轻晒重摇和先轻后重的原则，具体做法是：转数先少后多，用力先轻后重，静置时间先短后长，发酵程度逐渐加深。

手工摇青：传统制法采用手工摇青，现少量生产时仍有采用。当晒青叶经 1~1.5h 晾青后开始摇青。手持水筛作回旋与上下转动，叶梢在筛面作圆周旋转与上下跳动，叶片与筛面、叶与叶之间不断碰撞摩擦。随摇青转数增加，叶缘细胞损伤扩展，茶汁外渗，多酚类化合物局部氧化，红边出现，并随摇青次数的增加而逐渐加深。摇青中后期辅以做手，以补充摇青之不足。做手是用双手收拢叶子，捧起轻轻拍抖。做手动作轻快，先轻后重，但要避免折断青叶而造成死青。

手工摇青一般 6~8 次，具体工艺要求及参数如表 8-3 所示。

表8-3 武夷岩茶（肉桂）手工做青技术参考

做青第次	要求	静置时间/min
1	轻摇10~15下，薄摊于筛中	40~50
2	摇前三筛并为二筛，轻摇30~40下，薄摊，摊叶厚度较前次略有增加。静置后，至叶色变淡，叶缘锯齿泛黄，青气略减退，即可进行第3次摇青	50~60
3	重摇30~40下，青气出现即可。静置后叶缘黄绿泛红，稍有青香，即可进行第4次摇青	60~70
4	重摇40~50下后，堆成四周高、中间略低的浅凹形后静置。静置后嫩叶呈汤匙状，叶面黄绿，有少量淡红点，红边现，青香退，花香起，即可进行第5次摇青	90~120
5	三筛叶并为二筛，重摇50~60下	80~90
6	重摇50~60下，增加做手10余下，再摇10余下，静置。静置后，约有三分之一的叶子呈汤匙状，叶色黄绿，叶缘红边较深，桂花香渐淡，兰花香渐现，即可进行第7次摇青	90
7	重摇60~70下，做手20余下，静置后兰花香渐浓，红点鲜明，叶色青绿泛光泽	60~70
8	重摇60~70下，做手20~30下，手势稍重，堆叶静置如前次	50~60

注：至叶缘背卷，叶梢挺立似鲜活状，红边鲜艳，花香浓郁时即为做青适度，全程约需10h。

摇青机摇青：摇青机由摇笼（圆筒）、传动装置、机架和操作部件组成，一般摇笼长3~4m，直径80~90cm。支撑轴通过摇笼中心，摇笼由竹子与木材制成，通过电动机控制转速，转速20~30r/min，每筒装叶量至摇笼容积的1/3~1/2为度，过多或过少均不适宜。

做青在专用做青间进行。做青间温度24~26℃，相对湿度70%~80%。做青间较密闭，可通过空调、抽湿机等设备控制室内温湿度，使温湿度比较稳定，叶片失水不至于过快，有利于做青叶水分的控制。做青时每隔30~60min摇青一次，每次2~6min，约6~8次，总转数为800~1000转，其工效为手工摇青的20倍，适合大规模生产。做青参数（水仙品种）如表8-4所示。

表8-4 武夷岩茶（水仙）做青技术参数

	做青第次	1	2	3	4	5	6	7	8	9
手工	摇青（转）	10~15	20~30	30~40	40~50	50~60	52~60	40~50	30~40	7~8
	做手（下）				6~7	10~12				
	静置时间/min	30~50	60~70	60~80	60~90	90~120	90~120	120~150	50~60	灵活掌握

续表

做青第次		1	2	3	4	5	6	7	8	9
机	摇青时间/min	0.5	1	1.5	2	2~3	3~4	3~4	2~3	
械	静置时间/min	30	45	50	60	60~70	60~70	50~60	灵活掌握	

综合做青机做青：综合做青机问世于 20 世纪 70 年代，该机能同时完成萎凋、摇青、晾青等作业，故称为综合做青机。其结构主要由筒体、风机喷风管和加热炉组成。圆筒转速由无级变速器进行调节，可作摇青与转动用。转动是使青叶翻动通气散热，防止机内青叶发热红变。阴雨天或气温低的天气，可完成加温萎凋。由电热风机产生热空气，通过直径 26cm 的喷风管吹入筒体，使筒内叶子受热，风温以不超过 30℃ 为宜。

综合做青机可直接作摇青机使用。晒青适度叶直接装入做青机圆筒内，称"进青"。进青时先开动鼓风机，使晒青带来的余热在装叶时逐渐散发，装叶至容积的 3/4~4/5，留有一定空间，以便摇青时叶能在筒内充分翻动。如进叶过多，叶梢在筒内翻动困难；进叶过少易造成摇青过度，发酵不匀，均会使做青叶质量下降。由于做青时内质变化需要一定的温度，当气温低于 24℃ 时，应进行加温，使筒内气温达 28~30℃。

综合做青机做青分三个阶段进行。

前期为晾青萎凋阶段，进青后不断鼓吹冷风，每隔 30min 转动 3~5min，使叶翻动散热，以达萎凋均匀。转动时间间隔根据做青叶含水量而定，轻萎凋或梗叶肥壮的品种，含水量高，间隔时间较长，以充分散发水分，如水仙品种一般不少于 30min，重萎凋或梗短叶薄的品种，水分含量少，间隔时间稍短。晾青萎凋阶段历时 1.5~2h，叶缘锯齿开始变红（以第二叶为准）。当青气去尽转为清香时，进入做青中期。

做青中期是摇青与等青阶段。当萎凋结束时，停止鼓风，每隔 30~60min，转动 10min，并适当鼓风，以防止水汽郁闷，总历时约 2h。此阶段主要是水分运输与内含物转化过程，必须根据红边情况灵活掌握摇青。红边不足，可加重摇青和延长等青时间。当红边达 20%，香气显露时为等青适度。

做青后期为发萎（即发酵）阶段。等青结束后，摇青 60min，而后停机静置发萎 60min，待做青叶呈现三红七绿，香气浓郁，为做青适度，立即下机炒青。

福建建瓯县以水仙品种进行试验，当气温达 28℃ 时，采用晾青 2.5h（每隔 15min 转动 5min），等青 2h（等青期间每隔 50min 转动 10min），再摇青 1h，发萎 1h，全程 6.5~7h。此法做青结果毛茶香气清高，滋味醇厚，品质达 2~3等水平；一般闽北乌龙茶做法为晾青 2h（每隔 10~20min 转动 5min），等青

1~1.5h（等青期间每隔30~60min摇青15~30min），然后摇青1h，再发菱1h后炒青，全程5.5~6h，做青总历时较水仙品种短。

阴雨天采用综合做青机做青时，开始以45℃热风萎凋1h，然后将风温降至35℃，经30min，可达萎凋要求。待叶温降至30℃以下，再按正常做青。为避免高温灼伤叶片，当风温升至25℃时，每隔2min转动30转，30min后连续转动，促进水分蒸发，至萎凋适度。但转动不宜过长，否则易造成青叶折断，对做青不利。

生产高峰期因设备不足，茶厂多采用快速做青。其方法是晾青时间长达2.5h，当红边约10%，不必等青，直接摇青1h，发菱1.5h，做青结束，总历时约5h，品质趋中等水平。

目前综合做青机迅速推广应用，但高档茶仍多用传统手工摇青和摇青机摇青。

做青的环境控制：环境因素主要是指室内温度、相对湿度与空气的新鲜度。三因素均会互相影响。做青环境温度为20~30℃，以24~26℃最适宜。相对湿度范围为50%~90%，以70%~80%为最适宜。做青过程前期温度相对高而湿度低，随着做青的进行，后期需相对较低的温度和较高的湿度。做青过程中，鲜叶继续进行呼吸作用，消耗环境中的氧气，释放出二氧化碳，因此应保持青间空气新鲜，以利于鲜叶呼吸作用进行。

在实际生产中，除采用看青做青外，也应该根据鲜叶的质量及品种进行调整。叶片较厚和大叶品种，宜轻摇，延长走水期，多停少动，加重静置发酵。叶片较薄和小叶种需少停多动，摇青加重，到后期方需注意发酵到位。茶青较嫩时，做青前期走水期需拉长，总历时也更长，注意轻摇，多吹风。茶青较老时，做青总历时缩短，前期走水期缩短，需要重摇发酵少吹风。萎凋较重时，宜轻摇重发酵，做青时间短，注意防止香气过早出现或做过头。萎凋偏轻时，用综合做青机做青可用加温萎凋，并注意多吹风多走水，重摇轻发酵，并延长做青时间，调整温湿度，需高温低湿，否则容易出现"返青"现象（即做青叶到后期出现涨水，叶片和茶梗含水状态均接近新鲜茶青状，梗叶一折即断，无花果香，为做青失败的表现）。温度偏低时，应注意少吹风，提早开始保温发酵。湿度较高时，有条件者可使用除湿机，并注意通风排湿，适度加温。

总之，做青过程需时时观察青叶变化，通过视觉、嗅觉、触觉综合判断青叶是否在正常变化，一旦出现异常现象即需分析原因，并及时调整，使青叶达到最佳的做青标准。

做青适度：武夷岩茶做青目前主要采用看青做青，在做青过程中气味变化主要表现为：青气→清香→花香→果香；叶态变化主要表现为：叶软无光泽→叶渐挺、红边渐现→汤匙状三红七绿。做青前期2~3h，操作上应注意茶青以走水为主，需薄摊、多吹风、轻摇、轻发酵；中期 3～4h，操作上应注意以摇红边为主，需适度发酵，摊叶逐步加厚，吹风逐渐减少；后期 2～3h，以发酵为主，注意红边适度，香型和叶态达到标准。

武夷岩茶做青适度时，叶片呈三红七绿（水仙红边深暗，略呈焦红色；肉桂红边鲜艳），叶面背卷呈汤匙状，叶色沙绿蜜黄，花果香甜浓郁。嫩叶手摸叶面挺滑，柔软如绸。

3. 杀青与揉捻

岩茶采用金属导热杀青，俗称"炒青"，传统双炒双揉是岩茶杀青与揉捻的技术特点。炒青是以高温钝化酶的活力，固定做青形成的品质，为揉捻创造条件，并进一步纯化香气。炒后揉捻，初步成条后复炒，有弥补炒青不足的作用，但更主要的是使茶条受热，提高茶条可塑性与黏性以利复揉，紧结条索。复炒时，由于初揉叶外溢的茶汁在高温作用下产生急剧变化，内含物的焦糖化和果胶物质的转化，对提高香气与滋味有良好的作用，是岩茶形成特有韵味的主要措施。

制岩茶的鲜叶较老，又经过萎凋和做青，含水量较少，叶质脆硬，宜采用高温快炒，以闷炒为主，使叶温快速升高，但又不至于产生"水闷味"，适当抛炒，蒸发水分，同时保持叶质柔软，便于揉捻整形、不分离，不产生闷气味。因此，往往采取高温炒青，热揉快揉短揉。

机械杀青为一炒一揉，物质转化不及手工双炒双揉。因此，须在干燥中采取弥补措施。

手工炒青与揉捻：手工采用双炒双揉。初炒锅温 260～300℃，每锅投叶 1～1.5kg，高温快炒，先闷炒（团炒），以提高叶温，1min 后，改为扬炒（抛炒）7～8 下，以散发水汽，再转为翻炒（半透半闷）1～2min，使失水不致过多。出锅后分成两份，置于揉台上，趁热揉 20 余下，抖散，再揉 20 余下，两份合一进行复炒（俗称炒熟）。复炒锅温 160～180℃（叶炒热而不炒焦），历时 0.5～1min，出锅复揉 30～40 下，至条索紧结即行烘焙。

机械炒青与揉捻：机械为一炒一揉。用 110 型或 90 型滚筒杀青机。杀青筒温上升至 230℃以上（手背朝筒中间伸入 1/3 处感觉明显烫手即可），110 型滚筒杀青机每次投叶 20～25kg，90 型每次投叶 12～15kg，高温闷炒，历时 7～10min 出青。

杀青适度标准为叶态干软，叶张边缘起白泡状，手揉紧后无水溢出且有粘手感，青气去尽呈清香味即可。

出青时需快速出尽，否则易过火变焦，使毛茶茶汤出现浑浊和焦粒，俗称"拉锅"现象。杀青火候需要掌握前中期旺火高温，后期低火低温出锅。

出锅后应该及时揉捻。生产中主要使用 30 型、35 型、40 型、50 型、55 型等专用揉茶机，其棱骨比绿茶揉捻机更高些。

杀青叶需快速盛进揉捻机趁热揉捻，装茶量需达揉捻机盛茶桶高1/2至满桶；揉捻过程掌握先轻压后逐渐加重压的原则，中途需减压1～2次，以利于桶内茶叶的自动翻拌和整形；全程需5～8min。杀青叶过老时，需注意加重压，以防出现条索过松、茶片偏多等现象。

4. 烘焙

岩茶烘焙过程十分细致，手工烘焙在毛火后经摊凉拣剔，时间长达5～6h，内含物进行充分的非酶促氧化和转化，使滋味趋向浓醇。因此，烘焙是岩茶色香味特有风格形成的重要环节。烘焙时分毛火与足火。

武夷岩茶烘焙有传统焙笼烘焙和烘干机烘焙两种。

传统焙笼烘焙：传统焙笼烘焙为手工操作，分毛火、再干、炖火等工序。

毛火在密闭焙间进行，要求高温薄摊快速，并与扬簸、凉索、拣剔、足火、炖火作业连续操作。焙间分设90～120℃不同温度的焙窖3～4个，烘温从高到低顺序排列。毛火时每笼投叶1.5kg，每3～4min翻拌一次，翻拌后焙笼向下一个温度较低的焙窖移动，全程10～15min完成。毛火时因流水作业，烘焙温度高，速度快，故称"抢水焙"或"走水焙"。下焙时毛火叶含水率约30%，立即扬簸，使叶温下降，并扬弃轻质黄片、碎片、茶末及轻质杂物，簸后将毛火叶置水筛上摊放5～6h，俗称"凉索"，一般是凌晨2～3时至上午7～8时，边凉索边拣去黄片、梗朴而足火（俗称再干）。

再干温度100℃，每笼投毛火叶1kg，烘焙10～20min，足干下焙。足干叶即行炖火（又称吃火），以增加岩茶色度与耐泡度，使茶汤更加醇厚，香气进一步熟化。

炖火每笼投足干叶1～1.5kg，烘温70～80℃。开始烘1h后水汽弃尽，加半边盖再烘1h，称"半盖焙"。烘后香气充分诱发，为减少香气散失，要将焙笼全部盖密，继续烘焙，称"全盖焙"，约1～2h后，藉以延长热化的作用。热化作用可使岩茶香气和滋味进一步熟化，提高岩茶品质。烘后用纸团包成茶，包后再补火一次，称"坑火"，以免因团包吸潮而导致品质陈化。

机械烘焙：用烘干机烘焙分毛火与足火。

毛火温度120～150℃，毛火高温，以代替复炒的作用，历时10～15min，毛火叶含水量20%～25%，下机。水仙等品种梗叶粗大肥厚，含水量大，烘温可较高。奇种等节间短、叶质薄、含水少的品种，烘温可酌情降低，时间适当缩短。

经摊晾60min后足火，足火温度100～110℃，历时15～17min，毛茶含水率6%。

在实际大生产中，为弥补摊晾场地的不足，也可采用一次烘干法，即毛火、足火连用，以先稳定质量，高峰期过后再复拣而后足火。

（五）毛茶加工技术

武夷岩茶传统手工焙制比较精细，因而毛茶加工比较简单。水仙与奇种按内质各分为头、二、三堆，分别经手工筛分，分出大号、二至四号及下身茶五种，下身茶略加扬簸，弃去轻片，做"焙茶"处理，其他即可打堆为成品茶，精制率一般在90%～95%。若水分过高或火功不足，打堆后包装前需进行一次补火，以保护品质。

机械制法的武夷岩茶，因初制过程未经扬簸、拣剔，故毛茶加工比较复杂，但仍以筛拣为主，不宜切轧。一般采取"多级付制，单级收回"，而极品毛茶应"单独付制"。

1. 毛茶加工前处理

毛茶加工前，先做好定级归堆和拼配。毛茶进厂后，取样对照标准样复评，审定品质优次，分清等级，按品种、季别、产地（或岩别）分别归堆。同时检测毛茶水分，凡含水率超过10%者，必须进行补火。若毛茶不能及时加工，需放置稍久（如10d以后）付制者，必先补火方能进仓，以防品质劣变。

毛茶拼配应遵循执行标准、稳定质量、兼顾全局、统筹安排、充分利用、提高效益的原则。拼配时应对照加工标准样，根据当年毛茶质量情况，适当调整用料幅度，拟定当年的拼配方案。品质搭配一般是：特级岩茶以1～2等毛茶为原料，一级岩茶选用2～3等毛茶为原料，二级岩茶以4～5等毛茶为原料，低级岩茶以夏秋季原料为主，拼以适量同级春茶。经小样试拼后确定拼配方案，车间根据拼配方案试拼合格后方可投料生产。

2. 毛茶加工工艺

武夷岩茶外形壮实，条索完整，加工中配置的筛网网孔应适当放大。其加工程序一般为：经滚筒圆筛机→梗叶分离→经平面圆筛机→风选→拣剔→打堆→复火→匀堆装箱，其筛制流程详见图8－1。

（1）本身路　本身路各孔过风选，正口出相应各号茶，各号茶经拣梗机拣梗，并经手工拣剔后，出正身各号茶。风选机子口出轻身茶，由轻身路处理。

经过风选后的正口茶经跳梗机拣梗与手工拣剔，出正身各号茶。

（2）下盘路　以平面圆筛机③10孔筛下茶为原料经平面圆筛机④，18孔筛下茶过平面圆筛机⑤，40孔筛下为灰末，其余各孔茶经风选，正口分别出下盘各号正茶，参与拼配。子口出径身、副子口出副轻身、第四口出细茶、以后各孔为草毛片等。

（3）轻身路　平面圆筛机各号茶过风选机后，子口茶均为轻身路的原料。子口茶经抖筛（3孔或4孔），分出轻身和另轻身。轻身与另轻身过捞、扇

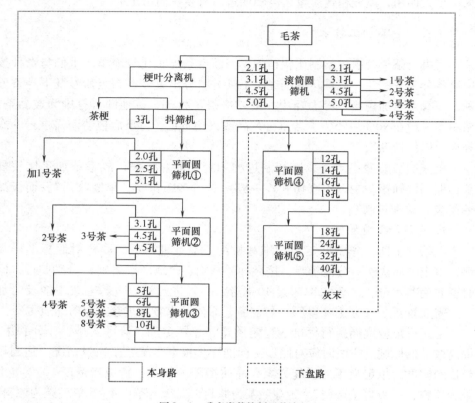

图 8-1　武夷岩茶筛制工艺流程

（复扇），正口出轻身各号茶，分别打堆，参与拼配。其后各口分别为副轻身茶和细茶。

3. 拼配

正身各号茶、轻身各号茶、下盘各号茶经拼配、复火、匀堆、过磅装箱，即为成品茶。

三、安溪铁观音加工

闽南是乌龙茶重要的生产地，主要代表有铁观音、黄金桂等，主要产地有安溪、华安、永春、漳平等县市。

闽南乌龙茶也是以茶树品种命名，铁观音品种采制的称铁观音，乌龙品种采制的称乌龙，水仙品种采制的称水仙。但是也有品种名称与产品名称不同的，如佛手品种采制的称香橼，黄棪品种采制的称黄金桂，还有许多品种如毛蟹、桃仁、梅占、奇兰、本山等混合采制，或分别采制后混合，统称为色种，意思是由各种花色品种混合而成的。铁观音的品质最佳，为闽南乌龙茶之冠，而乌龙品质最差，其他花色居中。

铁观音产于福建省安溪县，原产地是安溪县西坪镇尧阳村，工艺系由岩茶演化而来。阮文锡《安溪茶歌》云"溪茶遂仿岩茶样，先炒后焙不争差"可佐证。据几种民间传说及制法演制过程推算，铁观音始于18世纪中叶，即清代乾隆年间，距今已有200多年历史。而铁观音茶名由来，系因茶色乌润，茶条重实如铁，外形优美如观音，即冠以"铁观音"之名。

（一）产品品质特点

根据《地理标志产品 安溪铁观音》（GB/T 19598—2006）规定，安溪铁观音分为清香型和浓香型两种类型。

清香型铁观音以"鲜、香、韵、锐"为突出，制作过程主要轻晒青、轻摇青、轻发酵，成茶外形肥壮、圆结、重实，色翠绿润，砂绿明显，香气高长，滋味鲜醇高爽，音韵明显，汤色金黄明亮，叶底肥厚软亮，耐泡，"七泡有余香"。

浓香型铁观音制作以清香型铁观音毛茶，或传统制法制作的铁观音毛茶为原料，在精制阶段以"茶为君、火为臣"进行文火慢烘而成，成茶品质外形肥壮、圆结、重实，色泽乌润、砂绿，香气浓郁持久，滋味醇厚鲜爽回甘、音韵明显，汤色金黄，叶底肥厚，红边明显，有余香，可多次冲泡。

（二）鲜叶采摘

安溪铁观音鲜叶采制比其他品种要求严格而精细，其鲜叶比武夷岩茶稍嫩，采摘标准以小开面二三叶最为理想。

闽南茶区摘期可长达7个月以上，分为4个或5个季节，内安溪茶区全年分春、夏、暑、秋四个季节。春茶自谷雨至立夏采制，产量约占全年产量的45%～50%；夏茶自夏至至小暑，产量约占全年25%～30%；暑茶自立秋至处暑，约占全年产量15%～20%；秋茶自秋分至寒露，约占全年10%～15%。外安溪茶区直至11月份还可采摘少量冬片。春茶鲜叶持嫩性好，一般待70%～80%的新梢开面时开采，夏暑茶气温高，持嫩性较差，有20%～30%的新梢开面时就得开采，此时纤维素含量较少，有利于包装造型。春茶品质滋味醇厚；秋茶气候凉爽，多晴天，有利于香气成分的生物合成，成茶香气清锐高长，故铁观音秋茶特称为"秋香"。秋茶品质与春茶相比，各有千秋。夏暑茶较苦涩，品质较差。

铁观音鲜叶进厂后，按不同树龄、不同地片的鲜叶分别摊放，待傍晚阳光较弱时一起晒青。上午9时前采的叶子称"早青"，含水量较高，有时还带有表面水（露水），进厂后应立即薄摊于水筛上晾青，不得堆积。晾青过程轻翻

1~2 次，使水分散发均匀。无露水的鲜叶每筛摊叶 1.5~2kg，置青架上晾青。上午 10 时至下午 2 时采的鲜叶称"午青"，鲜叶品质好，含水量少，又逢午间气温高，失水快，摊叶应稍厚，每筛摊叶 3~4kg。下午 3 时以后采的鲜叶称"晚青"，进厂后已来不及晒青，应单独摊放，以便摇青时另加处理。午青鲜叶品质好，制茶品质最优，晚青次之，早青最差。

鲜叶摊放时，鲜叶厚薄应根据鲜叶含水量、气温高低、空气湿度条件灵活掌握，不使鲜叶水分蒸发过快，以保持鲜叶的新鲜度。

（三）初制加工技术

安溪铁观音制茶工艺精细，根据毛茶品质的不同，可分为清香制法和传统制法，其初加工工序相同，分为晒青、晾青、做青（包括摇青与静置）、炒青、揉捻、初烘、初包揉、复烘、复包揉、足火等工序，但在各工序的技术操作上略有差异，具体将在后文详述。

安溪铁观音各工序与武夷岩茶比较，晒青程度较轻，摇青次数较少，每次摇青转数较多，摇后静置时间较长，特有的包揉工序是形成独特外形和品质的重要环节，因而形成与武夷岩茶迥然不同的风格。

1. 晒青

晒青即日光萎凋。晴朗天气，通常在下午 4：00—5：00 进行，此时太阳西斜，阳光较弱，有利于晒青程度的控制，不至灼伤叶片。有云天气可适当早晒青。

晚青进厂时，太阳已下山，不能晒青，可将鲜叶薄摊，置通风处萎凋，或将鲜叶摊于晒场上，利用地面余热，促进水分蒸发，有助于摇青的进行。

晒青是将摊放叶收拢薄摊于水筛内，每筛 1kg 左右，置阳光下照晒 25~30min，其间翻拌 1~2 次，使晒青叶失水均匀。

大量晒青用青席或专用的晒青布，每平方米摊叶 1~1.5kg。

铁观音叶质肥厚，主脉粗壮，含水分较多，叶面角层稍厚，水分散发较慢，因此，晒青时间较长，晒青程度应稍足。晒至叶面失去光泽，叶色转暗绿，叶质柔软，以手持叶梢基部，顶 2 叶下垂为度。晒后青气减退，略有清香，减重率 4%~10%。

晒青时间长短和晒青程度轻重应根据气候条件、所制产品类型灵活掌握。阳光强烈，气温高，晒青叶易失水灼伤，晒青时间宜短。阳光弱，失水慢，晒青时间宜长。南风天（高温高湿天气）宜轻晒（时间宜短），北风天（冷凉干燥的天气）宜重晒（时间宜长）。制作清香铁观音晒青稍轻，以减重率 4%~7% 为宜；传统铁观音晒青稍重，以减重率 7%~10% 为宜。夏末初秋，天气炎热干燥，鲜叶失水快，鲜叶进厂时已开始萎软，可少晒或不晒，或以晾代晒，以防失水过度，否则对做青不利。

2. 晾青

晒青适度后，移入室内凉青架上进行凉青。晾青的作用是散发叶间热气，促进叶内水分重新分布平衡，继续蒸发水分。移入室内晾青架时，将叶子两筛并一筛或三筛并两筛，稍加摇动"做手"，使叶子呈蓬松状态，促进梗、脉内水分向叶面渗透，叶子由萎软状态变为复苏状态，称为"还阳"；随着水分缓慢蒸发，叶子又萎软下来，称为"退青"。晾青时间约 30 ~ 60min，减重率约 1%。晾青适度时应及时进行摇青，以免失水过多而产生"倒青"。

乌龙茶品质的形成与做青过程的气候条件及做青间室内温湿度高低有密切关系。因此，做青间要求清洁凉爽，温、湿度适宜且稳定。一般在正常的气候条件下，室温 20 ~ 22℃、相对湿度 70% ~ 80% 为宜。

3. 做青

做青是形成乌龙茶品质的关键工序，技术性很强，时间长，化学变化复杂，应根据气候条件、茶青老嫩、晒青程度而灵活掌握。南风天高温高湿，应轻摇薄摊，控制多酚类化合物酶促氧化，促进水分蒸发；北风天干燥，摇青宜重，摊叶稍厚，以促进叶内化学变化，避免失水过多；嫩叶轻摇薄摊，老叶重摇，摊叶稍厚；摇青根据晒青程度而定，轻晒则重摇，以促进红边形成，而重晒则轻摇，以防红边过度和死青。

（1）做青方式　铁观音做青方式有多种，各有优缺点。

①做手：做手是双手轻轻抖动、拍打茶青，使茶青跳动，增强叶与叶之间的摩擦作用。做手是最原始、传统的做青方法，花工虽大，但利于加速酶促氧化，利于消青，有时也使用。

②手工水筛摇青：手工水筛摇青是传统的摇青方法。水筛内置 1 ~ 2kg 茶青，双手执水筛边沿，上下左右来回转动，使鲜叶在水筛内作圆形旋转跳动。

③手工吊筛摇青：吊筛系用 4mm 宽的竹篾编织成有网眼的圆筛（网眼 5mm），呈圆弧形，直径 1.3m，筛面至筛底深 28cm，筛面扎一木横梁。吊筛摇青每筛投叶量 4 ~ 6kg，手握横梁，向上向前推，向下向后拉，使鲜叶作波浪式旋转跳动。摆动幅度前期小些，后期大些。

手工水筛摇青和吊筛摇青花工大，效率低，但摇青质量最好，生产高档茶时常有使用。

④摇青机摇青：将茶青置于摇青机竹笼内，使茶青在竹笼内滚动、翻转、摩擦（青叶与青叶摩擦，青叶与竹笼摩擦），为此，摇青机应控制投叶量和转动速度。投叶量以摇青机容积的 1/3 ~ 1/2 为宜，投叶太多，摇青效果差。当前有两种摇青机：6CWY - 85 型摇青机，竹笼转速以 28 ~ 32r/min 为宜；6CWY - 90 型无级调速摇青机，则可根据做青需要设置转速。

⑤综合做青机做青：综合做青机是在摇青机的基础上附加以吹风装置的新

型做青机械，将萎凋、摇青、晾青三种技术措施统一，一次性集中机内进行，不必多次上、下叶。据研究表明，在阴雨天用综合做青机做青，制茶品质较好，操作方便，劳动强度低，做青机利用率高。但在良好的气候条件下，使用综合做青机做青，与使用摇青机做青比较，茶叶品质后者比前者好。

做青可以全程机动摇青或全程手工摇青，可以手工摇青与机动摇青相结合，也可以机动摇青与手工做青相结合，或手工摇青与手工做青相结合，具体要根据生产的实际需要合理选择。

（2）技术要点　做青是乌龙茶内质变化的关键，叶内复杂的化学变化要求在一定的温度条件下进行。因此，做青间要求一定的温、湿度。清香铁观音以温度 18 ~ 22℃，相对湿度 60% ~ 70% 为宜，同时应该配置排气扇，适当通风；传统铁观音以温度 22 ~ 24℃，相对湿度 70% ~ 85% 为宜。温度过高，多酚类化合物的酶促氧化及其他物质的化学变化过于剧烈，有效中间产物积累少，品质差；室温过低，做青中必需的物质转化不足或难以完成，品质也差。

铁观音做青次数、做青程度、做青要求等技术指标因所制产品类型不同有所差异，详见表 8 - 5。第三次摇青（清香制法）或第四次摇青（传统制法）后若红边不足，可进行一次辅助性摇青，摇青历时根据红边情况而定。

表 8 – 5　清香铁观音与传统铁观音做青技术要点

项目		清香铁观音	传统铁观音
做青间温度/℃		18 ~ 22	22 ~ 24
做青间相对湿度/%		60% ~ 70%	70% ~ 85%
摇青次数		3	4
摇青总时间/min		30 ~ 35	60 ~ 70
第1次摇青	时间/min	2 ~ 3	2 ~ 3
	摊叶厚度/cm	1 ~ 2	6 ~ 7
	静置时间/h	2 ~ 2.5	1 ~ 2
	技术要点	第一次摇青要求"摇匀"，主要是促进晾青叶水分分布均匀，叶片恢复生机，为摇青走水作好准备。摇青一般在 17：00—18：00 时开始。此次摇青要轻，宁轻勿重，以免死青。摇后将叶抖松薄摊静置，以促进水分蒸发。待叶尖回软，叶面平伏，光泽消失，叶色暗绿加深，叶缘绿色转淡，青气退，略带青香，即可进行第二次摇青	

续表

项目		清香铁观音	传统铁观音
第2次摇青	时间/min	6～8	南风天7～8min；北风天12～15min
	摊叶厚度/cm	1～2	8～10
	静置时间/h	2～3	2～3
	技术要点	第二次摇青要求"摇活"。一般于21：00—22：00时进行。此次摇青较第一次重，以损伤叶缘细胞为度，促进叶内水分及物质的运输与转化。摇后稍有青气，叶面光泽明显，叶尖翘起，叶略挺，稍呈还阳复活状态。开始走水，静置后嫩叶开始背卷，后期叶尖回软，叶面平伏，叶肉绿色转淡，叶锯齿变红。待青气稍退，略有香气时进行一下次摇青	
第3次摇青	时间/min	16～30	南风天10～15min；北风天15～20min
	摊叶厚度/cm	以互不重叠为度	12～15
	静置时间/h	12～16	3～4
	技术要点	此次摇青是清香型铁观音摇青的关键工序，要求"摇香"。一般于0：00时进行。摇青过程中，首先出现明显的青草气，此时需谨慎，控制摇青机转数（8～16r/min），随时检查青叶的气味，当花香浓郁时停止摇青，过犹不及。摇完后及时上架晾青，摊叶较薄，以叶片互不重叠为度。此次摇青较重，叶缘损伤达一定程度，叶面隆起部也有一定的损伤。静置后走水明显，叶缘背卷略呈汤匙状。当叶片约10%形成红边红点，叶色稍泛黄，花香显露时即可结束做青，进行炒青	第三次摇青要求"摇红"。一般于0：00—1：00时进行。这次是摇青的关键工序，它对内含物、芳香物质的转化、红边的形成，都是重要的阶段。第三次摇青摇至青气浓烈，叶子挺硬，摇青适度时，摇青叶有"沙沙"声响，即可下机静置。这次摊叶要厚（若高温季，则不宜过厚），堆成"凹"形，以防堆中叶温过高。此次摇青较重，叶缘损伤达一定程度，叶面隆起处也有一定的损伤。静置后走水明显，叶缘背卷略呈汤匙状，红边显现，叶面隆起处有红点，叶色转黄绿，青气退，清香或花香起，即可再行摇青
第4次摇青	时间/min	—	南风天15～20min；北风天20～30min
	摊叶厚度/cm	—	18～20
	静置时间/h	—	4～5

续表

项目		清香铁观音	传统铁观音
第4次摇青	技术要点	—	传统铁观音的第四次摇青要求"摇香",于4:00—5:00时进行。此次根据红边程度决定摇青的轻重,红边已足者可轻摇,红边不足则稍重摇,摇至略有青气出现即可。春季与晚秋气温低,摇后青叶应厚堆,以提高叶温,使损伤处多酚类化合物酶性氧化能顺利进行。促进芳香物质的形成与积累,若温度过低,可在叶堆上加盖布袋以保持叶温,促进内含物化学变化。当温度升至比室温高1~3℃,叶堆略有温手感时,花香浓郁,嫩叶叶面背卷或隆起,红点明显,叶色黄绿,叶缘红色鲜艳(红点红边占叶面积的15%~25%),叶柄青绿,即为做青适度,应及时炒青,防止香气减退和发酵过度。夏季气温高,青叶不宜厚堆,以免发热红变

做青中水分控制过多,俗称"不消青",制茶香气低淡;水分过少化学变化不能完成。根据季节及做青叶的水分情况,做青时水分掌握"春消透"、"夏皮皱"、"秋保水"的原则。春季鲜叶含水量高,内含物丰富,做青中要促进水分蒸发和物质转化,使梗脉水分充分消失;夏季鲜叶水分较少,做青中只要适当散发水分即可,做青结束时,梗皮呈皱纹状为适度;秋季气候干燥,鲜叶含水少,做青中水分又容易散失,常造成失水过度。因此,要十分注意保持青叶的水分,维持做青叶活力,以完成叶内的化学变化。

(3)做青适度 做青过程中,要经常观察青叶的变化态势,以准确确定炒青时间。观察的方法有"看、摸、嗅、照"四个步骤,即察看茶青的形态、色泽,触摸茶青的手感,嗅闻茶青的气味,照看叶脉的透光度。

做青过程中青叶出现的变化态势是:茶青含水量由多渐少,叶脉透光度逐渐增大;叶色由绿逐渐转淡,直至变为黄绿色,明亮有光泽,最后光泽消失;叶缘由绿转淡,淡绿转黄,由黄变红,直至朱砂红显现;叶态由萎软转复活、硬挺,然后略为背卷,呈金龟翅状,最后叶片平伏,部分叶片向上翻卷;用手触摸青叶,由生硬渐变为刺手感,继而出现手握茶青如绵的弹性感,最后手摸茶青有涩感;嗅闻茶青气味,其变化规律是:青臭→青香→清香→清花香→花香→花果香→果香。

做青适度的叶子：青气消退，花香浓郁，梗带保水青绿，叶面黄绿有红点，叶缘朱红色，即"青蒂绿腹红镶边"，叶片突起呈汤匙状。清香铁观音毛茶和传统铁观音毛茶对红边要求不一，前者红点红边约占叶面积的10%，后者稍高，占20%~25%。

4. 炒青

做青适度叶应及时杀青（炒青），利用高温破坏酶的活性，巩固做青形成的品质，散发青气，增进茶香，蒸发部分水分，使叶质柔软，便于揉捻造型。

炒青可采用手工炒青和机械炒青。手工炒青在口径为60cm的平锅或斜锅内进行，锅温210~230℃。投叶1kg，以闷炒为主，闷抖结合，炒熟炒透。因手工炒青技术难度大，炒青质量不均匀，工效低，在生产上基本不再使用。

现闽南地区多使用6CWS－110型乌龙茶杀青机（燃气型）进行炒青，在少数地区仍使用瓶式炒茶机（燃煤型或燃柴型）炒青。机械炒青质量稳定、工效较高。清香铁观音和传统铁观音使用6CWS－110型乌龙茶杀青机的炒青技术要点如表8－6所示。

表8－6 清香铁观音与传统铁观音炒青技术要点

项目	清香铁观音	传统铁观音
炒青温度	300℃左右	240~260℃
炒青时间/min	2~3	4~6
投叶量/kg	3~4	6~8
技术要点	炒青掌握"高温、抖炒、杀老"原则。滚筒温度达300℃以上时，投叶杀青，做青叶进筒后在筒内发出似鞭炮响声；为加快叶内水分的蒸发，避免闷炒叶色变黄，应减少投叶量，抖炒杀青；投叶量为浓香型铁观音的1/2	杀青应掌握"温度从高到低"、"高温、短时、多闷、少扬"及"老叶嫩杀、嫩叶老杀"的杀青方法。滚筒温度240~260℃时，投叶杀青，做青叶进筒后在筒内连续发出"劈啪"响声；"劈啪"声音大而密是温度太高，容易炒焦；"劈啪"声小而稀，是温度太低，容易出闷黄味。炒青前期不开排气风扇将蒸汽排出筒外。炒青后期，已郁积热蒸汽，中期开启排气扇，可适当降低温度，以免出现焦叶
炒青适度	筒内鞭炮声停止，而发出"沙、沙"响声，叶色由黄绿色转为黄褐，嗅之有悦人的茶香，手握茶叶不成团，易弹散，有干硬感，减重率35%~40%	筒内"劈啪"声减弱，叶色由黄绿色转为暗黄色，叶面失去光泽，叶面皱卷，梗有皱纹，嗅之青气消失，叶质柔软，手捏炒青叶成团，不易弹散，有粘手感，减重率约30%

5. 揉捻

炒青叶在揉捻机械压力的作用下，使叶细胞部分组织破裂，挤出茶汁，凝于叶表，初步揉卷成条，这不仅增强了叶子的黏结性和可塑性，为烘焙、塑形打好基础，而且在烘焙热的作用下形成良好的香气。铁观音加工常用揉捻机有35型、40型、45型和台湾望月式揉捻机。

传统铁观音炒青叶要趁热揉捻，掌握热揉、重压、快速、短时的原则，经3~5min，条索初步形成，茶汁挤出，即下机解块初烘。

清香铁观音因"老杀青"后做青叶失水较多，要及时进行摊凉，回潮后进行揉捻，以保持毛茶外形的完整。摊凉回潮后可不用揉捻机，直接通过束包机后平揉，平揉机加压要适当减轻，也不必多次加压，揉捻2~3min后，下机解块，进行初包揉。

清香铁观音品质特征要求绿润，汤色黄亮，而对红边无明显要求，因此在闽南很多茶区，采取以摔代揉，具体方法是：将炒青后的叶子趁热装入布袋中，通过人工或机械力摔打布袋。叶片受到外力作用，边缘红边摔碎，同时叶片受到挤压，从而达到"揉捻"的目的。摔后的叶子进一步通过圆筛，筛去碎末，去掉红边。

6. 初烘、初包揉、复烘、复包揉

包揉是塑造铁观音优美外形的关键工序，常常与烘焙交替进行。一般烘焙二次，包揉20~30次。其程序为：初烘→初包揉→复烘→复包揉，或：初包揉→初烘→再包揉→复烘→复包揉。

（1）初烘　即第一次烘焙，其目的：一是进一步破坏茶坯中残余酶的活力，巩固品质；二是继续散发水分，使叶子的柔软性、紧结性、可塑性增强，便于包揉成条。因此初烘应"高温、薄摊、快速、短时"，即温度要高，以100~110℃为宜；摊叶宜薄，厚度以1cm为宜；烘焙时间宜短，5~8min即可。烘焙程度以手触茶叶微有刺手感为适度，不宜过干或过湿。

清香乌龙茶制法因炒青程度较足，不必初烘，直接进行初包揉。

（2）初包揉　安溪铁观音传统制法是手工包揉，具体方法是：炒青叶下机趁热包起，每包约0.5~1kg炒青叶，一手抓住布巾的四角作包口，置长凳上，一手紧压茶包向前滚动推搓，边搓揉边收紧包口，茶条在布包内不断翻转卷曲，揉出茶汁。其间采用搓、揉、挤、压、抓等几种手势。用力先轻后重，由表及里，有搓动内部茶条的感觉。若用力不当，内部茶条松散，外部茶条受力过度，多断碎或因加压不当而成扁条。初包揉后茶条多卷曲，已成"蜻蜓头""青蛙腿"的雏形。手工包揉费工、费时、劳动强度大，现已普遍采用机器包揉。

包揉使用的机器有束包机、平揉机、松包筛末机（解块机）等。将10~15kg茶坯置于长宽均为1.6m的包揉巾中，把布巾四角提起，即成茶包，把茶

包置于束包机上打包，0.5～1min 茶包即成南瓜状。然后把茶包置于平揉机的上、下揉盘中间，移动上揉盘加压，开动平揉机包揉，时间为 3～5min（中间需多次移动上揉盘加压）。最后从平揉机上取下茶包，解开茶巾，把茶团送进松包筛末机。经松包滚筒的滚转、翻抛作用使茶团松开，分散茶条，并散发热量和水汽；筛去茶末，保持品质，以便再次造型。松包后再次把茶叶置于包揉巾中，送束包机打包，再送平揉机包揉。这样反复进行数次。当茶条表面湿润，即完成初包揉作业，进行复烘。

（3）复烘　复烘俗称"游焙"，主要是蒸发部分水分，并快速提高叶温，改善理化可塑性，为复包揉创造条件。

复烘应"适温、快速"，控制茶坯适当含水量，防止失水过多，造成"干揉"，产生过多的碎茶粉末。复烘温度掌握在 70℃，每个焙笼摊叶量约 0.75～1kg，厚度 3cm，时间 10～15min。

复烘程度应掌握以手摸茶条微感刺手为适度，约七成干。

（4）复包揉　复包揉的方法与初包揉大同小异，主要差别是复包揉最后阶段，经束包机打包的茶团不必用平揉机包揉，而是采用静置定型（定包）；解散茶团不用松包筛末机，而用手工解散茶团。随着复包揉次数的增加，静置定型时间逐渐延长，最后一次束包后，静置定型时间 0.5～1h，然后用手轻搓，松开后进行烘干。

传统铁观音加工多在初烘后趁热包揉，以利条索紧结，但揉叶太多有湿热作用，容易产生闷黄。而清香铁观音则应在初烘后摊凉再进行反复多次冷包揉（包揉温度不高于 37℃），加压不宜太重，更不要连续加压，重压会使茶条扭结成长条状，并且使多个茶条扭结在一起，不能使揉捻叶各自形成颗粒球状外形。

7. 足火

安溪铁观音足火采用文火慢焙，在较低温度下进行长时间烘焙，以激发茶叶香气，促进酯型儿茶素转化和氨基酸分解，对增进滋味、形成铁观音品质具有独特的作用与效果。目前大多采用电热旋转烘干箱进行足火烘干作业。

足火分二次进行。第一次温度掌握在 80～90℃，烘至八九成干（含水率 15%～18%）取出摊凉，下机摊晾至叶内水分重新渗透分布，再进行第二次烘干。第二次烘干温度，浓香铁观音 70～80℃，清香铁观音 60～70℃，至茶叶香气纯正无异气，茶条捏之即成粉末，茶梗折之即断即可，历时 1～2h。

足火采用两次烘干，可防止一次烘干产生的"吃火"现象，以利于保持清香铁观音翠绿的色泽和高锐的香气。

总之，清香铁观音毛茶的加工特点是轻晒青、轻摇青、长凉青、薄摊青、轻发酵，所制毛茶既适合制作清香铁观音商品茶，也可制作浓香铁观音商品茶；而传统铁观音毛茶的加工特点是重摇青、重发酵，一般制作浓香铁观音商品茶。

（四）毛茶加工工艺

铁观音的精制工序比较简单，以拣梗为主。精制茶分正茶和副茶。

毛茶进厂验收后，按产地、季节、等级分别归堆。毛茶加工采用"多级并合付制，单级收回"的方法。在付制前，毛茶先进行合理并合，调剂品质。一般高级铁观音以春茶拼配，中级茶以春夏茶为主，低级茶以夏秋茶为主。其精制加工程序为筛分、风选、拣剔、复火、摊凉、匀堆、装箱等，流程见图8-2。

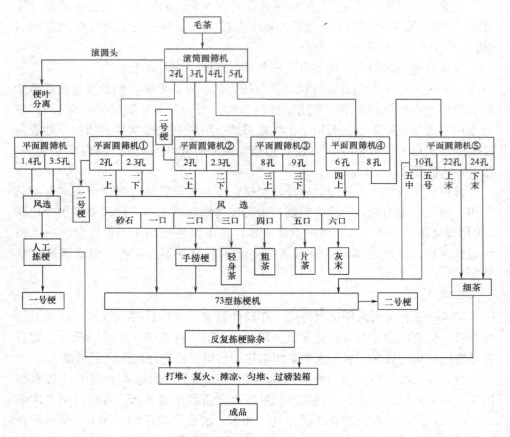

图8-2 安溪铁观音筛制示意图

1. 筛分

筛分是毛茶精制中整理外形的作业，是在毛茶精制过程中使用最普遍，反复最多，也最复杂的工序。筛分作业的好坏，不仅关系到产品的外形，而且关系到产品制率的高低。

毛茶先上滚筒圆筛机，筛网配置2、3、4、5孔四面筛，2孔上为茶头（滚圆头），过梗叶分离机，再过平面圆筛机，配置孔径18mm（约为1.4孔）与孔径7mm（约为3.5孔）两面圆孔筛，后分别经风选和人工拣剔；各孔筛下茶分别上①～④号平面圆筛机。

平面圆筛机①和平面圆筛机②配用孔径13mm（约为2孔）、11mm（约为2.3孔）两面圆孔筛；平面圆筛机③配用8、9孔筛；平面圆筛机④配用6、8孔筛。8孔下茶再过平面圆筛机⑤，配用10、22、24孔筛，分出一上、一下至四上各号茶，分别过风选、拣剔、除杂，再打堆、复火。平面圆筛机⑤分出五中、五号、上末、下末各号茶，前两号茶经机械拣梗后打堆复火，上末、下末作为细茶直接参与打堆。

2. 风选

风选的目的是分清茶叶的轻重好坏，剔除次杂，达到正茶中没有轻片，轻片中不含草毛。

一上至四上各号茶过风选后，一口出正茶，二口混杂，需复扇分出正茶，三口为轻身，四、五口为粗茶和片茶，六口为灰末。

3. 拣剔

拣剔包括机械拣剔和手工拣剔，其目的是剔除次质茶和非茶类夹杂物。次质茶包括茶梗、茶朴、茶籽、茶片、扁条、死红条等；非茶类夹杂物包括沙子、石块、零碎金属（如铁钉、螺丝等）、竹木纸片、毛发等，以纯净品质，使茶叶净度达到核定的规格要求。机械拣剔是经风选后的中、上段茶，先经73型拣梗机拣剔后，再经阶梯式拣梗机或静电拣梗机拣梗，产生出正茶及一号梗、二号梗等。正茶再经手工拣剔后进入下一道工序。

手工拣剔花工较大，但效果最好，也最常用，其基本要求有以下几点：

第一，禁止捏茶，防止茶叶断碎。

第二，按照不同级别的净度标准进行拣剔。一般掌握的原则是，高级茶，可拣可不拣者一律拣出；低级茶，可拣可不拣者不拣。

第三，要做到"三清一净"。即茶中的梗清、片清、杂物清，地下茶净。要从茶梗、茶片中拣出正茶，使茶梗和茶片中正茶的含量都少于3%。

第四，梗、片不混杂，应剔除茶片中杂物。

4. 复火

将各级、各筛路外形接近的筛号茶并合成几个小堆，分别复火。复火时严格控制火候，使茶受热均匀，香气充分发挥，茶条干度一致。高级茶要求火候轻醇，以体现铁观音的馥郁花香。中级茶火候饱足，以弃尽粗气，产生火功香，增加茶汤的色度与耐泡度。火功使中、低档茶弃除粗涩味，滋味转为清醇，从而提高制茶品质。

复火一般采用三台烘干机连续作业，温度与时间因产品类型不同略有差异（表8-7）。清香铁观音复火温度以100~120℃为宜，时间60~80min；浓香铁观音是在传统半发酵的铁观音毛茶基础上再进行精制烘焙的铁观音成品，其关键加工工序是"精制烘焙"。在这个环节，火候的掌握很关键，以130~150℃为宜，时间1~2h，甚至更长。复火后含水量约4%。

表8-7 铁观音复火温度与复火时间参考表

产品类型		复火温度/℃	复火时间/min
清香铁观音		100~120	60~80
浓香铁观音	高档	130~150	60~90
	中档	150~170	80~100
	低档	170~180	80~120

5. 摊凉、匀堆、装箱

半成品及时取样试拼，确定拼配比例。按试拼方案将各级筛路茶上贮茶斗，电脑自动控制匀堆机，充分混合均匀，自动装箱、过磅、封口、刷唛或进行小包装，便可出售。

（五）铁观音产品花色与规格

安溪铁观音产品花色品种分正茶和副茶。

1. 正茶

正茶分清香型和浓香型两个类型，清香铁观音分特级、1~3级共四级，浓香铁观音分特级、1~4级共五级。各级正茶要求级型距明显，条索紧实匀整，不得脱档。碎茶、粉末符合规格要求。在匀净度上，高级茶要求匀净，中级茶要求匀齐，低级茶要求平伏。内质要求：高级茶花香浓郁清长，滋味醇厚；中级茶香气清纯，滋味浓醇；低级茶香气轻短，滋味清醇爽淡（表8-8、表8-9）。

表8-8 清香安溪铁观音感官指标

项目		特级	一级	二级	三级
外形	条索	肥壮，圆结，重实	壮实，紧结	卷曲，结实	卷曲，尚结实
	色泽	翠绿润，砂绿明显	绿油润，砂绿明	绿油润，有砂绿	乌绿，稍带黄
	整碎	匀整	匀整	尚匀整	尚匀整
	净度	洁净	净	尚净，稍有细嫩梗	尚净，有细嫩梗

续表

项目		特级	一级	二级	三级
内质	香气	高香，持久	清香，持久	清香	清纯
	滋味	鲜醇高爽，音韵明显	清醇甘鲜，音韵明显	尚鲜醇爽口，音韵尚明	醇和回甘，音韵稍清
	汤色	金黄明亮	金黄明亮	金黄	金黄
	叶底	肥厚软亮，匀整，余香高长	软亮，尚匀整，有余香	尚软亮，尚匀整，稍有余香	尚软亮，尚匀整，稍有余香

表8-9　浓香安溪铁观音感官指标

项目		特级	一级	二级	三级	四级
外形	条索	肥壮，圆结，重实	较肥壮，结实	略肥壮，略结实	卷曲，尚结实	卷曲，略粗松
	色泽	乌润，砂绿明	乌润，砂绿较明	乌绿，有砂绿	乌绿，稍带褐红点	暗绿，带褐红色
	整碎	匀整	匀整	尚匀整	稍整齐	欠匀整
	净度	洁净	净	洁净，稍有细嫩梗	稍净，有细嫩梗	欠净，有梗片
内质	香气	浓郁，持久	浓郁，持久	尚清高	清纯平正	平淡，稍粗飘
	滋味	醇厚鲜爽回甘，音韵明显	醇厚、尚鲜爽，音韵明	醇和鲜爽，音韵稍明	醇和，音韵轻微	稍粗味
	汤色	金黄，清澈	深金黄，清澈	橙黄，深黄	深橙黄，清黄	橙红，清红
	叶底	肥厚，软亮匀整，红边明，有余香	尚软亮，匀整、有红边，稍有余香	稍软亮，略匀整	稍匀整，带褐红色	欠匀整，有粗叶和褐红叶

2. 副茶

副茶分粗茶、细茶、脚茶。

粗茶由茶片拼成。品质要求外形整齐，大小均匀，火候重足，汤色深红，叶底虽硬挺，但无焦叶和死红叶。

细茶包括碎茶和粗粉末。将22孔以下的碎末茶合并成细茶，细茶外形规格细小灰褐，无尘土；汤色清红，滋味稍涩。

脚茶由手拣和机拣出的一号梗和二号梗并合而成。前者为纯梗（光梗），后者为机拣梗，梗中含茶叶30%左右。脚茶要求外形长短一致，色泽深红赤亮，无脱皮的白梗；内质滋味粗淡，无老火和焦味。

四、台湾乌龙茶加工

台湾乌龙茶系清代初年（公元 1677 年）由福建武夷山传入，制法仿武夷岩茶。连横所著《台湾通史》提及："台北产茶约近百年。嘉庆时，有柯朝者，归自福建，始以武夷之茶，植于鲽鱼坑，发育甚佳。既以茶子二斗播之，收成亦丰，遂相传植。"先后从福建引入青心大冇、青心乌龙、铁观音等茶树品种。

经过 200 余年的发展，台湾又培育出台茶 12 号（金萱）、台茶 13 号（翠玉）、台茶 18 号（红玉）等高香品种，在乌龙茶的制法上进行了革新，形成了台湾乌龙茶独特的风格。

近年来，福建、四川等省引进台湾金萱、翠玉、青心乌龙等优良茶树品种，并按照台湾乌龙茶加工工艺制作"台式"乌龙茶，受到了市场的认可。

台湾乌龙茶以当地消费为主。数据显示，2007 年台湾乌龙茶年产量 1.75 万吨，进口 2.5 万吨，扣除外销 0.2 万吨，观光客、手提伴手礼品茶 0.5 万吨，当地人均消费量仍高达 1.54kg。台湾乌龙茶外销美国、日本、泰国、瑞典、新加坡、德国及香港等国家和地区。

（一）产品品质特点

台湾乌龙茶依发酵程度分为轻发酵、中发酵和重发酵。发酵程度以绿茶儿茶素氧化量为 0 计算，轻发酵型乌龙茶儿茶素氧化量为 8%～10%，如文山包种茶；中发酵型乌龙茶儿茶素氧化量为 15%～25%，焙制时间较长，如铁观音、高山乌龙茶等；重发酵型乌龙茶儿茶素氧化量为 50%～60%，如白毫乌龙（图 8-3）。

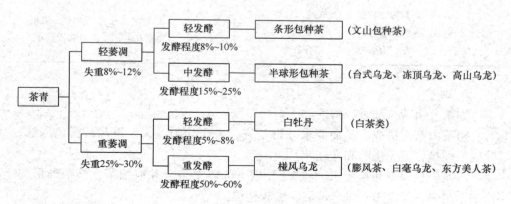

图 8-3　台湾省部分发酵茶分类

台湾乌龙茶主要品种花色有冻顶乌龙、铁观音、文山包种及椪风乌龙等。其品质各具特色：

冻顶乌龙茶呈圆球形颗粒，外形紧结，色泽墨绿鲜艳，带蛙皮白点，干茶芳香强劲，具浓郁蜜糖香；汤色橙黄，香气清芳；滋味醇厚甘润，回甘力强，耐冲泡；叶底淡绿红边。

铁观音外形条索紧结，呈半球状，色泽深褐有光泽，似蛙皮色泽，叶底淡绿红镶边，叶片完整，枝叶连理。

文山包种茶，外形条索紧结长壮，呈自然弯曲，色泽深绿油亮，带蛙皮白点，干香带素兰花香，汤色金黄，具幽雅花香，滋味清纯回甘，叶底色泽鲜绿，完整无损。

椪风乌龙茶外形条索紧结，稍短，毫心肥壮，白毫显露，叶色红黄绿相间，色泽鲜艳，汤色橙红（琥珀色）浓艳，叶底青绿有红边，叶柄淡绿，叶片完整。

（二）初制加工技术

台湾乌龙以冻顶乌龙茶、文山包种茶和椪风乌龙茶最负盛名。

1. 冻顶乌龙茶与文山包种茶

冻顶乌龙茶和文山包种茶都是台湾的特产，享有"南冻顶、北文山"之美誉。

冻顶乌龙茶产于台湾省南投县鹿谷乡境内凤凰山支脉的冻顶山上，产地海拔 700m，土壤富含有机质，水湿条件良好，年均气温 20℃ 左右，属于高山茶。冻顶乌龙茶按其发酵程度属"包种茶"，因产于冻顶山，人们特称其为"冻顶乌龙"。

文山包种茶，为轻发酵乌龙茶，盛产于台湾北部的台北市和桃园等县，其中以台北文山地区所产制的品质最优，香气最佳，所以习惯上称为"文山包种茶"。制成的文山包种茶外形条索紧结，自然卷曲，茶色墨绿有油光，香气清新持久，有天然幽雅的芬芳气味，冲泡后茶汤色泽金黄，清澈明亮。品饮时，滋味甘醇鲜爽，入口生津，齿颊留掀久久不散。具有"香、浓、醇、韵、美"五大特色，素有"露凝掀"、"雾凝香"的美称，被誉为茶中珍品。

（1）鲜叶标准　台湾乌龙茶采摘期长，自 3 月中旬至 11 月中旬，一年采四季。春茶 3 月中旬至 5 月上旬，夏茶 5 月下旬至 8 月中旬，秋茶 8 月中旬至 10 月下旬，冬茶 10 月下旬至 11 月中旬。鲜叶以稍带芽点（即驻芽）小开面三叶嫩梢、叶质柔软、叶肉肥厚、叶色淡绿者为佳。

（2）初制加工技术　冻顶乌龙茶与文山包种茶加工工序有萎凋、室内萎凋与搅拌、炒青、揉捻、干燥、焙火。

①萎凋：有日光萎凋与热风萎凋两种方法。日光萎凋是鲜叶薄摊在笚苈（水筛）上，每1平方米摊叶0.5～1kg，在30～40℃日光下晒青。日温度过高时，可用纱布遮荫，历时10～20min。阳光微弱时可适当延长至30～40min，其间轻翻1～3次，待第二叶或对口第一叶叶面失去光泽，叶质柔软，叶面波浪起伏，发出茶香时为适度，减重率为8%～12%。

日晒温度在28℃以下或雨天时，宜用热风萎凋代替日光萎凋。用热风萎凋的方法有两种，一种为设置热风萎凋室，利用干燥机或热风炉之热风以风管导入室内萎凋架下方（切忌热风直接吹向茶青），室内另设新鲜空气的入口及出口，使空气对流，室温保持在35～38℃（热风温度40～45℃），萎凋时间一般为20～50min。另一种为设置送风式萎凋机，将茶青平均摊放于萎凋槽内，热风温度一般35～38℃，时间一般为10～30min。热风萎凋进行中宜轻翻茶青2～3次使萎凋均匀，雨水青则宜多翻几次，以使叶表水分很快消散而易于萎凋的进行。

②室内萎凋与搅拌：萎凋适度叶移入青间，青间温度为23～25℃，相对湿度70%～80%。置0.6～1kg叶量于笚苈上晾青，静置1～2h，叶缘因水分蒸散而呈微波浪状时进行第一次搅拌，时间宜短（约1min）。

手工搅拌是双手将叶捧起，轻轻翻动，叶子间互相碰擦，叶缘轻微损伤，促进叶内走水。一般搅拌3～5次，每次2～12min不等，然后静置60～120min，搅拌动作逐次加重，搅拌时间由短渐长，静置时间由长渐短，摊叶由薄渐厚，总做青历时9～10h。最后一次搅拌已午夜时分，气温下降迅速，因此静置时摊叶宜厚，若为初春或初冬低温期，则搅拌后宜将茶青装入高60cm的竹笼中静置，以提高叶中温度，加速发酵作用的进行，而产生包种茶特有的香气与滋味。最后一次搅拌后静置60～180min，青味消失而发出清香即可炒青，减重率为25%～30%。搅拌工艺参数如表8-10所示。

表8-10　包种茶做青工艺参数

第次	搅拌时间/min	静置时间/min	摊叶量/（kg/m²）
1	1	90	1.0
2	2	90	1.5
3	3	60～75	2.0
4	5	60～75	4.5
5	5～7	60	4～5
合计	16～18	360～405	—

室内萎凋第一次与第二次搅拌程度极为轻微，仅将鲜叶轻轻翻动而已，若搅拌过重则生叶容易受伤而引起"包水"现象，致使外观色泽黯黑，滋味苦

涩；若搅拌不足则包种茶特有之香气不扬，甚而具青臭味，因此需视茶树品种、茶青质量、季节与天气状况调节室内萎凋所需时间及搅拌次数。

③炒青：可利用炒锅或炒青机炒青，温度以锅面温度 160～170℃（投叶量 0.75～1kg）或筒内温度 250～270℃（投叶量 5～6kg）为宜，初炒时发出"啪、啪"声响。炒青至茶叶青草气消失，发出悦人香气，且茶梗及叶脉已变软，有黏性，揉之不出水，尚无刺手感时为适度。切忌炒青过度，叶缘有刺手感或炒焦均不宜，也不可起锅太早，茶青未炒熟则成品带青味及红梗。

④揉捻：揉捻所用的设备为望月式茶叶揉捻机，转速一般为 40～45r/min。

文山包种茶揉捻：炒青叶出锅后，以手翻动 2～3 次使热气消散，即投入揉捻机，由于包种茶不注重芽尖及白毫，故揉捻稍重无妨；对于粗大茶叶为改善外形，宜采用二次揉捻，初次揉捻 6～7min 后稍予放松解块扬去热气，再加压揉捻 3～4min，可增加外形之美观。

冻顶乌龙茶揉捻：冻顶乌龙茶属于球形包种茶，茶叶经过特殊的团揉过程才能获得其独特的外观与风味。团揉时火候（温度）、压力及水分消散速率的控制对冻顶乌龙茶的外观及滋味影响很大。半球形包种茶的揉捻包括：初揉、初干及团揉（包布揉及复炒）三大步骤。

初揉：同文山包种茶。

初干及静置：将揉捻叶解块后置于烘干机中，温度 100℃，经 5～10min 烘焙，达五成干，手握茶条柔软有弹性，不粘手（俗称"半干"），叶内含水约 30%～35%。将初干叶摊于筛筤中，静置过夜。

团揉：将放置隔夜的初干叶用圆筒机或手拉式干燥机加热，叶温达 60～65℃，叶张回软，再装入特制的布巾或布球袋中，先以束包机包成球形，再用特制的布球机团揉或手工团揉，其间松袋解块数次，经多次复火团揉，使茶叶中水分慢慢消散，茶叶外形逐渐紧结。

⑤干燥及焙火：干燥可用烘干机干燥和焙笼干燥。

使用烘干机干燥时，热风进口温度为 100～105℃，摊叶厚度 2～3cm，干燥时间 25～30min。如果茶叶过于老化，为使条形美观，可采用二次干燥法，即先将茶叶初干 6～10min，然后再取出摊凉回润，再以揉捻机复揉整形，增进条索美观，然后第二次干燥，温度以 80～90℃为宜，至足干。

采用焙笼干燥时，初焙每笼摊叶约 2kg，焙火温度 105～110℃，时间 3～8min，初焙应不时翻动茶叶，以使茶叶平均干燥，翻茶时应将焙笼移出焙坑，以免茶末掉落火中燃烧生烟致使茶叶带烟味影响品质；初焙后摊晾 30～60min 再进行复焙，此时茶叶放入量可较初焙时增加一倍，焙火温度 85～95℃，所需时间 40～60min，喜爱较高火候者可延长至 90～120min。

　　2. 椪风乌龙茶

　　椪风乌龙茶又称膨风茶、白毫乌龙、香槟乌龙、东方美人茶，起源于台湾新竹县北埔、峨眉茶区，曾广传于台湾北部茶区，但包种茶崛起后，则以新竹县北埔、峨眉及苗栗县头份镇为主要产区。

　　椪风乌龙茶产制，于农历节气的"芒种"至"大暑"之间，尤其是端午节前后10d，采摘经茶小绿叶蝉吸食的青心大冇茶树嫩芽，一芽一、二叶。此茶以芽尖带白毫越多越高级，所以又称为"白毫乌龙"。其外观不重条索紧结，而以白毫显露，枝叶连理，白、绿、红、黄、褐相间，犹如朵花为特色。水色呈琥珀色，具熟果香、蜜糖香，滋味圆柔醇厚。

　　椪风茶起源于台湾日据时期（20世纪20年代）。当时，为了改进传统乌龙茶的品质，茶农开创新制法，推行重发酵（茶叶发酵红变达叶面积的75%）。

　　20世纪20年代某年初夏，茶小绿叶蝉严重危害新竹北埔、峨眉茶区，受到危害的茶青难以制作高品质的传统乌龙茶。然而，有位勤俭的客家茶农仍然采摘受到茶小绿叶蝉危害的茶青，依当时推行的改良法制造重发酵的乌龙茶，成品具有特殊的熟果香、蜜糖香，滋味圆柔醇厚，风味特殊。他将制造的少量成品拿到台北茶行贩卖，竟然高价售出，而且售价高达一般茶价的13倍。乡人不信，认为他在吹牛（台语及客语的"膨风"或"椪风"就是吹牛的意思），"椪风茶"或"膨风茶"之名也因此广为流传。

　　椪风茶外销英国后，英国王室十分赞赏如此形美、色艳、香醇、圆柔的佳茗，便邀请王公贵族、文人雅士至宫廷赐茶。席间，有文人做诗赞美品饮这种东方的佳茗，犹如美女的舌头在口腔内游走般温润、圆柔、甜美。椪风茶也因此赢得"东方美人茶"的美名。

　　欧美也有人称椪风茶为"香槟乌龙"，意思是说椪风茶是乌龙茶类中的顶级产品，就像香槟是葡萄酒中的顶级产品一样。

　　椪风乌龙茶制造工艺流程为：茶青→萎凋→室内萎凋及搅拌→炒青→静置回润→揉捻→解块→干燥。

　　（1）萎凋　椪风乌龙茶萎凋时间较长，萎凋程度较重。萎凋程度以叶面光泽消失，呈波浪状起伏，嫩梗因消水表皮呈现皱纹，心芽及第一叶柔软下垂为宜，茶青失重率25%～35%。

　　（2）室内萎凋及搅拌　椪风乌龙茶搅拌次数及搅拌力量较包种茶为多且重。第一次、第二次搅拌用力宜轻，切忌用力过度致使茶叶受伤，走水不良，而呈"包水"现象，使茶叶发酵不正常致叶面呈黑褐色，外观欠艳丽，汤色不明亮。室内萎凋及搅拌得当，则茶叶走水正常，叶缘逐渐呈红褐色，心芽呈银白色，叶面1/3～2/3呈红褐色，具有熟果香，即可炒青。

　　（3）炒青　采用滚筒炒青机，锅温控制在220～250℃，每锅投叶量4～

5kg，时间 4.5~6min，听到炒青锅内有"沙沙"的响声，手握杀青叶刺手感明显，含水量45%左右。

（4）静置回润　回润过程是制造椪风乌龙茶特有步骤，茶叶炒青后即用浸过干净水的湿布包闷静置 10~20min，使茶叶回软无干脆刺手感，揉捻时易于成形且可避免碎叶及芽叶被揉坏。

（5）揉捻、解块　椪风乌龙茶的外观不重视条索的紧结度，而要求揉捻力度平均、芽叶完好无破损及白毫显露，故揉捻时用力不可太重，揉捻时间宜短，以 10~15min 为宜。揉捻完成后解块上烘。

（6）干燥　椪风乌龙茶干燥分两次，第一次上机温度控制100℃，第二次80℃，烘至足干。椪风乌龙茶不需要做焙火处理，切忌成品带火味。

五、广东凤凰单枞加工

广东是我国重要的乌龙茶产区之一，产地主要分布在广东的潮安、饶平等，产品类型众多（图8-4），其中凤凰单枞是广东乌龙茶的珍品。

粤东茶区 {
潮安 {
凤凰水仙（有性系全体统称为凤凰水仙，单株选拔为单枞）
凤凰单枞（黄枝香、肉桂香、芝兰香、杏仁香、桂花香、通天香、蜜兰香、玉兰香、柚花香、米兰香、姜母香、茉莉香、夜来香、宋种等80多个品系）
细叶乌龙（产于凤凰镇石坪村）
}
饶平　岭头单枞（白叶单枞）
}

图 8-4　广东乌龙茶的种类与分布

凤凰单枞产于广东省潮州市凤凰镇凤凰山，系选拔优异的凤凰水仙单株，经分株加工而成。因香型与滋味的差异，单枞有"黄枝香"、"芝兰香"、"桃仁香"、"玉桂香"、"通天香"等多种品名。现在尚存的 3000 余株单枞大茶树，树龄均在百年以上，性状奇特，品质优良，单株高大，每株年产干茶 10 余千克。

（一）产品品质特点

凤凰单枞茶的品质共性是以花香为特点。它们的品质特征是：外形条索紧结较直，色泽黄褐、油润；具有独特的天然花香；滋味浓醇甘爽，具有特殊山韵味；汤色金黄清澈明亮。耐冲泡；叶底柔软、淡黄、红边明亮。因不同的单株采制，其品种香型有各异的天然花香，十大香型品系是凤凰单枞茶的典型代表。

（二）初制加工技术

凤凰单枞一般为手工采制，鲜叶采摘要求严格。当新梢出现驻芽时，采

2~5叶。采摘时间要选择在晴天下午1：00—4：00。因茶树品种不一，采下来的茶青有乌叶、白叶、厚叶、薄叶、大叶、小叶之分，故采下的鲜叶要分类隔开，以利于分类加工。采完后即刻晒青，当天制完。初制工序分为晒青、晾青、做青、炒青、揉捻、烘焙。

1. 晒青

晒青用水筛，每筛摊叶约0.5kg，且要按各种茶青的叶质情况，合理、均匀晒青。按"一薄、二轻、二重、一分段"的原则操作。所谓"一薄"是指晒青时，要做到叶片薄摊不重叠，使茶青受阳光照射后，达到水分蒸发一致和叶温一致。"二轻"是指茎短叶、薄叶片等含水分少的要轻晒，在干旱、空气湿度小的气候下采摘的青叶要轻晒。"二重"即茎叶肥嫩，含水量多的叶片要重晒，在雨后采摘、空气湿度大的要重晒。"一分段"则是指茎长叶多、老叶多的青叶要分段晒青，即晒一段时间后，放置阴凉处，让其水分平衡后再晒。优质单枞多进行两晒两晾。如果一次重晒，会造成水分失调，形成干茶后，香气不高且带有苦涩味。

晒青于下午4：00—5：00进行，根据上述原则操作。晒青时，不宜翻动叶子，以防机械损伤，造成青叶红变。一般在气温25℃左右的条件下，晒青时间为15~20min。

晒青程度：叶片失去原有鲜绿光泽，转为暗绿色，青叶基本贴筛，叶质柔软已失去弹性，茶青略有芳香，茶青失水率为10%~15%。

2. 晾青

晒青后的茶青连同水筛移入室内晾青架上，使叶子散发热气，降低叶温和平衡调节叶内的水分，以恢复叶子的紧张状态，称为晾青。历时20~40min。晾青后，叶子逐渐恢复生机，呈紧张"还阳"状态，此时要进行并筛。将2~3筛并为1筛，轻翻均匀，堆成"凹"状，但最厚处不要超过3cm，否则造成叶温升高而致发酵较快，出现过早吐香现象。并筛完成后，移入做青间，准备做青。

3. 做青

做青是香气形成的关键工序，关系到成茶香气的鲜爽高低，滋味的浓郁淡薄。做青是由碰青、摇青（浪青）和静置三个过程往返交替数次进行。

做青时，做青间要求凉爽，室温以稳定在20℃，相对湿度以80%左右为宜。

碰青原理：用双手从筛底抱叶子上下抖动，使茶青相互碰击，起到摩擦叶缘细胞，产生发酵作用。在多次碰青过程中，青叶的气味依次从青草气味、青香气味、青花香味逐渐转为凤凰单枞茶各品种特有的自然花香微轻香气。

碰青原则：必须视原料、品种、时间、晒青程度和天气情况而灵活掌握。

碰青次数一般是 5 次。每次碰青后，通过静置产生回青状态。整个做青工序以感官判断"看青碰青"，一般掌握手的力度应先轻后重，次数由少到多，叶片摊放先薄后厚的原则。

做青具体操作要领：第一次于晚上 8：00 时开始，将叶集中在水筛中央。用双手轻轻翻拌几下，然后摊开，静置 1.5 ~ 2h 后，青气退，稍有青花香出现，可进行下一次浪青。第二次浪青，先轻拌几下，并结合碰青，碰青 2 次，再将叶摊成"凹"形。碰青使青叶之间轻度碰撞，叶面或叶缘细胞微有损伤。浪青后散发轻微青气，静置 1.5 ~ 2h，青气退青花香增浓，可继续浪青。第三次浪青应逐渐加强做手，将手指张开，双手抱叶，上下抖动，叶子互相碰击，叶缘或叶面细胞损伤加靛，碰青 4 ~ 5 次，3 ~ 5min，然后静置，待叶缘红点显现，有微弱兰花香气出现时进行并筛。将 3 筛并为 2 筛，并筛后将筛摇几下，使叶收拢厚堆，以促进发酵。经第三次浪青，叶与筛缘或筛面的摩擦加重，叶细胞破坏加深。静置 2 ~ 2.5h 后，青花香较浓，带有轻微醇甜香气，再继续浪青。第四次、第五次浪青是关键，方法与第三次相同，但手势加重，一般碰青 6 ~ 8 次，碰青结束后收堆静置。最后一次浪青结束后，静置 1h，花果香浓郁，略带清甜香味。

做青程度：做青全程需 10 ~ 14h，当青叶叶脉透明，叶面黄绿，叶缘朱砂红，叶面红绿比例约为三红七绿，叶呈汤匙状，手摸叶面有柔感，翻动时有沙沙声，香气浓郁时为做青适度，应立即炒青。若做青不足，做青叶显青气，香气低沉不纯，成茶汤色暗浊，滋味苦涩；碰青过度或静置时间过长，堆叶过厚，导致叶温过高，叶内化学变化过度，做青叶蜜糖香味过浓，成茶香气低淡，叶底死红不活。

4. 炒青与揉捻

炒青也称为杀青。凤凰单枞采用两炒两揉工艺。手工杀青用 72 ~ 76cm 口径的平锅或斜锅，锅温 200℃ 左右，青叶投入锅时，发出均匀的响声。每锅投叶1.5 ~ 2kg，通过均匀翻动。开始采用扬炒，让其青臭味挥发，以后转为闷炒，防止水分蒸发太多。炒至叶色渐变浅绿，略呈黄色，叶面完全失去光泽；无青臭气味，气味变成微花香（品种香），即为杀青适度。目前茶区已广泛使用机械杀青。

凤凰单枞数量少，一般采用手工揉捻，也有配以专用小型揉捻机。手工揉捻每次揉炒青叶 1kg，以手掌能握住为度。揉 5min 后复炒，复炒锅温较低，约80 ~ 100℃；揉叶下锅后，慢慢翻炒，约 3min，使叶受热柔软，黏性增加，利于复揉时紧结条索。起锅后立即复揉，至条索紧卷，茶汁渗出，叶细胞损伤率30% ~ 40% 为度。揉时用力先轻后重，中间适当解块，避免茶团因高温高湿而产生闷味。

如使用揉捻机揉捻后外形条索紧结壮直，则可不进行复炒复揉，而要及时上烘，忌堆积过久，否则成茶汤色暗红浑浊，滋味闷浊欠爽。

5. 烘焙

凤凰单枞烘焙分为初烘、摊凉、复烘三个阶段。其目的是蒸发叶内多余水分，促使叶内含物起热化、构香作用，增进和固定品质，以利贮藏。

初烘：将揉捻叶置于烘笼内进行第一次初焙，火温要掌握在 130~140℃，时间 5~10min，中间要翻拌两次，翻拌要及时、均匀，摊放厚度不能高于1cm，烘至六成干则可起焙摊凉。

摊凉：初烘后摊晾 1~2h，摊晾厚度不宜高于6cm，待初烘茶叶凉透，梗叶水分分布均匀为适度。

复烘：将初烘叶进行第二次复焙，火温掌握在100℃左右，摊放厚度以不超过6cm 为宜，烘至八成干则可起焙，摊晾 6~12h。

足干：即最后进行第三次烘干，火温掌握在 70~80℃，烘至足干，一般需2~6h（俗称"炖火"）。毛茶含水量约6%。

六、乌龙茶品质的形成机理

乌龙茶香味独特，具天然花果香气和品种的特殊香韵。它是由适制乌龙茶的茶树品种，在得天独厚的自然栽培环境下采获其鲜叶，经精细加工而成，是鲜叶独特品质与加工技术综合作用的结果。

乌龙茶对鲜叶要求严格，嫩梢要求一定的成熟度，保证其备较多的香气前导物，然后通过晒青、摇青促进香气的分解与释放，形成乌龙茶香味成分；再通过包揉，促进内含物的自动氧化与转化，使叶内可溶物质增加，这是乌龙茶滋味浓厚（或醇厚）的物质基础。在毛茶加工过程中，物质的进一步转化使乌龙茶香味更加清纯，并提高乌龙茶的耐泡程度。

（一）良好的鲜叶原料是乌龙茶品质形成的基础

适制乌龙茶的鲜叶，在叶片结构上有共同的特点。但其生化组分受品种、季节与采摘时间的影响，从而影响乌龙茶的品质。

1. 乌龙茶鲜叶叶片组织结构特性

适制乌龙茶的鲜叶，叶片表皮有较厚的角质层，角质层外有蜡质层披护，蜡质层的主要成分是高碳脂肪酸和高碳一元脂肪醇，在鲜叶加工过程中，蜡质层分解与转化，产生香气成分，是乌龙茶香气来源之一。

角质层由角质、纤维素和果胶组成，其厚薄影响气孔的开闭，这对乌龙茶做青过程水分的散失有重要的影响。叶质硬而脆、角质层较厚的鲜叶能够在做青机械力的作用下保持叶缘损伤而叶心组织基本完好的状态，从而确保"绿心红边"的形成。角质层较厚的另一好处是鲜叶在长时间的做青过程中，不至于因失水过多过快而影响到内含物有节奏的转移和转化。因此，乌龙茶原料在鲜叶采摘上，要求具有一定的成熟度。

同时，鲜叶的叶片组织结构特点又影响着制茶工艺，如叶片气孔分布的密度和海绵组织的排列，不同程度地影响做青时间的长短，如黄棪和奇兰，气孔分布较密，其单位面积气孔数比梅占多1倍，做青时间就比梅占短。

适制乌龙茶的茶树品种，叶片的下表皮普遍具有腺鳞，而其他茶树品种是少有的（表8-11）。腺鳞具有分泌芳香物质的功能，是乌龙茶香气的又一来源。

表8-11　适制乌龙茶主要茶树品种叶片结构

品种	叶厚/ μm	角质层厚度/ μm	气孔数/ (12.5×10)	气孔大小/ ［长（μm）×宽（μm）］	腺磷	白毫
铁观音	280～300	2	187～208	40×32	有	有
毛蟹	340～360	2	165～197	44×32	有	有
奇兰	268～275	1.5	261	40×36	有	有
黄棪	380～400	2	339～341	40×36	有	有
梅占	230	3	130～145	40×36	有	有
本山	320～360	2～3	201～208	40×36	有	有
水仙	240	2	136～148	40×48	有	有
大叶乌龙	260～270	2	152～168	40×36	有	有

2. 乌龙茶鲜叶叶片生理结构特性

乌龙茶鲜叶要求新梢形成驻芽时采摘，这时的新梢叶片比较成熟，其生理结构也发生一定变化。随叶片成熟度的提高，叶绿体趋向衰老，衰老的叶绿体出芽退化产生原质体。同时类胡萝卜素增加，其中的胡萝卜素是制茶香气的先质。成熟的叶片，叶绿体片层清晰，有一个或多个巨型淀粉粒随淀粉粒逐渐扩大、分化。扩大的结果将叶绿体片层挤到周边，并向外伸出形成原质体，具有形成其他质体的潜能；而分化的结果，除胡萝卜素递增外，脂类颗粒也在增多；这些都是乌龙茶香气的物质基础。这种从第三叶开始叶绿体退化产生原质体的现象，只在适制乌龙茶的茶树品种中发现，这可能与乌龙茶的特殊风味有关。

3. 乌龙茶鲜叶原料的化学特性

在乌龙茶鲜叶各种适制性化学指标中（表8-12），多酚类含量及组成适中应作为优先考虑的因素，以确保多酚类经适度氧化后残留的部分与其色素之间相互协调，使成茶汤色黄而不红、滋味爽而不苦（涩）。除多酚类外，水浸出物、醚浸出物和总糖量同样影响到风味品质的优劣。这三类物质在较为成熟的鲜叶中含量丰富，能起到增进滋味浓醇、耐泡及香气浓郁持久的重要作用。需要说明的是，就同一品种或不同品种的成熟鲜叶而言，满足所有理化性状指标和要求是不切实际的。即使统一采摘标准，鲜叶理化性状也因品种、季节不同而有所差异。正因为如此，乌龙茶风味才能在符合一定的香、味及外观特征基础上，表现出多样化的品质内涵。

表 8-12　适制乌龙茶鲜叶的化学性状

成分	含量（或指标）
多酚类	25%左右（<25%）
儿茶素	>16%（适中）
酯型儿茶素与简单儿茶素比值	1.5~2.0
酚氨比值	9~13
水浸出物	40%左右
总糖量	丰富
蛋白质	中等
醚浸出物	丰富

值得提出的是乌龙茶的"品种香"。"品种香"虽为个体属性，却代表了乌龙茶普遍存在的品质风格。"品种香"一直是制茶原料改良和创新的一项重要课题，但针对"品种香"的研究还大多着眼于成茶香气成分的分析，因此在原料理化性状的相关要求方面尚需进一步探讨。

（二）季节、气候、天气是影响乌龙茶品质的重要因素

乌龙茶品质的形成与初制过程的气候条件关系密切，而气候对乌龙茶鲜叶质量的影响尤为明显。在福建的气候条件下，从季节来说，一年中以凉爽、晴朗的秋冬季鲜叶制茶最好，春茶次之，夏、暑茶最差；从气候看，晴天鲜叶品质优于雨天。从日变化看，晴天中以"午青"最佳，"晚青"次之，"早青"尤其是露水青，香气最差。这与鲜叶中所含的香气物质、香气前导物含量有关。

据研究，雨季鲜叶中绿原酸增加，鲜叶品质变劣，致使制茶香气不佳。而干旱季节或晴朗天气的鲜叶，绿原酸含量少，沉香醇及其氧化物、香叶醇等单萜烯类物质增加。这是因为在凉爽、晴朗的气候条件下，叶片气孔常处于关闭状态，使代谢中叶绿素含量降低，造成叶绿体紊乱，从而降低了乙酸盐途径的代谢，这时膜外的亮氨酸途径便起主导作用。亮氨酸途径所生成的萜烯类物质比乙酸盐途径多，香气成分相对较多。

在高温、阴雨气候条件下，茶树芽梢生长迅速，叶绿体膜内的乙酸盐途径代谢占主导地位，产生的萜烯类物质少，因而鲜叶中香气成分也少。茶鲜叶中芳香物质主要组分以春季含量最高，夏季其次，秋季较少。从芳香物质的香气类型来说，春季良好型的组分比例较高，萜烯醇类尤为突出。夏季以具青气的芳香物质组分较多，而且不具优雅花香的 β - 紫罗酮成分，秋季芳香成分总量虽少，但不良香气的芳香成分也少（表8 - 13）。因此，春、秋茶香气高雅，而夏、暑茶香气低淡。

表8 - 13　茶鲜叶不同季节香气主要成分比例及香气类型的组成 单位:%

成分或组分	春茶	夏茶	秋茶
顺 - 3 - 己烯醇	2. 15	3. 13	15. 0
苯甲醇	1. 23	1. 60	1. 01
芳樟醇	19. 84	8. 20	11. 90
反 - 芳樟醇	4. 23	4. 11	3. 18
反 - 芳樟醇氧化物（呋喃型）	1. 73	1. 24	0. 91
香叶醇	25. 46	3. 93	3. 16
反 - 2 - 己烯醇	3. 52	25. 48	1. 13
β - 紫罗酮	0. 31	—	0. 02
顺 - 茉莉酮	0. 20	0. 17	0. 05
占香气总量	58. 67	47. 90	36. 85
青草气　$C_5 \sim C_{10}$（脂肪族醇、醛类）	6. 14	25. 48	17. 13
果香　$C_2 \sim C_{10}$（脂肪族酯类）	—	—	—
花香　萜烯醇类	51. 26	17. 52	19. 16

（三）独特的加工工艺是乌龙茶品质形成的关键

如果说鲜叶原料的特性是乌龙茶品质形成的内因，那独特的加工工艺则是乌龙茶品质形成的外因，而且是决定乌龙茶品质的关键因素。乌龙茶"香高、味醇、绿叶红镶边"的品质特征就是在加工中形成的。

1. 乌龙茶初制工艺与香气的形成

乌龙茶以其特殊的天然花果香和独特的韵味久负盛名，这幽雅的香气是以挥发性化合物形式存在于鲜叶中的。当鲜叶从树上采下来时，由于机械力的刺激，使不挥发性成分转化为香气成分，如在鲜叶中萜烯类芳香物质以糖苷形式存在于晒青（或萎凋）叶中。摇青过程中，适宜的温湿条件促进了糖苷酶的活化，从而促进糖苷类物质的水解，生成萜烯醇类的游离芳香成分与葡萄糖，既增加茶叶的香气，又提高了茶汤滋味的甜醇度。在干燥过程中，高温促使生成具有烘烤香味的吡嗪、呋喃类的香气成分，它们直接参与乌龙茶香气的构成，赋予茶叶烘焙香（或火功香）。

（1）晒青（或萎凋）　乌龙茶一般采用日光萎凋（即晒青），晒青是乌龙茶香气的诱导因素，它激发了乌龙茶香气前导物或香气物质的产生，为做青过程中高香物质的形成及特殊香型的构成提供了必要的物质基础。据研究，采用日光萎凋（即晒青）处理的叶中苄基氰、吲哚含量较鲜叶增加，而采用加温萎凋的，这两种成分都减少。晒青除芳樟醇、香叶醇外，其他各种成分均有增加。晒青还使氧化沉香醇（吡喃型）、三烯辛醇、香叶醇、苯甲醇等香气成分呈线性增加。晒青过度，部分叶张红变，叶中橙花叔醇、茉莉内酯、苯乙醇、苯乙腈等香气成分减少，致使过度萎凋叶香气不良，甚至劣变。

加温萎凋对香气的影响与晒青相似。国内外学者对加温萎凋的研究结果表明，经过近40℃的加温萎凋的乌龙茶，其香气成分比不萎凋或室温萎凋的多。用不同光质，如白炽灯、远红外灯、紫外灯等照射萎凋，与加温萎凋的乌龙茶比较，其香气成分相近。由此说明，人工光照或加温萎凋均可代替日光萎凋。研究表明，日光萎凋或人工光照可使氨基酸及芳香醇、醛、酸类物质随萎凋进展而增加，但光照过强，氨基酸、脂肪醇、醛、酸会对香气产生负效应。

（2）摇青　摇青是形成乌龙茶特有香气的关键工序，摇青可使乌龙茶香气成分显著增加，如己酸－顺－3－己烯酯、苯甲酸－3－己烯酯、顺茉莉酮、苯乙腈、α－法尼烯、橙花叔醇、茉莉内酯、异丁子香酚、苯乙酸和吲哚均明显增加。实践说明，日光萎凋和摇青对乌龙茶香气发展均有积极作用，但只有摇青才使茉莉酮与茉莉内酯大量增加。

同时，摇青程度的轻重直接影响发酵程度，从而使香气成分有明显差异，如摇青、发酵较轻的安溪铁观音与摇青、发酵较重的台湾乌龙茶相比较，安溪铁观音的香气成分中橙花叔醇、茉莉内酯和吲哚含量较多，而在台湾乌龙茶中则未检测出或很少检测出；台湾乌龙茶含量较多的香气成分是沉香醇、氧化沉香醇、香叶醇、苯甲醇。因此，做青方法不同，所形成的乌龙茶香韵风格也不同。

由此可见，萎凋与摇青使叶中香气增加，这些香气成分的增加，糖苷类物质的水解是一个重要途径，它对提高乌龙茶香气与滋味有着重要的作用。萎凋与摇青的结果使橙花叔醇、氧化沉香醇、香叶醇等芳香醇含量均高于茉莉花茶，这使乌龙茶香气不同于茉莉花茶，比茉莉花茶更为馥郁幽雅，也是乌龙茶香型独特的关键所在。

（3）热效应　乌龙茶经晒青、摇青后，诱发产生良好的香气成分，再经炒青、包揉（或团揉）、干燥等工序的高温热效应，香气固定并进一步熟化与纯化，使乌龙茶的香气优雅清醇。炒青使低沸点的具青草气的芳香物质挥发。在炒青与烘焙过程中，当氨基酸与茶叶中的糖类共热时，能形成大量的吡嗪、吡咯、吡喃、呋喃类化合物，使茶叶具有焙炒香味。这在乌龙茶的"吃火"过程中尤为重要，它使中、低档茶产生了"火功香"。加热还引起脂类物质的降解，并使萜烯类物质发生一系列分子重排和加成反应，产生多种具高香的萜烯类化合物，从而构成乌龙茶的优雅香气。包揉（团揉）过程的湿热作用则使茉莉内酯、茉莉酮甲酯和吲哚减少，而 α - 法尼烯、橙花叔醇显著增加，香气进一步熟化。

2. 乌龙茶初制与滋味的形成

茶叶滋味是一种多味协调的综合体，有可溶性糖的甜味，儿茶素及其氧化产物的涩味、收敛性和醇厚感，氨基酸的鲜爽味，咖啡碱的苦味等。乌龙茶滋味鲜爽醇厚，收敛性强，回味甘鲜，这种独特的滋味风格是在制茶过程中形成的。

做青过程，随着水分的部分蒸发和叶细胞的破损，鲜叶内含物发生一系列的氧化、水解、聚合、缩合作用。多酚类发生水解转化，酯型儿茶素水解为简单儿茶素与没食子酸。同时，在晒青和做青过程中，儿茶素发生酶促氧化作用，生成茶黄素、茶红素等有色的儿茶素氧化物。儿茶素及其氧化产物构成浓醇而富收敛性的滋味。多酚类的水解、氧化及其产物可与蛋白质结合形成不溶性的沉淀，一定程度上使做青叶中显示涩味特征的多酚类含量减少（表8 - 14、表8 - 15、表8 - 16），这些变化使茶汤的涩味感减弱。由于多酚类的氧化还原反应伴随着蛋白质、脂类、原果胶、多糖等大分子物质的降解，具甜味的可溶性糖、可溶性果胶含量增加，鲜甜味的茶氨酸、谷氨酸、天门冬氨酸等氨基酸含量增加，苦味的咖啡碱含量有所减少。

表 8 – 14　乌龙茶晒青、做青过程中儿茶素的变化（以鲜叶为 100 计算）

项目	儿茶素总量	L – EGC	D，L – GC	L – EC + D，L – C	L – EGCG	L – ECG
鲜叶	100	21. 42	5. 07	8. 69	47. 68	17. 13
晒青	68. 41	10. 50	4. 64	5. 73	37. 12	10. 42
晾青	79. 43	14. 55	5. 88	8. 09	38. 68	12. 23
做青 4h	72. 43	13. 74	3. 54	6. 52	38. 52	10. 11
做青 8h	57. 02	6. 05	4. 14	5. 31	32. 26	9. 26

在揉捻和包揉工序中，揉挤出部分茶汁，使之凝于叶表，有利于内含物的混合接触和一定程度的转化，增强茶汤的滋味。

在烘焙过程，由于热的物理化学作用，酯型儿茶素有所减少，降低涩味，醇和滋味。叶内大分子物质的热解转化，形成新的氨基酸，氨基酸含量增加（表8 - 15），协调茶汤滋味。多糖降解转化成可溶性糖类，增强茶汤的甜醇味。

咖啡碱一部分升华，使苦涩味减弱。总之，烘焙可增进茶叶的形、色、香、味，故有"茶为君，火为臣"之说。

表 8 – 15　乌龙茶做青过程中内含物含量的变化

| 工序 | 做青温度 22~23℃ | | | 做青温度 17~18℃ | | |
	水浸出物含量/%	茶多酚含量/%	氨基酸含量/%	水浸出物含量/%	茶多酚含量/%	氨基酸含量/%
鲜叶	28.84	23.66	1.91	28.84	23.66	1.91
一摇	28.29	23.12	2.21	28.29	23.12	2.21
二摇	27.66	21.71	1.99	25.33	20.74	2.10
三摇	27.13	22.82	2.12	25.35	19.78	2.20
三晾中期	24.87	18.62	2.00	26.71	20.61	1.93
炒青前	25.76	20.15	2.12	26.87	20.47	2.36
炒青后	26.16	21.50	2.11	26.09	20.76	2.30
毛茶	27.02	21.28	2.21	27.07	21.13	2.31

3. 乌龙茶初制与色泽的形成

乌龙茶品质要求外形色泽绿润带宝色，汤色橙黄，叶底黄绿，红边与红点鲜艳，这一品质特征是在鲜叶加工中形成的。

晒青过程，叶绿素被降解、破坏。据安徽农学院试验，红外线照射萎凋45min，叶绿素含量为0.26%，而自然萎凋16h后，叶绿素含量为0.3%。由此可见，在晒青与做青过程中，叶绿素被破坏，叶色从暗绿转为浅绿再转为黄绿。张杰等研究认为，在乌龙茶鲜叶加工中，做青叶中心色素以叶绿素的降解为主，形成叶底的淡绿色。而叶缘除叶绿素被降解、破坏外，还有多酚类化合物酶促氧化形成的茶黄素、茶红素与茶褐素等有色物质，在冲泡时部分结合成不溶性的有色物质，沉积于叶缘，呈现"红镶边"的叶底（表 8 – 16）。炒青使叶绿素进一步破坏，叶色由青绿转为黄绿。

表 8 – 16　做青过程中主要色泽相关物质含量的变化

| 成分 | 部位 | 鲜叶 | 晾青 | 晒青 | 摇青 | | | |
					第一次	第二次	第三次	第四次
茶多酚含量/%	叶缘	22.12	21.66	21.41	20.17	19.89	17.56	16.10
	叶心	19.44	18.96	18.62	18.07	18.24	13.35	16.44
儿茶素含量/（mg/g）	叶缘	173.79	170.73	164.98	151.44	140.64	129.35	112.91
	叶心	152.20	151.28	142.61	141.38	139.80	131.53	124.98

续表

成分	部位	鲜叶	晾青	晒青	摇青			
					第一次	第二次	第三次	第四次
黄酮类含量/	叶缘	11.95	11.84	11.92	11.83	12.13	11.83	12.11
（mg/g）	叶心	10.36	10.34	10.32	10.39	10.78	9.98	10.90
叶绿素	叶缘	0.91	0.88	0.89	0.87	0.71	0.72	0.69
含量/%	叶心	0.88	0.87	0.86	0.86	0.84	0.74	0.71
茶黄素	叶缘	0.05	0.06	0.07	0.07	0.10	0.12	0.10
含量/%	叶心	0.06	0.06	0.05	0.06	0.07	0.08	0.06
茶红素	叶缘	2.97	3.36	3.58	3.75	4.19	3.92	4.07
含量/%	叶心	3.05	3.72	4.08	3.97	4.29	3.66	3.59
茶褐素	叶缘	2.47	2.54	2.74	2.90	2.86	2.91	3.26
含量/%	叶心	2.53	2.54	2.87	2.86	2.98	2.82	3.04

乌龙茶经炒青、烘焙，在热的作用和微酸性的条件下，叶绿素进一步被破坏，叶色变为暗褐或黄褐。试验表明，烘后叶绿素部分破坏（烘前叶绿素含量2.42～3.62mg/g 干物质，烘后为 1.30mg/g 干物质），说明乌龙茶初制与干茶色泽有密切关系。

小　结

乌龙茶，亦称青茶，属于半发酵茶。乌龙茶制工精细，综合了红茶、绿茶初制的工艺特点，即鲜叶先经萎凋、摇青，促使发酵，后进行杀青、揉捻和烘干。成品茶品质兼有红茶之甜醇与绿茶之清香。

乌龙茶的品质特点：绿叶红镶边。要求汤色金黄，香高味厚，喝后回味甘爽。高级青茶必须有韵味。如武夷岩茶需有岩骨茶香之岩韵。安溪铁观音需有香味独特的观音韵。优良品种茶，都具有特殊的香气类型，如肉桂的桂皮香，黄旦的蜜桃香，凤凰单枞具有天然的花香。

我国乌龙茶产区有福建、广东、台湾三省。依其制法特点和品质特征以及产地不同，可分为闽北武夷岩茶，闽南安溪铁观音，广东、台湾乌龙茶。

萎凋（晒青）对于乌龙茶香气和滋味的形成具有重要的作用。在这一工序中主要掌握温度、不同品种、程度和操作技术等几个方面。

做青（摇青）中以水分的变化控制物质的转化，促进香气、滋味的形成和发展是做青技术的一个重要原则，也是调节制茶过程水分变化的主要目的之一。

杀青采取高温、快速、多闷、少扬的方法使叶子在摇青过程中所引起的变化不再因酶的作用而继续进行,并在水热的作用下,内含物发生一系列复杂的变化。

揉捻是形成乌龙茶外形卷曲折皱的重要工序。

烘焙(干燥)可蒸发水分,固定品质,紧结条形,发展香气和转化其他成分,对提高乌龙茶品质有良好作用。

项目九　白茶加工技术

（1）了解白茶品质形成的基本知识、基本理论。

（2）了解白茶的加工工艺流程、技术参数、要求和操作要领。

初步具备按照白茶的加工工艺流程确定技术参数并进行加工的能力。

白茶是我国六大茶类之一，产于福建省福鼎、政和、建阳、松溪等县（市），也是福建省的特种外销茶类。

白茶属轻微发酵茶类，其基本加工工艺过程是晾晒、干燥。

白茶的品质特点是干茶外表满披白色茸毛，色白隐绿，汤色浅淡、味甘醇、第一泡茶汤清淡如水，故称白茶。

白毛茶花色依茶树品种和采摘标准不同进行区分。

（1）白牡丹依茶树品种不同进行区分。

大白：大白茶品种制成；

水仙白：水仙品种制成；

小白：菜茶品种制成。

（2）依鲜叶嫩度不同进行区分。

白毫银针：大白茶或水仙品种的肥芽制成；

白牡丹：大白茶的一芽二叶初展嫩梢制成；

贡眉：菜茶一芽二、三叶嫩梢制成；

寿眉：制银针"抽针"时剥下的单片叶制成。

白茶产区小，产量也少。1949 年，白茶产量约 100t。1952 年恢复生产，随着产区扩大和工艺的创新，白茶产量大幅度上升，1983 年达 439.5t，年出口量约 400t，占产量的 90% 以上。进入 21 世纪后，年产 5000t 左右，产销稳定。

一、白毫银针加工

（一）产品品质特点

银针外形肥壮，茶芽满披白毫，色泽银亮。内质香气清鲜，毫味鲜浓，滋味鲜爽微甜，汤色晶亮，呈浅杏黄色。

由于产区不同，品质略有差异。福鼎银针芽头肥嫩，茸毛疏松，呈银白色，滋味甘醇，汤色杏黄或浅黄。政和银针芽壮毫显，呈银灰色，滋味清鲜，汤色浅杏黄。

同一产区，随采制季节不同品质也有差异。如福鼎产区，清明前采制的，芽头肥壮，身骨重实，茸毛疏松，色白如银。清明后采制的，芽头扁瘪，身骨轻虚，茸毛伏贴，色带灰白。

（二）初制技术

白毫银针分福鼎和政和两个产地。福鼎制法是当茶树新芽抽出时，即采下肥壮单芽；政和制法是当新梢达一芽二叶后将嫩梢采下，放置于室内干燥处"抽针"。抽针时，左手捏往嫩梗，右手将叶片轻轻剥下，所余肥芽付制银针，叶片付制寿眉或其他茶。

1. 福鼎制法

福鼎白毫银针鲜叶坚持"十不采"原则，即雨天不采，露水未干不采，细瘦芽不采，紫色芽头不采，人为损伤芽不采，开心芽不采，空心芽不采，虫伤芽不采，病态芽不采，霜冻伤芽不采，采摘标准要求十分严格。在每年清明前开采，当茶树新芽抽出时，采下其肥壮单芽。

采摘后，将茶芽均匀薄摊在水筛上，每筛约摊芽 0.25kg，以互不重叠为度。摊后即置架上日晒，不可翻动，否则茶芽受伤变红。福鼎银针的萎凋与干燥工艺受环境、天气影响较大。

晴朗干燥多风的天气，一般晒 1 天就可达八九成干，再用焙笼文火烘焙到足干即可贮藏。烘焙时，烘心盘上垫衬一层白纸，防止火温灼伤茶芽，确保成茶毫色银亮。每笼放 0.25kg，烘温 30 ~ 40℃，约 30min 即可足干。

如遇到潮湿的南风天，日晒 1 天只能达到六七成干，第 2 天继续晒至八九成干后，同样用30~40℃文火烘至足干。如果当天不能晒至六七成干，或者第2天遇到阴雨天，则当晚或第2天用文火烘干，火力可稍高，温度为40~50℃。

若日晒后遭遇连续阴雨，即在当晚或次日晨先用65℃火温烘焙10min，中间翻动一二次，到叶色呈灰绿时取出，稍加摊晾，再用50℃烘到足干。采用此法所制的毛茶，白毫易脱，色泽灰黄，带有闷味。

若茶芽采后即遇连绵阴雨，则采用全烘干法，先高温（90~100℃）烘焙，待减重60%~70%时下烘摊凉，再用文火（50℃左右）烘到足干。此法须严格控制投叶量，掌握不当，常出现闷味，茶芽变红或枯黄。有风天气，也可先在室内自然萎凋，待减重30%左右时再用文火烘干。

2. 政和制法

政和制法与福鼎制法稍有不同。

首先表现在鲜叶原料的采摘上。政和制法是待新梢抽出一芽一、二叶后将嫩梢采下，置室内干燥通风处"抽针"。抽针时将叶片轻轻剥下后，带梗的肥芽称鲜针，可付制银针，叶片付制寿眉或其他茶类。

在萎凋与干燥方法上也有所差异。

一种制法是将鲜针薄摊于水筛中，置通风处的萎凋架上萎凋，或在微弱阳光下摊晒至七八成干，含水率20%~25%，移至烈日下晒干，一般需2~3d才能完成。干燥有风的晴天，可采用先日光萎凋后风干的制法。于9：00时前或15：00时后，阳光不太强烈时将鲜针置日光下晒2~3h，然后移入室内进行自然萎凋，至八九成干时，再晒干或用文火烘干。晒干的香气较低，稍带青气。

另一种制法是"晒毛针"，即将采下的嫩梢，薄摊在微弱的阳光下，晒至八九成干时移入室内，剥去真叶和鱼叶，俗称"抽针"，然后再用文火焙干或晒干。

（三）毛茶加工技术

白毫银针毛茶加工非常简单，分毛茶、筛分、拣剔、烘焙、装箱等几道工序。

①筛分：毛银针用6、7号筛筛分，筛上为特级银针，其芽长大洁白；筛下为一级银针。

②拣剔：银针拣剔十分精细，要摘去过长的芽蒂，拣除焦红、红变、黄变、黑色、暗色芽、绽开芽和各种夹杂物，使外形匀净美观，内质一致。

③烘焙：烘焙又称复火，是白毫银针装箱前的重要技术措施，它不仅使成茶达到贮运的水分要求，而且使茶芽受热，韧性增强，便于装箱时加压。烘焙温度80~85℃，时间长短不一，一般10~30min，中间翻烘一次。翻烘时两笼互倒，严防断碎。翻烘后盖以厚布，使茶芽受热均匀，并保持一定水分（含水

率5%），以备装箱。

④装箱：将复火适度的银针，趁热由焙笼直接倒入茶箱，每倒数笼后，迅速垫上净布，用匀力稍加压实，注意切勿将茶芽压碎。每次操作，动作轻快，一般不超过5min，否则，茶芽冷却变脆，加压时易断碎。

二、白牡丹加工

白牡丹属花朵形白茶，创制于福建省建阳市水吉镇。福鼎市白琳镇，政和县铁山镇、东平镇，建阳市漳墩镇及台湾省均有生产，历来销售到东南亚各国。

（一）产品品质特点

白牡丹一般采一芽一叶和一芽二叶初展新梢制成，绿叶夹银白毫心，叶背垂卷，形似花朵，故名白牡丹。毛茶背面白毫银亮，叶面黛绿或铁青，呈绿面白底，称之为"青天白地"。因长时间萎凋而使叶脉微红，夹于绿叶、白毫之中，呈绿叶红筋，因而又有"红装素裹"之美誉。因鲜叶采自不同品种的茶树，成茶有大白、小白、水仙白之分，品质各异。

大白：叶张肥嫩，毫心壮实，茸毛洁白，叶尖上翘，叶面波状隆起，色泽黛绿，毫香高长，汤色橙黄清澈，香味清鲜甜醇。

小白：叶张细嫩，舒展平伏，毫心细秀，色泽灰绿。毫香鲜纯，汤色杏黄清明，滋味醇和爽口。

水仙白：叶张肥厚，毫芽长壮，茸毛犷密。色泽灰绿微带黄红，毫香浓显，汤色黄亮明净，香味清芳甜厚，多用作拼配其他白茶，以提高香气与滋味。

贡眉、寿眉制法与白牡丹大体相同，其品质次于白牡丹。

（二）鲜叶要求

白牡丹于4月上旬采制，一年可采三季。福鼎略早，于清明前后开采。政和稍迟，于谷雨前开采。春茶嫩梢萌发整齐，叶质柔软，毫心肥壮，茸毛多而洁白，可制高级白牡丹。产品质量好，产量也高。夏秋季因嫩梢芽头瘦小，茸毛稀少，叶质较硬，产品身骨轻飘，汤浅味淡，带涩感，现已少制白茶。

白牡丹采摘标准为一芽一、二叶初展，低级白牡丹可采一芽二、三叶。鲜叶要求"三白"，即嫩芽及第一、二叶均满披白毫，枝叶连理，完整无损。

白牡丹采摘要求分批，合理采摘，晴天多采，雨天不采，对夹叶及时采。嫩梢不带鱼叶、老叶、茶枝和非茶类杂物。

（三）初制技术

白牡丹只经萎凋、干燥两道工序。萎凋工序中有并筛（堆积）工序，干燥后需立即拣剔方成毛茶，因此白牡丹加工工序又可细分为萎凋、并筛（堆积）、干燥、拣剔。其中，萎凋与干燥有时无明显界限，如采用自然晾干或风干的，就很难截然分开萎凋与干燥工序。一般以室内自然萎凋和适时干燥品质较好。

1. 萎凋

鲜叶进厂后，严格分清等级，及时分别"开青"。开青又称开筛，是在1cm直径的水筛内放置0.4～0.5kg鲜叶，用手转动水筛，使芽梢均匀摊于水筛内，以叶片互不重叠为度。或采用萎凋筛，每筛放置鲜叶1.2～1.5kg。开青后置架上萎凋，萎凋中不可翻动、手摸，以防芽叶因机械损伤而红变，或因重叠而变黑。

开青后，根据气候条件和鲜叶等级，灵活选用室内自然萎凋、加温萎凋或复式萎凋。

（1）室内自然萎凋　室内自然萎凋是白茶萎凋最常用的方法，尤其是阳光强烈天气或阴雨天，均以室内自然萎凋较容易控制。

萎凋室要求宽敞卫生，无日光直射，既通风透气，又便于控制温湿度。春季室温控制在20～25℃，相对湿度70%～80%。正常萎凋于36h后进行第一次并筛，48h后进行第二次并筛；夏秋气温较高，室温控翻在30～32℃，相对湿度70%左右。总历时以48～60h最适宜，不得少于36h，否则产品带青气，滋味青涩；也不得多于72h，否则产品易转黑霉变，品质下降甚至劣变。

（2）复式萎凋　复式萎凋通常是春茶在早晨或傍晚日光不太强烈或天气变幻无常的情况下采用，即萎凋过程以日光萎凋与室内自然萎凋交替进行，一般早、晚日光不太强烈时进行日光萎凋，视气温高低晒10～30min后移入室内自然萎凋以降低叶温，延缓叶内物质化学反应进程。如此反复2～4次，待芽叶萎软，失去光泽后，再在室内自然萎凋至适度。

复式萎凋作业繁复，所需场地大，程度不易控制，毛茶常出现色泽花杂、红变等缺点，品质较差，但在低温晴朗天气仍可采用，主要是细心操作，注意控制每次日光萎凋的程度，防止萎凋过度。

当室内自然萎凋或复式萎凋程度达七八成干时即可进行并筛。

（3）室内加温萎凋　为缩短白茶制造周期，提高生产效率，解决白茶雨天萎凋困难，稳定产品品质，许多白茶制造厂都开始采用室内加温萎凋，即热风萎凋技术。这样有了室内温度、湿度等环境的稳定性，鲜叶更容易达到良好的萎凋效果。

操作时，将鲜叶摊放于水筛上，每个水筛摊放鲜叶1.8～2.0kg。

室内加温萎凋对温度、湿度、风量以及萎凋的时间要求要比自然萎凋严格得多。热风萎凋室一般具备加温炉灶、排气设备等。萎凋室外设热风发生炉，热空气通过管道，均匀地散发到室内，萎凋室温上升。有条件的可使用专门的茶叶空调来调节温度和湿度。气流调节方法是通过送风与排湿装置来达到的，开启屋顶部的风扇，可促使空气流动，墙角的排气扇可起到换气的作用。

热风萎凋时间为 24～28h。春茶由于嫩度好，鲜叶含水量高，叶张肥厚，萎凋时间可适当延长 5～6h；而夏秋茶嫩度低，叶张瘦薄，含水量低，时间可适当缩短 3～4h。

室内加温萎凋若温度过高，湿度过大，则水分蒸发慢，生化反应快，叶子容易变红；若温度低，湿度大，则氧化慢，水分散失缓慢，色泽变暗，因此温度和湿度必须把握得当。

室内温度设置为 25～35℃，相对湿度60%～75%，一般采用连续加温的方式来萎凋。温度由低到高，再由高到低，即开始 1～6h 内室温维持在 27～30℃，中间 7～12h 温度维持在 31～34℃，13～18h 维持在 30～32℃，18～24h 温度为 26～29℃。萎凋过程中可适当翻动萎凋叶，以免叶片发生粘连，影响萎凋效果。萎凋程度达八成干即可。

2. 并筛 （堆积）

到了萎凋后期，为防止叶子失水过快，促进茶叶内含物的转化和积累，就需要通过并筛或堆积来抑制空气的流通，以免因失水过快引起萎凋不均匀，进一步消除青臭味。

（1）并筛 室内自然萎凋和复式萎凋都需进行并筛。当萎凋叶青气减退，毫色发白，叶色转灰，叶尖翘起呈"翘尾"状时约七八成干，即可进行并筛。高级白牡丹并筛分二次进行，七成干时二筛并一筛，八成干时再二筛并一筛。小白于八成干时四筛并一筛，并筛一次完成。

并筛后将叶摊成"凹"形，厚 10～15cm，九成干时进行干燥，历时12～14h。

（2）堆积 加温萎凋或低级白茶采用"堆积"，堆积时叶子含水量不低于20%，否则内含物转化困难。堆积厚度 20～30cm，视萎凋叶含水多寡、气温高低而灵活掌握。含水量多，气温高时，堆放宜薄，反之则稍厚。堆放时间 3～5h，清臭味消失，茶香显露。

（3）萎凋程度 正常的萎凋过程，叶色与叶态变化同步进行。叶色由鲜绿转青绿、黛绿、绿泛灰、泛微红、灰绿或铁灰。叶态由平展转波卷、显毫、翘尾、垂卷、定形。并筛与堆积可促进叶缘垂卷，内含物进一步转化，叶脉泛红，并促使梗脉水分重新分布。待毫色银白，叶已转色呈灰绿或铁灰，即可上烘。

3. 干燥

干燥是白茶定色阶段，它对固定品质、提高香气有重要作用，并使达到一定的含水要求。

适度萎凋叶应及时上烘，以防变色变质。高级白茶用焙笼烘焙，中低级白茶用烘干机烘焙。

焙笼烘焙：焙笼烘焙温度视萎凋叶含水率高低而定。萎凋叶达九成干时，烘温 70～80℃，每笼摊叶 0.75kg，15～20min 可达足干。若萎凋叶七八成干，则先用明火（90～100℃）初烘，至九成干时下焙，再用暗火（70～80℃）复焙 10～15min，可达足干。中间可翻动 2～3 次，动作要轻，以防芽叶断碎，梗叶脱离。

机械烘焙：九成干的萎凋叶采用 80℃风温。摊叶厚 4cm，慢速烘焙，历时 20min，一次干燥。六七成的萎凋叶分二次干燥，初烘 100℃，历时 10min，摊凉后以 80～90℃慢速复烘可达足干。

4. 拣剔

白牡丹干燥后要立即拣剔，使毛茶匀净美观。高级白牡丹拣剔要求较高，应拣去腊叶（鱼叶）、黄片、红张、老皮、枝梗和杂物。二、三级白牡丹应剔去梗片与杂物。低级白茶只剔除非茶类杂物。拣剔动作操作要轻，保持芽叶完整无损。

（四）毛茶加工技术

白牡丹毛茶加工比其他茶类简单。高级白牡丹应及时付制，精细加工，严格拣剔，并保持芽叶不断碎，外形完整。

1. 毛茶拼配

毛茶进厂后经复评、定级、归堆，水分不超过 12%，否则需立即补火。按高级茶先付制的原则进行加工。白牡丹因品种、季节和产区不同，品质差异很大，将各路毛茶按一定比例拼配，可使产品品质保持稳定。

白牡丹采用多级拼配付制、单级成品收回，以充分发挥毛茶的经济效益，如以大白茶的特级、一级、二级为主体（约占 80%），拼以水仙白的特级、一级、二级（约占 10%），拼和付制特级白牡丹。

2. 加工操作

高级白牡丹为保持芽叶连枝，多用手工拣剔。越高级的，拣剔越要精细。拣出的黄叶、腊叶、梗、老片分别归堆，作副茶处理。中低级产品由于叶张较大，经筛分打细处理。

一级、二级毛茶通过平面圆筛机 2.5 孔和 3 孔筛，筛后分别拣剔，为半成品。三级、四级毛茶按上述筛分拣剔后，筛面茶经打碎过 2.5 孔捞筛，至全部通过筛网，均为正茶，属半成品。低级毛茶经筛分、拣剔后，拣出的片另外成箱，称白茶片，或拼入寿眉。粗大片反复捞筛两次，筛上为粗片，筛下为细片，属半成品。以上各半成品按一定比例打堆成各级成品茶。打堆时要耙匀，动作要轻。高级白茶匀堆时要在跳板上操作，防止压碎茶叶。

3. 复火装箱

匀堆后用烘干机进行复火。进口风温 110 ~ 120℃，摊叶厚度 2cm，约 15min，至烘后水分 5% 左右即可。

白茶须趁热装箱，保持一定温度，以免冷却后叶张硬脆易断。装箱动作要快，防止吸潮。装箱时多摇动，以不压或轻压为好。低级白茶可稍加压实。装箱后立即封口钉盖，防止吸湿后在贮运中劣变或霉变。

三、白茶品质的形成机理

白茶鲜叶加工工艺极为简单，但因自然萎凋历时较长，环境条件多变，理化变化复杂，在缓慢而又有控制的变化中形成白茶特有的茶叶满披白毫、色泽银白光润、清鲜毫香和清甜滋味的外形与内质。

（一）白茶品质的形成

1. 水分变化与叶态的形成

白茶尤其是白牡丹的外形是由于鲜叶品质和加工中不炒不揉而形成抱心形芽叶连枝的自然形态。在萎凋过程中，芽叶失水速度与室温、空气湿度和芽叶水分多少有关，其失水总趋势是前期（并筛前）快，后期慢，至烘焙前失水最慢（表9-1）。

表 9 - 1　白牡丹萎凋中的水分变化

萎凋时间/h	室温/℃	相对湿度/%	水分含量/%	水分相对含量/%（与鲜叶比）	递减率/%
0	21.5	78	73.9	100	—
12	20.5	82	63.6	86.1	13.9
24	23.0	83	51.5	69.1	17.0
36	22.0	89	42.0	56.8	12.3
48	25.0	79	30.3	41.3	15.5
60	20.5	83	28.8	38.7	2.6
72	24.5	84	25.5	34.5	2.2

　　萎凋过程中，叶尖、叶缘及嫩梗失水较叶内细胞快，叶背（有气孔）失水较叶面快，引起面、背张力的不平衡。当芽叶含水率降至20%～25%（经36～48h的萎凋）时，即出现叶缘背卷，叶尖与梗端起的现象，称"翘尾"，翘尾与背卷使叶片呈船底状。

　　但由于叶背与水筛贴近，水筛对叶背的作用力使叶缘背卷受阻。因此应立即进行并筛或翻动，通过外力克服水筛对叶缘背卷的阻力，促进叶缘垂卷，以防止因贴筛而造成平板状的不良叶态。

　　2. 色素变化与叶色的形成

　　白茶萎凋前期，叶内水分散失，细胞液浓度提高，酶促作用而使叶绿素分解。萎凋中后期，叶绿素 a 和叶绿素 b 进一步氧化降解，比例发生改变。同时由于细胞液酸度改变，使叶绿素向脱镁叶绿素转化，转化率为30%～35%，叶色转为暗绿或灰橄榄绿。在加温干燥（或晒干或烘干）中，叶绿素进一步破坏，叶绿素 a 与叶绿素 b 比例趋于稳定（表9－2）。

表9－2　白茶制造过程中叶绿素含量的变化

项目	鲜叶	萎凋		干燥			
		21h	36h	风干	晒干	先晒后烘	烘干
水分含量/%	74.52	39.61	19.09	11.98	7.93	5.70	3.36
叶绿素 a 含量/%	0.443	0.426	0.358	0.321	0.319	0.303	0.308
叶绿素 b 含量/%	0.220	0.210	0.254	0.220	0.196	0.218	0.197
叶绿素总量/%	0.662	0.636	0.612	0.541	0.515	0.521	0.505
叶绿素 a 与叶绿素 b 比值	2.02	2.03	1.41	1.46	1.63	1.39	1.56

　　白茶色泽除叶绿素作用外，还有胡萝卜素、叶黄素及后期多酚类化合物氧化缩合成有色物质等。这种由绿、黄、红等多种颜色的协调，构成以绿色为主，夹有轻微黄红色，并衬以白毫，呈现出灰绿并显银毫光泽的白茶特有色泽是白茶的标准色。若萎凋中温度过高，堆积过厚，或机械损伤严重，使叶绿素大量破坏，暗红色成分大量增加，则呈暗褐色（铁板色）至黑褐色。若萎凋时萎凋室湿度过低，芽叶干燥过快，叶绿素转化不足，多酚类化合物氧化缩合产物很少，色泽呈青绿色，俗称"青菜色"，则产品品质大大下降。

　　3. 多酚类的变化与汤色的形成

　　芽叶失水较快，细胞原生质膜透性增强，多酚氧化酶与过氧化物酶随叶绿体的分解而释放，活力提高。

　　多酚类物质开始氧化生成初级氧化产物——邻醌，但邻醌又为抗坏血酸所还原。因此，当萎凋叶还具有呼吸作用时，多酚的氧化还原尚处平衡，没有次级氧化产物的累积。当萎凋 18～36h 后，细胞液浓缩增加，多酚酶促氧化加快，产生的邻醌有所积累，并向次级氧化进行，产生有色物质。但因白茶未经揉捻，细胞破损程度较低，酶与基质未能充分接触，因而氧化缓慢而轻微，所生成的有色物质较少。在萎凋中，过氧化物酶催化过氧化物参与多酚的氧化，产生淡黄色物质，这些可溶性有色物质与叶内其他色素构成白茶杏黄或橙黄的汤色，同时参与白茶干茶色泽的构成。

4. 其他物质变化与香味的形成

白茶萎凋初期。芽叶失水，呼吸作用增强，叶内有机物的消耗得不到补偿，干物质总量减少。在长达 60h 的萎凋中，干物质耗损为 4%～4.5%。芽叶失水，酶的活力增强，叶内有机物趋向水解，淀粉、蛋白质分别水解为单糖、氨基酸，多酚类化合物氧化缩合以及它们的相互作用，为白茶的香气与滋味奠定了物质基础。

白茶萎凋过程中，在淀粉酶的作用下，淀粉水解成单糖和双糖。在果胶酶作用下，果胶水解生成甲醇和半乳糖。在加工中，糖一方面因氧化和转化而消耗，一方面因淀粉水解而增加。在糖的生成与消耗的动态平衡中，而糖的总量趋于减少，但蔗糖、还原糖在萎凋后期有所累积（图 9－1），这些累积对增进白茶汤滋味有一定的作用。

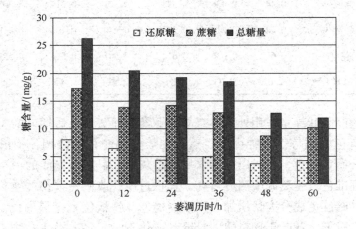

图 9－1　白茶萎凋过程中糖类的变化

萎凋过程蛋白质水解，蛋白质→水解→氨基酸（增进茶汤的滋味）→在醌的氧化下→醛→影响白茶风味的香气成分。萎凋开始时，鲜叶中氨基酸含量为 5.58mg/g，经 12h 萎凋，氨基酸含量增至 8.14mg/g，以后随萎凋进行，氨基酸含量下降，48h 含量降至 7.07mg/g，此后开始积累。至萎凋 60h 含量达

9. 97mg/g，至72h含量可增至11. 3mg/g。氨基酸的积累，增进了白茶汤色的鲜爽度。这也是为什么白茶萎凋时间过短则品质不佳的原因之一。

萎凋中后期，酶的活力逐渐减弱，内含物的转化渐为非酶促作用所代替。在并筛（或堆积）后，一定的温度和湿度使某些具青气的醇、醛类和带苦涩味的多酚类产生异构化，使青气和涩味进一步消失，这对提高白茶香气和茶汤醇和度起到重要作用。温湿度的升高，加速了内含物的相互作用，可溶性多酚类物质与氨基酸、氨基酸与糖的充分作用进一步形成白茶的香气。这一阶段，以邻醌氧化缩合为主导的多酚类物质的变化，形成了白茶浅淡、杏黄的特有汤色，并使滋味醇爽清甜。

5. 干燥进一步促进白茶品质的形成

干燥是白茶排除多余水分，提高香气滋味的重要阶段。干燥时，在高温（烘焙）作用下，某些带青气的低沸点的醇醛类芳香物质挥发和异构化形成带清香的芳香物质。糖与氨基酸、氨基酸与多酚类物质相互作用，形成新的香气。糖与氨基酸的焦糖化作用可使白茶香气提高与熟化，所以采用晒干或风干的白茶香气不足并稍带青气。烘焙同时促进儿茶素类产生异构化而减少茶汤的苦涩味。在干燥中，以 L-EGC 与 D，L-GC 减少最多，而 L-EC 与 D，L-C 有较多的保留（表9-3）。

表9-3 白茶制造过程中儿茶素含量的变化

项目	鲜叶		萎凋32h		烘干毛茶		比鲜叶含量减少率/%
	含量/（mg/g）	相对含量/%	含量/（mg/g）	相对含量/%	含量/（mg/g）	相对含量/%	
L-EGC	36. 7	100	8. 61	23. 46	1. 83	4. 99	95. 01
D，L-GC	23. 74	100	4. 91	20. 68	0. 76	3. 20	96. 80
L-EC+D，L-C	24. 32	100	10. 51	43. 22	7. 59	31. 21	68. 79
L-EGCG	122. 56	100	66. 19	54. 01	31. 13	25. 40	74. 60
L-ECG	40. 62	100	20. 21	49. 75	14. 77	36. 36	63. 64
儿茶素总量	247. 94		110. 43		56. 08	22. 62	77. 38

6. 白毫赋予白茶独特的风格

白毫是构成白茶品质特征的重要因子之一。它不但赋予白茶优美素雅的外形，也赋予其特殊的毫香与毫味。白毫内含物丰富，尤以氨基酸、咖啡碱含量特高，含毫量多的品种（如雪芽），其白毫含量可占茶叶干重的10%以上（表9-4）。

表 9 – 4　白毫和茶身化学成分的比较

样品编号	项目	占茶叶干重比例/%	水浸出物含量/%	氨基酸含量/%	茶多酚含量/%	咖啡碱含量/%
1	白毫	13.50	28.91	3.28	24.96	5.54
	茶身	86.50	49.23	2.65	32.13	5.89
2	白毫	11.80	28.00	3.18	23.90	5.30
	茶身	88.20	47.88	2.46	29.64	5.85

总之，白茶初加工从萎凋开始，儿茶素类及其他内含物在既不制止也不促进的较微弱的酶促氧化后，以自动氧化代替酶促氧化，其他内含物转化同步进行，从而形成白茶的品质。

(二)影响白茶品质的技术因素

白茶品质形成的影响因素很多，除茶树品种和采摘标准外，萎凋的条件如温度、湿度、通风等都会影响萎凋时间的长短，而萎凋时间长短及干燥方法又影响白茶的品质。

萎凋温度一般掌握在 20～25℃，相对湿度 70%，萎凋历时 50～60h 形成的品质最好。高温低湿可缩短萎凋时间，在 26～31℃ 条件下，32h 即可完成萎凋。但温度过高，湿度过低，则叶内水分蒸发过快，萎凋历时短，化学变化不足，成茶色泽枯黄或燥绿，香味青涩。温度低，相对湿度大，则水分蒸发慢，萎凋历时太长，化学变化过度，特别是多酚类氧化物使成茶色泽变暗、变黑，香味变劣，汤色带红，品质低劣。因此，在低湿高温条件下，当萎凋叶含水率在 30%～35% 时应立即烘干。高温高湿的闷热天气条件下，萎凋叶失水困难，应及时烘干，否则易泛红劣变。

通风可以调节室内温湿度并提供充足的氧气，为芽叶失水和儿茶素类的氧化创造有利条件，对品质形成有利。

萎凋开始直至并筛前，萎凋叶不翻动，而当萎凋叶七八成干时，细胞膨压大为下降，但弹性尚未丧失，此时并筛，可促进叶缘垂卷，这是叶态形成的关键。并筛过早，细胞膨压大，在继续失水时，叶面产生皱缩。并筛过迟，细胞弹性已丧失，叶张贴筛成平板状已固定，并筛后叶缘不能反卷成船底形，因而形成不良的平板叶态。

干燥方法对白茶品质有明显影响。风干和晒干可使毫色发白银亮，叶绿素破坏较少，但因热作用小，物质转化也少，氨基酸、总糖量较烘干的少，香气也不及烘干的高，并带有青气。烘干的叶绿素破坏较多，色泽不及风干的灰绿，且毫色易变黄。但是，在热的作用下，成茶氨基酸和糖类含量较高，对茶汤品质有利，香气也高，因此现在白茶多用烘焙干燥。

总之，白茶在制造过程中，茶叶逐渐失水萎缩，干燥，芽变成银针状，叶变成垂卷形，嫩芽白毫银光，叶片色泽由鲜绿转变为正面灰绿（或翠绿），叶背面白色，青气消失，毫香显露，汤色杏黄，滋味鲜醇。这就是白茶制造中理化变化形成的品质特征。

小　结

白茶属轻微发酵茶类，基本工艺过程是萎凋、干燥，其中萎凋是形成白茶品质的关键工序。

摊青后，根据气候条件和鲜叶等级，可选用室内自然萎凋、复式萎凋或室内加温萎凋进行处理。当茶叶达七八成干时，室内自然萎凋和复式萎凋需进行并筛。干燥可采取日光晒干、风干或烘干等方式。

白茶制造过程中，茶叶逐渐失水萎缩、干燥，芽变成银针状，叶变成垂卷形，嫩芽白毫银光，叶片色泽由鲜绿转变为正面灰绿（或翠绿），叶背面白色，青气消失，毫香显露，汤色杏黄，滋味鲜醇。

项目十　黄茶加工技术

知识目标

（1）了解黄茶的加工工艺流程、技术参数、要求和操作要领。

（2）理解黄茶品质形成的基本知识、基本理论。

（3）掌握君山银针和蒙顶黄芽的加工技术。

技能目标

（1）黄茶的加工工艺流程、技术参数、要求和操作要领。

（2）能进行君山银针和蒙顶黄芽的加工操作。

必备知识

　　黄茶是我国的独特茶类，早在唐代，蒙顶黄芽已作为贡品，当时的霍山黄芽也很有名。许次纾的《茶疏》（约公元 1597 年）中就有类似黄大茶制法和焦味、闷黄的品质记载，可见黄茶制造历史悠久，已有几百年的历史。其品质与加工工艺接近绿茶，是一种轻度发酵的茶，但是在制茶过程中加以闷黄工序，因此成品茶具有黄叶黄汤（干茶色泽黄亮、汤色黄明、叶底黄润）、香气清悦、滋味甜醇的特点。

　　我国生产的黄茶按鲜叶的嫩度和芽叶大小，分为黄小茶和黄大茶三类。

　　黄小茶：目前有两类，有的由采摘的单芽或一芽一叶加工而成，主要包括湖南洞庭湖君山的"君山银针"（独芽）、四川名山的"蒙顶黄芽"（独芽和一芽一叶初展）、安徽霍山的"霍山黄芽"（一芽一叶，一芽二叶初展）。也有由采摘的细嫩一芽一、二叶加工而成，主要包括湖南岳阳的"北港毛尖"（一芽一、二叶初展）、湖南宁乡的"沩山毛尖"（一芽一、二叶初展）、湖北远安的"远安鹿苑"（一芽一、二叶）、浙江温州和平阳一带的"平阳黄汤"（一芽一叶，一芽二叶初展）。

黄大茶：采摘一芽二、三叶甚至一芽四、五叶为原料制作而成，主要包括安徽霍山的"霍山黄大茶"（一芽四、五叶），广东韶关、肇庆、湛江等地的"广东大叶青"（云南大叶种，一芽二、三叶）。

过去我国的黄茶均是内销，并有一定销售区域。君山银针销往北京、天津、长沙等市，蒙顶黄芽销往四川及华北，鹿苑黄茶销往武汉，黄大茶主销山东、河北、山西、内蒙古、陕西等省区，特别是沂蒙山区人民嗜饮黄大茶。近几年来由于人民生活水平的提高以及花茶的冲击，黄茶的需求量在不断减少，特别是黄大茶受影响最大。

一、黄茶品质的形成机理

黄茶制造的特点是创造条件促进黄变。研究黄变的实质，不仅有利于掌握好黄茶闷黄技术，同时对其他茶类制造技术也有一定的启示作用。

形成黄茶品质的主导因素是热化作用。热化作用有两种：一是水分较多时，在一定的温度作用下产生的变化，称为湿热作用；二是水分较少时，在一定的温度作用下产生的变化，称为干热作用。在黄茶制造过程中，这两种热化作用交替进行，从而形成黄茶独特品质。

黄茶堆积闷黄的实质：湿热引起叶内成分一系列氧化、水解的作用，这是形成黄叶黄汤，滋味醇浓的主导方面；干热作用则以发展黄茶的香味为主。

（一）黄茶加工中的化学成分变化

鲜叶变黄，主要是叶绿素的湿热破坏、多酚类化合物自动氧化的结果。其酶促氧化依茶类花色不同而异，低温杀青的黄茶有酶促氧化，高温杀青的黄茶酶促氧化很弱。

1. 叶绿素的变化

在黄茶加工中，由于热化作用，引起叶绿素氧化、分解和置换而被破坏，使绿色减少，黄色更加显露，这是黄茶呈现黄色的主要原因。如黄大茶在制造中叶绿素破坏量竟高达60%以上。

2. 多酚类的变化

在黄茶初制过程中，儿茶素随工序的递进呈减少趋势，多酚类总量呈减少的趋势。揉捻中，因叶细胞损伤，茶汁直接被空气中的氧气氧化，使叶变黄；闷堆中因时间较长，氧化量大，减少量更多，叶变黄更大。儿茶素氧化的产物有茶黄素和茶红素等，但茶黄素比茶红素的量要多，故汤色和叶底呈黄色。

在干热作用下掌握适当的温度，既能发展黄茶香气，又能使结合性多酚类（不溶于水）分解成为可溶性多酚类，同时发生异构化，使茶汤滋味变得浓醇。

3. 氨基酸的变化

在黄茶加工中，氨基酸含量的变化，由鲜叶到揉捻一直是增加。在杀青中，蛋白质在酶和湿热作用下分解为氨基酸，使含量增加，揉捻结束后达到高峰，相对鲜叶含量增加 1.5~2 倍。而毛火叶经闷堆到干燥，含量下降，含量下降的可能原因是：①酸与邻醌结合，形成了有利于色泽和香气的成分；②氨基酸与糖结合，生成了焦糖香物质；③氨基酸发生脱氨脱羧作用生成醛类物质；④在黄茶加工中，丝氨酸、谷氨酸、茶氨酸等有增加，这些对黄茶的色、香、味品质有利。

4. 糖类的变化

糖类在黄茶加工中的变化大部分呈减少趋势，但有个别增加。

糖类含量减少的原因有：①糖在干热条件下氧化为焦糖，使黄茶具有焦糖香；②糖能与蛋白质结合成为黑色物质，这对黄茶品质有不利影响；③糖与氨基酸结合，使黄茶产生特殊香味。

（二）加工对黄茶品质的影响

黄茶的"黄汤黄叶"、类似咖啡的"焦糖香"和浓醇滋味等品质特点，与炒制技术关系极为密切。对品质影响的关键工序是杀青、闷黄和干燥三道工序。

1. 杀青

黄茶杀青的原理目的与绿茶基本相同，但黄茶品质要求黄叶黄汤，因此杀青的温度与技术就有其特殊之处。根据黄茶制造中内含物质的变化规律和品质形成的原理，杀青温度应比绿茶低，一般控制在 160℃ 以下，在炒法上应采用"多闷少抖"。这样，一是为了杀透杀匀；二是造成高温高湿条件，使叶绿素受到较多破坏，多酸氧化酶、过氧化物酶失去活力，多酚类化合物在湿热条件下发生自动氧化和异构化，叶黄素显露，淀粉、蛋白质发生水解作用生成单糖、氨基酸，为黄茶浓醇滋味和黄色形成奠定基础。

2. 闷黄

闷黄是形成黄茶品质的关键工序。依各种黄茶闷黄先后不同，分为湿坯闷黄和干坯闷黄。湿坯闷黄是在杀青或揉捻后进行的堆闷变黄，干坯闷黄一般是在初烘后进行的堆闷变黄。湿坯闷黄，因茶坯含水量较高，变化较快，闷堆时间应短，一般闷 6~8h 即可。如时间过长会使汤色叶底黄暗。干坯闷黄，因茶坯含水量较低，变化较慢，闷堆时间可适当延长，如时间过短，黄变不足，汤色叶底青黄，滋味也较浓涩，如黄茶属干坯闷堆，一般需堆闷 5～7d。

在闷黄过程中，由于湿热作用，多酚类化合物总量减少很多，特别是 L-EGCG 和 L-EGC 大量减少，这些酯型儿茶素自动氧化和异构化改变了多酚类化合物的苦涩味。据测定，氧化后儿茶素的保留量在绿茶和红茶之间，形成黄茶特有的金黄色泽和较绿茶醇和的滋味。

此外，叶绿素由于杀青、闷黄大量被破坏和分解而减少，叶黄素显露是形成黄茶黄叶的一个重要变化。

3. 干燥

黄茶干燥分两次进行。

毛火温度控制应较低，以便水分缓慢蒸发，干燥均匀，并使多酚类自动氧化，叶绿素以及其他物质在热化学作用下缓慢地转化，促进黄汤黄叶进一步形成。

足火应采取较高温度烘炒，以使茶叶在干热作用下，酯型儿茶素受热分解，糖转化为焦糖香，氨基酸转化为醛类物质，低沸点的青叶醇大部挥发，残余部分发生异构化，转化为清香物质，同时高沸点的芳香物质香气显露，构成黄茶浓郁的香气和浓醇的滋味。

二、黄大茶加工

（一）产品品质特点

茶梗粗大叶质肥厚，叶片成条索，梗叶相连，色泽黄褐鲜润，滋味浓厚回甘，具有高爽焦香味，俗称锅巴味。分为春茶、夏茶和秋茶。有特级、一级、二级、三级、四级之分。

（二）加工技术

1. 加工器具

炒锅为三锅连灶，分别是生锅、二青锅、熟锅，炒锅倾斜呈 25°～30°。炒茶扫把用毛竹枝扎成，长 1m 左右，刷帚顶端直径 10cm。

2. 加工工艺

加工工艺流程：生锅（杀青）→二青锅（初揉）→熟锅（做细）→初烘→堆积→拉小火→拉大火→装箱贮存。

（1）鲜叶采摘　黄大茶要求大枝大杆，鲜叶采摘称为一芽四叶或一芽五叶，长度 10～13cm。立夏前 7～10d 开采至秋分止，采摘期约 3 个月时间。采摘鲜叶要做到"三采三留"，采符合标准的对夹叶，留仍在长势的芽叶；采顶苗，留侧苗；采肚苗，留蓬。

采摘的鲜叶要摊放在室内洁净的地方，雨水叶要薄摊。若摊放叶层较厚应勤翻拌，当天采的鲜叶当天炒制。

（2）生锅杀青　锅温180~200℃，投叶量0.25~0.5kg。叶量多少视锅温和操作水平而定。炒法是两手拌炒茶刷帚与锅壁成一定角度，在锅中旋转炒拌，叶子跟着旋转翻动，均匀受热失水，要转得快，用力匀，结合抖散茶叶，使水汽逐步散发，时间2~5min，俗称"满锅旋"。待叶质柔软，叶色暗绿，即可扫入第2锅内。

（3）二青锅初揉　主要起到初步揉条和继续杀青的作用。锅温稍低于生锅，炒法与生锅基本相同，因茶与锅壁的摩擦力比较大，用力应比生锅大，所以要"带把劲"，使叶子随着炒茶刷帚在锅内旋转，搓卷成条，同时要结合抖散茶团，透发热气。当茶叶炒至叠成条状，茶汁溢出，有粘手感，即可转入熟锅。

（4）熟锅做细　主要是进一步做细茶条。锅温130~150℃，方法与二青锅炒法基本相同，此时叶子已经比较柔软，旋转搓揉，使叶子即钻到炒茶刷帚内竹枝间，谓之"钻把子"，待炒至条索紧实，发出茶香，约三四成干，即可出锅。

（5）初烘　通过熟锅做成细条后，立即转入烘篮烘焙，温度应控制在120℃左右，一次投叶量2~2.5kg，每隔2~3min翻烘一次。烘焙约30min，到七八成干，有刺手感、茶梗能折断即为适度。下烘后进行堆积处理。

（6）堆积　这是黄变的关键环节，也就是"闷黄"。将初烘叶趁热装入茶篓或堆积于圈席内，稍加压紧，高约1m，置于温热干燥的烘房内，利用烘房热量促进热化学变化，时间长短与鲜叶老嫩、茶坯含水量有关，一般是5~7d，待叶色变黄，香气透露即为适度。

（7）复烘　目的是利用高温进一步促进色香味的变化，以形成黄大茶特有的品质特征。分两个阶段，第一阶段俗称拉小火，叶子堆积变黄后，经拣剔老叶杂物，进行复烘。锅温控制在100℃左右，每次投叶量10kg，隔5~7min翻拌一次，烘至九成干，大约30min，即可下烘摊凉（3~5h），转入足火复烘。拉大火是复烘的第二阶段，锅温130~150℃，每次投叶量12kg，要求勤翻、匀翻、轻翻，烘至足干，火功要高，时间要足，这样色香味才能达到充分发展。待烘到茶梗折之即断，梗心呈菊花状，金黄，口嚼酥脆，焦香显露，叶色黄褐起霜即为适度。时间40~60min。下烘后趁热踩篓包装。

（8）装箱贮存　复烘后的成品黄大茶趁热装箱，待冷却后，表层用皮纸覆盖，加盖密封茶箱，贮存待运。

3. 黄大茶的制法特点

（1）用大竹帚滚炒甩条，不但茶叶受热均匀，炒青程序一致，能提高品质，而且帚炒成条，不需揉捻，茶汁不流失，不起氧化作用，能保持固有的香味。其技术关键要炒散，不能炒成团，生锅用硬竹帚炒，速度要快，用力要匀，翻炒时不要松把；二青锅用软竹帚炒，转圈要大，要起初揉作用；熟锅炒至茶坯干湿均匀出锅。

（2）炒后初烘，高温快烘，翻烘动作轻快均匀，烘到七八成干，闷堆在高深而口小的篾篮内，到一定时间，叶色变黄后，高温烘焙至足干而略带焦糖香味为止。

三、黄小茶加工

主要介绍君山银针和蒙顶黄芽的制造技术。

（一）君山银针加工

君山银针产于湖南省岳阳市洞庭湖上的一个小岛——君山，早在唐代就被列为贡茶，1956年被定名为君山银针。

1. 产品品质特点

外形为芽头肥壮挺直，满披茸毛，色泽金黄光亮，被称为"金镶玉"。内质为香气清鲜高纯，汤色杏黄（浅黄）明澈，滋味爽甜，叶底嫩黄明亮。用透明杯冲泡，可以看到初始芽尖朝上悬浮于水面，随后缓慢降落，竖立于杯中，忽升忽降，蔚为大观，最多可达三次，故君山银针有"三起三落"之称。最后竖立于杯底，如刀枪林立，似群笋破土，芽光水色，浑然一体。

2. 鲜叶要求

君山银针为独芽制成。开采于清明前3~4d。要求芽肥壮，长25~30mm，宽3~4mm，并带有2~3mm的芽柄，一个芽头包含三四个已分化但未开展的叶片。

要求"十不采"：不采雨天芽、露水芽、紫色芽、细瘦芽、开口芽、风伤芽、病伤芽、虫伤芽、空心芽、弯曲芽。采时用手轻轻折断芽头，不用指甲截采，不带鱼叶和鳞片。采下的芽头放入垫有皮纸大小竹篓内，切忌损伤芽头和茸毛，茶芽采回后，及时付制。

3. 炒制技术

分杀青、摊放、初烘、摊放、初包、复烘、摊放、复包、足干、分级等工序。

（1）杀青　一般用斜锅杀青，火温掌握120~130℃，先高后低（80℃），温度过高使杀青叶可能烧焦，过低又杀青不足，且延长杀青时间易造成芽头茸毛脱落，色泽暗，香气低。每锅投叶量500g左右，投叶过多，不能杀透杀匀，过少手炒不便，容易炒焦。

杀青技术是：叶子下锅后，双手轻快翻炒，使芽头均匀受热，捞起茶芽后，再让茶芽由锅壁下滑。动作要灵活、轻快，切忌重力摩擦，防止芽头弯曲、脱毫和茶色深暗。杀青全程需时约4min，炒到芽蒂萎软，青气消失，发出茶香，含水量减少60%左右时即可起锅。

（2）摊放　杀青叶出锅后，放入小篾盘中，轻轻扬数次，散发热气，清除细末杂片。摊晾4～5min即可初烘。

（3）初烘与摊放　放在炭火炕灶上初烘，温度掌握在50～60℃，每隔2～3min翻一次，烘时20～30min，烘至五六成干即可。下烘后摊放2～3min。

初烘程度要适当，过干，初包闷黄时转色困难，叶色显青绿，达不到香高色黄的要求；过湿，香气低闷，色泽发暗。

（4）初包　初烘叶稍经摊晾，即用牛皮纸包好，每包1.5kg，置于木质制或铁质制的箱内，放置40～48h，称作初包，它是黄茶品质形成的重要工序。每包茶叶不可过多或过少，太多化学变化剧烈，芽易发暗；太少色变缓慢，不能达到初包的要求。由于包闷时氧化放热，包内温度逐步升高，24h后达到30℃左右，此时应及时翻包，以使转色均匀。初包时间长短，与气温密切相关。当气温在20℃左右时，约为40h，气温低时还应延长初包时间。

当芽现橙黄色时即可松包复烘。通过初包，黄茶品质基本形成。

（5）复烘与摊放　目的在于进一步散失水分，固定已形成的品质，减缓在复包过程中有些有效物质的转化。

烘叶量比初烘时多1倍，温度掌握在50℃左右，约烘1h，烘到八成干时即可，如初包变色不足，可烘到七成干。下烘后摊凉。

（6）复包　方法同初包，需时约20h，至芽色泽金黄，香气浓郁即可。

（7）足干　温度控制在40～50℃，叶量为500g左右，烘到足干时下烘。

（8）分级　按芽头肥瘦、曲直和色泽的金黄程度分级。

君山银针的储藏十分讲究。将石膏烧熟捣碎（也可用生石灰），铺于箱底，上垫2层皮纸，将茶叶用皮纸分装成小包，放在皮纸上，封好箱盖。

（二）蒙顶黄芽加工

蒙顶黄芽产于四川省名山县蒙山。蒙山产茶的历史十分悠久，蒙顶茶自唐代至明清时期都是有名的贡茶。蒙顶茶为蒙山所产茶叶的总称，包括甘露、石花、黄芽、米芽、万春银叶、玉叶长春等，"扬子江中水，蒙顶山上茶"，可见蒙顶茶影响之深远。

1. 产品品质特点

外形扁直，色泽微黄，芽叶整齐，肥嫩显毫，汤色黄绿明亮，香气甜香浓郁，滋味甘醇，叶底全芽，嫩黄匀齐。

2. 鲜叶要求

鲜叶开采于每年的春分时节，当树冠上有10%左右的芽头鳞片展开时即可开园，采摘到清明后10d左右。选采肥壮的芽头和一芽一叶初展的芽头。要求芽头肥壮匀齐，每500g鲜芽约10000个芽叶左右。采摘时严格做到"五不采"，即不采紫芽、病虫害芽、露水芽、瘦芽、空心芽。芽叶要及时摊放，及时加工。

3. 炒制技术

蒙顶黄芽初制分为杀青、初包、复炒、复包、三炒、堆积摊放、四炒和烘焙八道工序。

（1）杀青　用口径50cm的平锅，锅面光滑，采用电热或柴火加热。锅温130℃时可开始投叶杀青。每锅投叶120～150g，历时4～5min，杀到叶色转暗，茶香显露，芽叶含水量减少到55%～60%即可出锅。

（2）初包　包黄是形成蒙顶黄芽品质特点的关键工序，使杀青叶受湿热作用，多酚类产生非酶性自动氧化，滋味变醇，同时叶绿素水解，叶色变黄，汤色变黄亮。

杀青叶出锅后，迅速用草纸包好，使叶温保持在55℃左右，放置60～80min，中间开包翻拌一次，使黄变均匀，并去除水分。当叶温下降到35℃左右，叶色显微黄色时进行复锅（二炒）。

（3）复锅　目的是散失水分和水闷气，发展甜醇滋味。锅温70～80℃，炒时要先理直、后压扁芽叶，炒时3～4min，炒到含水量为45%左右时即可出锅。出锅叶温为50～55℃，有利于复包变黄。

（4）复包　复炒后，为使叶色进一步变黄，形成黄色黄汤的品质特点，可按初包的方法，将50℃左右的复炒叶复包放置，复包时间50～60min，当叶稳下降到35℃时，进行三炒。

（5）三炒　目的是继续散失水分，促进理化变化和进一步整形。操作同复锅。锅温70℃左右，时间3～4min，到含水量30%～35%，基本定型即可。

（6）堆积摊放　目的是使叶内水分均匀分布和多酚类化合物自动氧化，达到黄汤黄叶的要求。方法是：将三炒叶趁热撒在细篾簸箕上，摊放厚度5～7cm，盖上草纸保温，堆积24～36h即可四炒。

（7）四炒　目的是进一步整理外形，散发水分和水闷气，增进茶香。锅温60～70℃，时间3～4min，炒到含水量在15%左右即可。起锅后如发现黄变不够，可继续堆放，直到色变适度止。

（8）烘焙　采用低温慢烘，温度40～50℃，每隔3～5min翻一次，烘到含水量为5%左右时即可。

小　结

　　黄茶属轻发酵茶，基本工艺近似绿茶。黄茶与绿茶的区别，一是在初制过程中，黄茶均有闷黄作用的闷黄或渥闷或堆闷工序；二是其品质特点是黄汤黄叶，称为"三黄"（干茶色泽黄亮，汤色和叶底也黄），香气清悦，滋味醇厚爽口。

项目十一　茶叶精制技术

知识目标

（1）明确茶叶精制的目的。

（2）明确掌握茶叶各精制作业的目的，能灵活在生产中运用。

（3）掌握绿毛茶精制工艺流程、技术参数、要求和操作要领。

技能目标

（1）初步具备能依据绿毛茶情况，设计出合理的精制工艺流程。

（2）能独立进行绿毛茶精制操作。

必备知识

一、茶叶精制概述

出口眉茶或其他茶类，特别是眉茶，在外销市场上要求有一定的品质规格要求。由于毛茶产地分散，茶树品种和采摘方式不同，鲜叶加工技术各异，品质参差不齐，必须经过加工才能达到品质规格要求。

茶叶精制又称毛茶加工，是将毛茶经筛分、切碎、风选、拣剔等工艺过程而加工成一定规格的产品，称为精茶或成品茶。

（一）毛茶特性

毛茶特性与制茶品质有关的，如相对密度、吸湿性与吸附性、散落性与自动分级性、黏稠性以及导热性等。毛茶加工就是根据这些性质采取相应的合理的技术措施，以达到提高制茶品质的目的。

1. 相对密度

毛茶形状不同，相对密度也不同。细嫩的芽叶有效化学成分多，在合理加工后，条索紧结重实，同样质量的毛茶体积小的，相对密度大，品质好，鲜叶的级别也高。粗老的鲜叶则相反。在加工时，利用相对密度不同，采取风选技术分开好坏。

2. 吸湿性与吸附性

制茶有吸收空中水蒸气的性能，称吸湿性，吸附其他气体在表层，称吸附性。吸湿性对制茶品质影响很大，特别是在贮藏时，如保管不好，吸湿过多，茶叶湿润而给微生物创造良好的繁殖条件，造成霉变劣化。因此，要采取再干燥的技术措施保持优良品质。

茶叶的吸附性有利有弊，利是吸附花香，窨制各种花茶，提高制茶品质；弊是吸附异味，如烟味、焦味、油味等，就改变制茶良好香味。

3. 散落性

制茶由于大小、形状、绝对质量等不同而决定其散落性或大或小。珠茶圆结，表面光滑，流动过程散落性大。龙井扁平，叶间接触面积大，散落性比珠茶差。条茶、片茶表面粗糙，形状不一，移动时叶间阻力大，散落性小。毛茶分离使用滚筒圆筛机就是利用散落性使茶叶旋转到筒顶而自动散落下来。风选也是利用散落性达到分轻重的目的。

4. 自动分级性

茶叶移动时，由于散落性引起茶堆组成成分重新分配，也就是按照相对密度分配到一定部位，这种特性称为自动分级性。在筛分过程中可以看到自动分级的现象，轻的浮在上面，而重的则落到下面。在风选时也有这种现象。

5. 黏稠性

利用茶叶的黏稠性，压造各种形状不同的块状茶团。半成品经过蒸热后，叶质柔软，恢复黏稠性，便于压造块状茶团。压造茶类紧结平整，与黏稠性很有关系。

6. 导热性

导热性是指物体具有传导热量的能力，依各种物体的构造不同，而传导热量的能力强弱也不同。茶叶是一种疏松多孔的物质，在半成品状态时充满水分，在干燥状态时则为空气所充塞。因此，制茶的导热性很差。导热性又与含水量有关，含水量增加，导热性也增强。毛茶吸湿性强，吸收水分多，导热性也强。干燥就是利用导热性很快地排除叶中多余的水分。

（二）精制茶叶品质规格

我国各茶叶精制厂执行对样加工。各类出口茶的标准样由国家相关行政主管部门制订，一部分内销茶标准样由省级相关行政主管部门制订。标准是衡量产品品质高低的实物依据。因此，各类精制茶的品质规格必须以标准样为准。

1. 眉茶、珠茶

这两类茶是我国主要的传统出口茶类。现执行两类标准样，一类是加工标准样，另一类是贸易标准样。

加工标准样：一般都结合本地区产品的品质特点和传统风格而制订，具有地区性。执行加工标准样的产品均须通过口岸拼配方能出口。

贸易标准样：这是我国对外交货的出口标准样，各类茶全国只有一套标准，没有地区性。一般以茶号代替花色级别。执行贸易标准样的部分产品经国家检验后可原装出口。

特珍和珍眉是眉茶的主体，属于长形茶，条索细长紧秀，稍弯如眉。

珠茶是圆形茶，外形圆紧似珠。

贡熙近似圆形茶，颗粒卷曲尚圆紧。

秀眉特级的面张由细筋嫩梗和部分轻身细条组成，条索挺秀如针，故也称特针。秀眉三级和茶片为片形茶，含有碎末，其片形大小适当，筛档匀称。

各级品质规格简述如下：

特珍特级：是眉茶的极品，条索紧结细秀，匀整平伏，锋苗完好，身骨重实，色泽绿润，忌黄漂花杂，不带筋梗、黄条、小圆头和 10 孔茶，不含或少含扁条。香气浓烈，滋味厚爽甘甜，汤色清绿明亮，叶底细嫩多芽，柔软明亮，匀整不带青叶、断叶。

秀眉特级（特针）：面张由细筋嫩梗和轻质细茶条组成，条索挺秀如针，中下盘为碎茶及细片，碎茶含量约占 1/4，身骨稍轻，色泽黄绿带青，香味平和低淡，汤深黄，欠嫩匀，带有茶筋，多碎片。

2. 其他茶类

工夫红茶、切细红茶、青茶、白茶等均有统一出口规格要求。切细红茶亦称红碎茶。过去通称为分级红茶，是在我国工夫红茶制法的基础上发展起来的一种品类。目前属于世界上产量最多、销量最大的一种红茶。

切细红茶的规格分为条茶、细茶、片茶、末茶四个类型，数量最多的是细茶（碎茶）。条茶（即叶茶）要条索紧卷或紧直；细茶要颗粒紧结匀齐；片茶要紧实有折皱；末茶要呈沙粒。

切细红茶的色泽要求乌润匀调，内质要求鲜爽浓强，富有收敛性，即具备"浓、强、鲜"的品质特征。

我国对切细红茶制订了四套加工验收统一标准样。分别适用于云南（第一套），两广（第二套），四川、贵州、两湖（第三套）和江苏、浙江（第四套）等不同产区。

（三）茶叶精制的目的与意义

毛茶因鲜叶、采制季节和初制技术等条件不同，品质差异较大。因此，毛茶必须经过精制后，才能成为符合一定规格要求的商品茶。

1. 目的

在不同批次毛茶中，其长短、粗细、圆扁、整碎、轻重、净度、色泽枯润、含水率及内质诸因素等都有差异，经精制后，可改善茶叶品质，进一步发挥其经济价值。

（1）整理外形，分做花色　同一种茶有不同的形态，必须经筛分，把混杂在一起的长、圆、粗、细茶分出来，做成各种花色的成品茶。

（2）分清老嫩，划分等级　毛茶一般老嫩混杂，使品质优次不分。因此在整理外形，分做花色的基础上，进一步分清老嫩，并通过老嫩来划分茶叶的等级，使成品茶优次更分明。

（3）剔出次杂，提高成品茶净度　由于采摘不合理，夹杂有茶梗、茶子、茶末、茶片、枯叶等及一些非茶杂质，使茶叶净度和品质受到影响，因此，必须经精制去除不合格异杂物，以提高茶叶净度。

（4）适度干燥，发展色香味　要求成品茶的含水率一般控制在 6% ~ 9.5%，花茶不大于 9%，红茶、绿茶不大于 7.5%。

（5）合理拼配，调剂品质　经精制后形成的茶称为筛号茶，各筛号茶品质差异较大，还必须按各级成品茶标准样的要求，合理取料，进行成品拼配，调剂品质，统一规格，以发挥原料最高经济价值。

2. 意义

（1）改进品质　一般地说，毛茶加工中的化学作用不显著，除内含物可能在加热的情况下发生一些变化外，主要发生一些物理变化。通过精制使茶叶外形整齐美观，香气进一步提高，从而提高和改进品质。

（2）使茶叶增值　通过精制，使成品茶的价值提高。

（四）精制机制概述

要达到精制目的，就必须采用相应加工技术来加工。其精制原理归纳为如下几个方面。

1. 筛切取料

毛茶的各个方面加工都由相应的作业来完成。整饰外形、分做花色，主要靠筛分和切轧,简称筛切取料。

(1)筛分有圆筛和抖筛 圆筛是茶叶在筛面作回旋运动,使短的或小的横卧落下筛网,长的或大的留在筛面,以分离出茶叶的长短或大小。

抖筛是茶叶在筛面作往复抖动,使长形的或细紧的茶条斜穿筛网,圆形的或粗大的茶头留在筛面,以分离出茶叶的长圆和粗细。

对眉茶或珠茶来说,分离出长圆,长形茶条就可取做珍眉和面茶;圆形的颗粒则可取做珠茶或贡熙。经圆筛筛出的碎末,一般只能取做碎茶、副茶或片末茶。经抖筛分离出茶条的粗细,也就在一定程度上分出茶叶的老嫩。因为质地细嫩的鲜叶,叶质柔软,可塑性好,初制时能做成细紧的条形。因此,抖筛抖出的细紧茶条,嫩度往往较好,可取做高档精茶;粗浊的茶条,外形和嫩度都较差,则取做中、低档精茶。当然,抖筛只能初分茶坯,不能细定级别,但可为风选取料定级打好基础。

(2)筛分过程中分离出的粗大头子茶,外形不符合成品茶的规格,通过切轧,把大的切小,长的切短,勾曲的切成短条。

切过再筛,筛出来的头子又切,反复筛切直至符合规格为止。因此,筛分和切轧是精制中整饰外形、分做花色的主要作业。

2. 风选取料

在正常情况下,茶叶的品质总是与其嫩度相一致的。细嫩的鲜叶,有效化学成分含量丰富,叶质柔软,可塑性好,初制时能做成紧结的外形,毛茶身骨重实。反之,粗老的鲜叶,毛茶身骨轻飘。因此,外形相同(长短、粗细一致)的毛茶,总是身骨越重实,品质越好,这就可以利用风扇的风力来分离毛茶的轻重,并按轻重不同排队,以此来决定茶叶级别的高低。

风选取料是毛茶经筛切整形后,各花色定级的主要作业。

3. 干燥处理

自从茶叶成为饮料以来,我国劳动人民就知道利用火功技术来做茶,现今很多眉茶、工夫红茶生产厂采用一种熟做的方法,即加工一开始就将毛茶复火熟取。熟做能排除茶叶多余水分,使之适度干燥;能紧缩茶身,使外形紧结光滑,便于以后各工序加工;能促进茶叶内含物进行有利于品质的热化学反应,增进色香味。

对那些不采用熟做熟取的各类半成品茶也必须经过干燥处理,以提高品质。因此,干燥是精制中关系到成茶品质高低的重要作业。

4. 拣剔去杂

混入毛茶中的次质茶和非茶灰夹杂物,主要靠拣剔作业剔除。

拣剔主要有阶梯拣梗机拣剔、静电拣梗机拣剔和手工拣剔三种。光电拣梗机新式拣梗机械。

由于当前茶叶采制较粗放，混在毛茶中的次杂较多，将它们拣除很不容易，工作量极大。加上目前拣梗机的效能还不太高，需要花费大量的劳动力进行人工辅助，这就有碍于制茶全过程机械化、连续化、自动化的实现。因此，拣制是精制的薄弱环节。

5. 拼配调剂

拼配是调剂茶叶品质、稳定产品质量的主要技术措施，分为原料拼配和成品拼配两个方面。

原料拼配是毛茶加工之前，将不同品种、不同产地、不同季节以及不同等级的毛茶拼配和拨付。

成品拼配是毛茶加工成各类半成品后，将相同级别而不同原料、不同加工路别、不同筛孔的半成品合理地拼和在一起，组成成品茶。

加工的首尾进行拼配，使品质各异的各类茶互相取长补短，品质的高低得到平衡，使外形和内质都符合标准，达到产品规格一致、质量稳定的目的。

综上所述，毛茶精制所采取的主要加工技术措施是筛分、切轧、风选（简称"扇"）、拣剔、干燥和拼配。拼配处在加工的首尾，不属加工作业。习惯上称上述技术措施为筛、切、扇、拣、干。

毛茶精制是毛茶通过各道作业逐步展开为一定数量以筛号茶形式出现的在制品，完成全部加工后又拼配成若干成品茶的过程。

精制是在初制基础上进行的再加工。初制过程，茶叶内含物的物理变化和化学变化都非常明显，特别是有效化学成分经过一系列热化学反应才形成各类茶特有的色香味。由于茶叶的内质在初制中已大体形成，精制中的化学变化就不太显著。除了在火功的作用下，茶叶内含物起一些热化学反应外，多属物理变化是长圆、粗细、大小、轻重的分离与组合，是区别好差、去除次杂、纯净品质的过程。因此，精制是注重外形的加工。通过筛、扇、拣作业，可将毛茶分为本身、长身、圆身、轻身和筋梗茶，并分"本"、"长"、"圆"、"轻"、"筋"诸路进行取料。在取料时，筛、切、扇、拣、干等作业可以穿插和反复，各作业按取料要求排列成一定的程序，就构成了作业流程。

由于目前眉茶、珠茶、工夫红茶的鲜叶采制较粗放，毛茶的品质与商品茶的品质差距很大，就使精制过程费工较多，作业流程甚为繁杂。随着鲜叶采制的不断精细和商品茶规格改变，精制流程也会逐步简化，甚至可发展到初制、精制合一。

二、毛茶验收、归堆与拼配付制

毛茶是精制厂的原料，调进厂的毛茶必须经过复评验收，待验收合格后方可归堆入仓储存。

整个毛茶验收过程是精制厂毛茶验收归堆、精制加工、成品拼配这三大技术环节之一，也是把握进厂原料品质好坏的第一关。

（一）毛茶验收的方法和技术要领

毛茶验收分为数量验收和品质验收两方面，重点在于品质验收，品质验收包括扦样、审评定级、水分及碎末含量检验等内容。

1. 数量验收

目前，调厂的毛茶大都用布袋包装，验收时要认真清点袋数，逐袋或抽袋过磅称量，仔细核对运单上的批唛、级别和数量与实物是否一致，发现数量、质量不符现象应做好记录，以便及时处理。

2. 扦样

品质验收之前，必须先扦取茶样，对于一级至四级毛茶，最好逐袋扦样，一般按 10 袋抽扦一袋，交货时间，同批同级数量超过 100 袋的，每 20 袋抽扦一袋。各厂虽各自制定有具体的扦样措施，但都必须做到扦样要有代表性。在扦取某袋茶时，应注意每装茶的上、中、下各部都要扦到。尽量做到取样全面，使样品与该批大堆茶的品质相符，为准确复评定级创造条件。经审评后拟作升降级处理的毛茶，尚需重复扦样。

3. 审评定级

审评定级是毛茶验收的核心。在审评验收时，应坚持"对样评茶，按质论价，好茶好价，次茶次价"的政策，根据交货的等级，认真对照毛茶收购标准样，干湿兼评审定，用八项因子全面衡量，品质符合什么等级就定什么等级。评茶计价办法一般按外形、内质分别定等，各半计算，合并给价。对于次品茶和隔年陈茶应酌情降级降等计价，对于劣变程度严重，已经失去饮用价值以及带有严重农药污染的毛茶，应予拒收，以维护茶叶卫生。

4. 水分检验

水分含量的多少直接影响茶叶的品质。毛茶调厂后，需要入仓库储存，如果含水量过多，在仓储期间会发霉变质。为了保证质量，毛茶含水量应该控制在 7% 以内，某些茶最高不能超过 9%。在收购调运过程中，茶叶会吸收空气中的水分，使含水量增高。特别是调进之前存放时间较长、保管不善或被雨水淋湿的毛茶，含水量都会超过规定的标准。在验收时要逐一检验水分，凡水分超过规定者，应及时复火，防止入仓后发生霉变。

5. 碎末含量检验

碎末茶的经济价值较低，一般只能取作副脚茶。毛茶碎末含量的多少，不仅关系其经济价值，而且影响精茶的品质。目前常用的茶叶碎末含量检测的方法是用 10 号手筛（相当于电动粉末筛 16 孔）割脚处理，规定筛底的碎末茶最高不超过 7%，超过部分按茶末计价。

（二）毛茶归堆方法

归堆是为毛茶拼配付制服务的，由于不同等级、不同类别、不同季节、不同产区、不同品种及不同初制方法的毛茶，品质各不相同，为了方便加工，有利拼配，原料必须按等级、品类等不同分别归堆。

1. **按等级不同归堆**

不同等级的毛茶品质差异大，必须分别归堆入仓。可根据储存条件分级或者分等归堆，分级归堆的分级付制，分等归堆的分等付制。劣变茶、次品茶单独归堆，分别储存。在同等级原料中，对某些品质特优和品质较次的毛茶，要做出标记，以便加工时另行取料或拼配时做调剂品质用。

2. **按类别不同归堆**

眉茶原料的类别有炒青、烘青、条茶等，其品质各异，差别很大。同等级而不同类别的毛茶不能混合，必须分别归堆入仓。

3. **按季别不同归堆**

毛茶按采制季节不同可分为春、夏、秋茶。一般春茶品质较好，是加工高档产品的主体原料，也是全年毛茶拼配的骨干。夏、秋茶品质较差，不宜单独加工成高级产品，应分别归堆。由于春、夏、秋茶在不同季节调厂，故分别归堆较易做到。

4. **按产区不同归堆**

毛茶产区不同，品质存在一定差异。高山茶的色香味往往比低山平的茶好，不同产区毛茶宜分别归堆，对于一些特殊产区的优质毛茶则需单独归堆。

5. **按品种及初制方法不同归堆**

茶树品种不同，制成的毛茶品质也不同。如大叶种与小叶种制成的毛茶，外形差别较大，应分别归堆。对于一些优良品种采制的毛茶，更需单独入仓，以便调剂品质用。初制方法不同毛茶品质也存在差异，为了便于拼配时调剂品质，也应分别归堆。

毛茶的品类分得越分明，归堆越细致，则越有利于加工取料和拼配。但也不必过于繁琐，见异就分。要根据产品的销售对象、调厂毛茶的品类现状、加工取料的习惯要求，并结合仓库容量，统筹兼顾，合理安排，做到既能方便拼配、有利加工，又不超过仓库容量的许可，保证生产能有条不紊地进行。

毛茶归堆入库后，要分别做好各仓数量和品质情况记录，便于拼配付制。

（三）毛茶拼配付制

1. **毛茶拼配付制的意义**

调节品质，方便加工，便于取料和精制操作。

2．拼配方法

毛茶拼配是指同批次原料的品质选配及拼和。方法有单级和多级拼配。

（1）单级拼配　外销眉茶、珠茶、工夫红茶多采用单级拼配。其中又包括不同季节、产区、不同品种及不同初制方法的原料拼配。

毛茶单级拼配付制，经加工后回收的产品往往有多个级别，即所谓"单级付制，多级回收"。优点是：原料外形较一致，有利于加工取料，流程较复杂的外销茶多采用此法。

（2）多级拼配　每批付制的原料由两个以上级别的毛茶拼和而成，制成的产品基本属一个级别，即所谓"多级拼配，单级回收"，优点是：每批制成的产品大部分可出厂，成品拼配简单。多级拼配加工难度大，外销茶多不采用此法。

多级付制，多级回收：每批付制的原料由两个以上级别的毛茶拼和而成，经加工后回收的产品往往有多个级别。

3．拼堆付制方式

（1）单级阶梯式付制　原料单级付制，以3~4批为1个周期，每个周期的级别由高到低或由低到高呈阶梯式付制。

（2）单等交叉付制　原料单等付制，以2~3批为1个周期，各批毛茶的级别按高、中、低交叉搭配，成品经拼配后出厂。

三、精制技术

茶类、等级和产品规格不同，精制技术也有不同，但原理和精制机械差别不大。主要精制程序包括筛分、切断与轧细、风选、拣剔、干燥、拼配和匀堆装箱等。

（一）筛分

1．目的

筛分是精制的主要环节。毛茶经筛分后，将长短、粗细等不同的茶条分开，再分别整理成大小、粗细近一致，符合一定规格要求的各种筛号茶。

2．筛分的机具及其作用

机具有圆筛和抖筛两类。

（1）平面圆筛机　利用筛床作连续平面回转运动，短小的茶叶通过筛网，长大的留在筛面，并通过出茶口流出。其作用是使茶叶经分筛、撩筛、割脚工序，分离成一定规格的筛号茶。

分筛：主要分茶叶长短（圆茶分大小），使同一筛孔茶条长短基本一致。经分筛后的茶，符合各筛孔茶的一定规格，称为筛号茶。

撩筛：补分筛的不足。若筛号茶中还有少量较长的茶条或颗粒粗大的圆茶，通过配置较松筛孔的平面圆筛机（一般比原茶号筛孔大 1～2 孔），将较长的茶条撩出来，使茶坯长短或大小匀齐，为下一阶段的风选或拣剔打下基础，称为撩筛工序。对圆形茶，撩筛又有紧门筛的作用。

割脚：若筛号茶中发现有少量较短碎的茶坯，需要重新分离，称为割脚。

（2）抖筛机　利用倾斜筛框，急速前后运动和抖动的作用，使茶叶作跳跃式前进。细的茶叶穿过筛孔落下，粗的留在筛面，以达到去细留粗，便于下一工序进行，抖筛机应用在不同的工序上，因要求不同，工序的名称也不同，生产上通常称为抖筛、紧门、抖筋、打脚。

抖筛：主要是使长茶坯分别粗细，圆形茶坯分别长圆。并具有初步划分等级的作用。通过抖筛后，要求粗细均匀，抖头无长条茶，长条茶中无头子茶。在绿毛茶精制中，通过抖筛之后长条茶坯做珍眉花色，非长型茶坯做贡熙花色，或轧细为珍眉或特珍花色。

紧门：配置一定规格的筛网进行复抖。通过紧门筛的茶坯，粗细均匀一致，符合一定规格标准，所以紧门筛又称为规格筛。如（祁红各级的）紧门筛孔规定：一级茶 11～12 孔，二级茶 10～12 孔，三级茶 9～10 孔，四级茶 8～9 孔，五级茶 7～8 孔。屯绿的规定：一级茶 10 孔，二级茶 8.5 孔或 9 孔，三级和四级茶 8 孔，五级茶 7 孔等。以上规定也可根据机器运转的快慢灵活掌握。

抖筋：将茶坯中条索更细的筋（叶脉部分）分离出来，要求眉茶中筋梗要抖净。一级采用的筛孔要小一些，如屯溪采用 14 孔抖筋。

打脚：是绿毛茶精制过程中取圆形贡熙花色的工序，茶坯中混有少量条形茶，用抖筛将它分离出来，保证贡熙花色外形的品质要求。

3. 筛分技术要点

要获得理想的筛分效果，必须合理配置筛网和控制圆机茶叶流量。

（1）根据茶叶状况掌握筛网配置的松紧　圆筛机的筛床大体有 4～7 层筛网，一般作三步分筛：第一步可先分出 4～7 孔的上中段茶；第二步将 8 孔（或 10 孔）底的下段茶接出分筛；第三步分筛下脚。在选用筛网时，其孔数应根据茶叶的物理性状的不同适当松紧；高级茶分筛时筛孔宜紧，低级毛茶宜松；分筛圆身茶和机（电）拣头，筛孔宜松；长形茶筛孔宜紧，筋和筋里筋，筛孔更应收紧。

茶坯含水量多，叶质松软，运动时受到的阻力大，不易落下筛孔，圆筛筛孔宜松，因此，往往经过复火或补火后的熟茶坯在筛分时筛网应比生坯收紧。

（2）发挥撩筛的作用　撩筛的转速比分筛机快，撩筛筛网可比所撩的筛号茶放大 0.5～1.5 孔。要多出撩头，筛孔宜紧；少出撩头，筛孔宜松。分筛后再撩筛能使茶叶筛档更加齐整。

（3）控制筛茶流量　要保持茶叶在回转过程中能薄薄地散布于整个筛面，使短的或小的横落下筛孔，长的或大的通过筛面从尾口卸出。抖筛为了防止筛堵塞，抖筛机上的筛量宜少勿多，以便使茶条有充足的机会穿过筛网。在操作时，还必须经常清筛。

（4）保证品质，提高高中档茶制率，合理配置紧门机筛网　紧门取料时要掌握"好茶粗取，次茶细取"的原则。即茶条索紧、嫩度好、品质优（如一级、二级茶）应采用"粗取"，紧门筛孔宜放松，防止一些嫩度高但条索粗壮的茶条从筛面走料，以增加高一级茶坯数量。如毛茶品质稍次、嫩度低、条索松（三级、四级毛茶）则为了不致降低高中档精茶品质，宜采用"细取"，须缩紧紧门筛孔。采用前后两次紧门，前紧门筛孔宜松，以多取高一级茶坯，后紧门筛孔宜紧，以保证各级眉茶的品质规格。

（二）切断与轧细

1. 切断与轧细的目的

切断或轧细作业是毛茶加工中不可缺少的工序。毛茶通过筛分出来的粗大茶坯称作毛茶头，抖筛和紧门分出的粗大茶叶称作头子坯，这些都是不符合规格要求的茶条，必须通过切断或轧细，再加工成符合规格的茶条。

2. 切轧的机具及作用

切断或轧碎的目的要求不同，切茶机具也不同。

滚筒切茶机：主要作用是将长条茶改成短条茶。滚筒上有许多方格子的凹孔，茶叶落入滚筒内，随着滚筒旋转，刀片将长出格子的部分茶叶横向切断。

棱齿切茶机：主要使长条茶改短条茶，粗茶改细茶。当茶叶落入机内，由于棱齿旋转滚动，齿刀片就将茶叶切断。棱齿茶叶机具有使茶叶撕开切断的作用。

圆片切茶机：使粗短或椭圆形茶改为细长形。这种切茶机，由于片上有棱齿切片，一片固定，一片旋转，转速很快。纵向切茶，破坏性最大，一般用于切筋、梗、片。

此外，还有纹切茶机、轧片切茶机、胶滚切茶机等。

3. 切轧技术要点

（1）根据取料要求选用切茶机　切轧时要根据付切茶的外形和取料要求合理选用切茶机。

滚切机破碎率较小，擅长于横切，有利于保护颗粒紧结的圆形茶不被切碎，可用于工夫红茶。

眉茶的切轧较复杂，外形粗大勾曲的毛头茶、毛套头取做贡熙，宜用滚切。紧门头是长形茶坯经紧门工序抖出的粗茶和圆头，可采用齿切机。圆切机有利于断茶保梗。

（2）掌握付切茶的适当干度　一般含水率4%～5.5%，含水率超过7.5%则很难切断。

（3）先去杂再付切　应先去掉混入毛茶中的螺丝、铁钉、石子等杂物后再付切。

（4）控制上切茶的流量　上茶量过多，易堵塞，且碎末会增加。上茶量过少，使一部分茶躲过切刀，达不到切茶的目的。

（5）先松后紧，逐次筛切　切口松，破碎小，切次增多；切口紧，破碎多，切次少。

（6）尽量避免不必要的切茶。

4. 基本原则

应尽可能用各种筛法除净不应切断的茶条。头子茶中如夹有条状好茶，先上抖筛分出。抖头和撩头要先上扇而后付切，分开应切与不应切的茶坯，减少过切数量。

要分次付切，不要一下切得很细，增加粉末。在不费工和不影响品质的原则下，增加切轧次数，不同的头子茶分别付切，如本身撩头切次可多，而长身撩头切次要少。多次上切，孔眼或盘距要先松后紧，逐步改进形状，提高正茶的产量。

（三）风选

风选是分离茶叶身骨轻重的工序，并通过分轻重来取料定级和剔除次杂。

1. 目的

利用茶叶质量、体积、形状等的不同，并借助风力作用，使不同质量的茶叶在不同的位置下落而分离出来，从而使各级茶叶品级分明，硬软均匀，符合一定规格要求。

2. 风选机的选用及其作用

（1）吹风式　有单层和双层两种。具有分级较清楚的优点。缺点是风箱的气流不够稳定，操作较复杂。

吹风风扇机又称送风式选别机。吹风风扇分为下出口和平出口，下出口又分为正口、子口、次子口。子口茶一次扇清，各口茶档次分明。

正口：是在近茶斗的口，吹出"正口茶"，正口茶抗风力最强，由漏斗下注，直入正口，条索紧细重实，品质好，是正身茶或净茶。珠茶称"重身"，如五孔重。

子口：是在正口的旁边，或称"内子口"，吹出"子口茶"，或称黄片，抗风力较正口茶稍弱，半实半飘，比正口茶轻。子口所出的茶再上扇，正口所出的为子口茶，子口所出的为"次子口茶"。珠茶称子口茶为"轻身"，如六孔轻。

次子口：在子口的旁边靠近平出口，或称"副子口刀"、"外子口"，吹出"次子口茶"，比子口劣、轻。有次子口的风扇，平出口的轻片减少，而多由次子口流出。

平出口：平出口吹出的称"风扇尾"，是抗风最小的劣碎片、毛灰和其他特别轻的夹杂物。

（2）吸风式　风力稳定，易操作。缺点是产量较小，工效较低。

3. 风选定级过程和技术要点

经过筛分的筛号茶，长短、粗细一致，分号进入风选机风选，分别依轻重不同从各出茶口卸出，因此可根据各口茶的身骨来定级。在精制中按风选次数及作用的不同将风选过程分为"毛剖"、"定级扇"、"清风"三种。

（1）毛剖　是指在制品在紧门之前过风选，是粗放的分轻重，可分出各口毛坯，不能定级。

（2）定级扇　是风选取料的主要过程，要求做到合理配风，按质取料，取足主级，兼顾下级，级级清楚，防止走料或屈料。

好茶轻扇，次茶重扇。好茶侧重于提高制率，次茶侧重于提高品质。

（3）清风　是成品茶在匀堆前，利用风力清除留在茶叶中的沙石、金属和灰末。

（四）拣剔

拣剔是除去粗老畸形的茶条，整齐形状。拣出茶籽、茶梗，既可补救采制的粗杂，又能矫正筛分、风扇的疏漏，也是毛茶加工的主要作业之一。提高净度，对产品外形品质提高很大。如下一级品质筛号茶要提一级拼配，拣剔干净是能争取的。目前无论哪一种茶类，必须经过这道工序。

1. 目的

经筛分、风选后，去掉与正茶相近的杂物如茶梗、茶筋、茶籽等杂物，提高净度。

2. 手工拣剔

这是目前去杂的重要工序，在制茶成本中占很大比例。随着制茶技术逐渐提高，手工拣剔量逐渐减少。

把付拣茶堆放在拣板一角，用左手撒出少许放在拣板特置的黑环内，使条条分开，所应拣出的全部暴露在眼前，两手并用，上下交取。拣净后用右手拨合，堆放拣板另一角，左手再拨未拣的茶。

拣茶首先要对各级付拣茶的拣出物充分了解，那些应拣，哪些不应拣，以便在操作时容易判断。其次，操作时要坐得正，而头应稍往板中移进，以减轻疲劳。

3. 机械拣剔

机械拣剔的可选用对象很多，一种机器不能完全解决，我国茶厂使用的阶梯式拣梗机最为普遍，其次是静电拣梗机。

4. 技术要点

拣剔是精制中的薄弱环节，花工多，效率低，成本高。因此，要做到以下几点：

（1）充分发挥拣梗机的拣剔作用。

（2）充分发挥其他制茶机械的拣剔作用，如撩筛取梗、抖筛抽筋和风选去杂等。

（3）集中拣梗与分散拣梗相结合。

（五）干燥

1. 干燥的目的

因干燥的目的不同，分为复火和补火。

（1）复火　毛茶在付制前，根据含水率高低，含水量在7%以内，可不复火，采取生做生取的办法。如含水量在7%～9%，筛面头子茶必须经过复火，筛底可不复火，采取生做熟取的办法。如含水量在9%以上，都必须经过复火，采取熟做熟取的办法。

（2）补火　茶叶在匀堆装箱前，一般绿茶精制厂还要进行补火车色，使含水量达到规定要求的足干，最后的烘或炒以做火功效提高茶叶香味，减少茶叶水分，提高茶叶耐藏性。

2. 干燥机械及选用

干燥机械主要有炒锅机、滚炒机、烘干机。

（1）烘干机　茶叶形态较松，锋苗较好，汤色香气平和，但色泽难以持久。

（2）炒锅机　茶叶外形紧结，香味浓厚，色泽美观持久，但碎茶、粉末增多。

（3）车色滚筒机　主要用于外销绿茶。条索紧结，香气高爽。

3. 干燥技术要点

一要正确选用干燥机具。二要适当控制火功。

4. 车色

为了弥补炒干机摩擦不足、色泽不匀的缺点，用滚筒机车色。滚筒机也称车色机。平锅炒干机翻转作用还不够大，如果以潮湿毛茶来补火，条索不时即炒紧，反有松散的现象。特别是应用于珠茶，不但不能收缩紧结，反使茶叶伸展，所以不适用于炒珠茶，以滚筒机配合使用。

滚筒机转动速度与形状、色泽有很大关系，见表11-1。该资料显示，以转速为47r/min较为理想。

表11-1　车色机转速与茶叶形状和色泽的关系

车色机转速 r/min	品质
42	色泽暗且带驳杂，未达到适度程度
47	不仅色泽光润，且能保持尖峰
51	虽然发白带霜，但因旋转过快，尖峰已折断，且有过度的现象

含水量在7%以上的茶坯，在品质不受到影响的前提下，可用加温热车。加温设备，系用火盆放在滚筒下烘热滚筒。

（六）拼配、　匀堆与装箱

1. 筛号茶拼配

成品拼配是根据不同产品的不同规格要求，选取一定比例和数量的筛号茶进行拼配，使各种不同品质的筛号茶取长补短，相互调节，合理地组成成品茶。

（1）拼配的原则

①要保证产品合格和保持品质相对稳定：精制执行对样加工，各级标准样（或者贸易样）是衡量产品质量的法定实物依据，必须严格对样拼配。要保证产品符合标准，要保持出厂的各级精茶在各个时期各个批次的品质相对稳定，避免产品质量忽高忽低、前后不一。

②加强经济核算，严防走料：加工过程中要高度发挥毛茶的经济价值，但由于操作人员水平差异或机械效能不同，会出现半成品茶品质偏高现象，因此在拼配时发现半成品走料现象必须退回车间重新提取。一般品质稍高可以拼配时适当调剂，防止高于标准出厂。只有这样才能在保证产品合格的前提下做到充分发挥毛茶的最高经济价值。

（2）拼配内容

①看准标准样（或贸易样）：拼配必须对样，即要看标准样（或贸易样）这个实物依据，全面分析八项品质因子，即标准样的外形规格、条索的松紧、筛档的比例、各路各口茶的比重、含筋梗杂物的多少及叶底的匀嫩程度等。但由于现行的标准样一般使用5年才调换，这些都属于陈茶，其色香味并不标

准，因此可以另配一套具有传统风格的当年新茶作为参考样使用。

②确定基准茶、调剂茶、拼带茶的品质关系和拼配比例：同一批次、同一级别的半成品，按路别、口别、孔别的不同其筛号茶的数目有 30～40 个，为了方便拼配，可以将半成品按品质特点划分为基准茶、调剂茶、拼带茶三类（表 11 - 2）。

表 11 - 2　各类茶品质关系

项目	半成品原料	半成品筛档	半成品路别	本成品身骨
基准茶	高级毛茶、春茶	上段茶	本身茶	正口茶
调剂茶	中低级毛茶、夏秋茶	中段茶	长身茶	正子口、子口茶
拼带茶	内质低次毛茶	下段茶、大撩头	圆身茶、拣头	轻身茶

基准茶是构成成品的骨干，品质往往高于标准，但存在某些缺陷和不足而需要调剂。

调剂茶品质稍次。其调剂作用一方面可将基准茶某些高于标准的因子调低，另一方面可弥补基准茶某些品质不足，可将成品的品质调到接近于标准。

拼带茶数量较少，品质较差，只能靠基准茶、调剂茶的拼带才能出厂。

具体在拼配小样的时候，要根据各类茶的不同作用，合理掌握拼配比例。可以先选用基准茶做骨架，然后拼入调剂茶将品质调至大体接近标准，再酌情小心加入拼带茶，如此由高调低，直至符合标准。

③掌握各种品质缺陷的纠正技术：拼配小样时由于半成品品质差异大，小样品质的八项因子往往不容易平衡（表 11 - 3、表 11 - 4）。

表 11 - 3　小样外形常见偏低因子的纠正措施

品质因子	条索		色泽	净度		整碎
偏低缺陷	面张粗长	短秃，缺锋苗	身骨欠重实	花杂欠润	面张露筋，多梗	多朴片	脱档，缺中段	短碎拖脚
纠正措施	一是少拼面张；二是将长身茶4孔正子口茶撩筛去头	一是多拼本身茶和高级毛茶的半成品；二是剔除圆身茶	一是多拼正口茶和主级产品，少拼副级产品；二是剔除子口茶、轻身茶	一是多拼春茶；二是提高净度；三是绿茶加强车色	一是多拼或剔除拣头；二是推门；三是撩筛去头或撩头复拣	一是复扇去朴片；二是复抖或飘筛去朴片	一是多拼中段茶；二是少拼面张和下段茶	一是多拼面张、中段；二是少拼下段，剔除小圆头

表 11 – 4 小样内质常见偏低因子的纠正措施

品质因子	香气滋味		汤色	叶底嫩度	叶底色泽
偏低缺陷	香低味淡	有老火及异味	深汤、暗汤、浑汤	欠嫩软	有焦末,多红筋叶或青张暗叶
纠正措施	一是多拼春茶、高山茶和高级毛茶的半成品;二是少拼夏秋茶、平地茶及中、低级毛茶的半成品	剔除老火及异味茶	剔除老火茶、陈茶、次品茶、劣变茶	一是多拼高级毛茶的半成品,多拼本身茶、正口茶、中段茶和嫩筋;二是少拼中低级毛茶的长、圆身茶和子口茶	剔除焦茶、次品茶和劣变茶

2. 匀堆装箱

匀堆(又称拼堆、关堆等)的目的是把已经整理分开的各档筛号茶依照筛号茶拼配比例混合均匀,使每批茶品质一样。装箱的目的是缩小体积,保持产品品质,防止变质,便于贮运。

使用的方法有机械匀堆和人工匀堆。

人工匀堆一般采用层叠法。匀堆前先用茶箱或木板在干净的地面上围砌成正方形匀堆池,池的大小以匀堆的本批茶数量而定。池高 1.2 ~ 1.5m 为宜,过高则操作不便,过低则拼合不易均匀。砌好后,沿堆池壁铺上匀堆布以免茶叶溢出。按照"下粗上细、下轻上重、逐层摊平、厚薄均匀"的原则,将待拼的各路各级各筛号茶依确定的拼配比例和顺序分次导入池中,边倒边用扒板摊平使整个池面的铺茶厚薄均匀,四周应踩紧。每路或每段各号茶至少按次序分三次至四次拼完,不能集中一次倒入,否则难以拼和均匀。

拼完后,撤去池一边的茶箱,用耙将茶堆上的茶自上而下垂直挖下,边挖边拌和边过秤装箱。挖茶时力求混合均匀,装箱要紧实,每箱品质基本一致,净重一致。

四、精制程序设计

茶类不同则加工的要求不同,采取的技术措施也不同。加工要求高的茶类,所采取的技术措施也要很精细,才能达到加工的目的。但是,无论任何茶类都有共同的要求,与基本操作技术有密切关系。技术措施贯彻"四要四避免、五先五后"，提高品质才有保证。

（一）明确加工的要求

毛茶加工的要求，既要制茶品质优良，又要得到最有价值的副茶；既要达到最高的制率又要最省工时，既要最省物料又要减少工具的消耗。

这些从表面看来好像是互相矛盾的。例如要达最高的制率，必须把毛茶中所可能提取的都取干净，因此，副产品就难有价值，如要达到优良的成品，必须考究筛路、拣剔和火功，就不能节省人工；如要节省人工，必须尽量利用机器，就不能节省工具和电力。其实这些不但不矛盾而且是统一的。每批毛茶加工都可以根据这些方面的要求，从实际出发，辨别轻重决定哪种要求是主要的，采用合理的技术措施，就不难做到高产、优质、低消耗。

1. 要有最好的制茶品质

同样的毛茶，由于精制处理的不同，各种成品品质也有差异。因此，必须合理安排精制程序，使产品质量完全符合规格。

2. 要有最高的精制率

每50kg毛茶能制成若干千克正茶，就是该毛茶的精制率。要努力多制取正茶，提高精制率，以降低原料成本，增加收益。

3. 要有价值的低级茶或副茶

毛茶的制率在70%左右，其余30%，除了水分外，就是副茶。无论哪种毛茶都不能全部成为高级茶，必定有相当数量的低级茶。这些副茶和低级茶也因加工技术的不同而有差别，价位相差也大。因此在取了正茶或高级茶后，还要出产较好的低级茶或副茶。低级茶或副茶品质好，无形中也减少了制茶的成本。

4. 要有最省的人工和消耗

茶叶精制费用以制茶工工资占极大部分（制茶工包括制工、拣工以及其他因制茶而需要的人工），要合理安排劳力，避免不必要的和重复的处理，节省人工。

要尽可能减少木柴、木炭、煤、电、柴油、润滑油等消耗，要充分发挥机械效能，提高工效。

（二）采取四避免的技术措施

毛茶加工有一定的目的和要求，一般加工程序，就要根据所需要的目的和要求的原则而订立。基本原则是要减少折耗，缩短加工过程。要达到这种目的，必须遵守下面几条原则。

1．避免不必要的反复操作

自开始到终了要一贯做下去，不要反复加工。整形的目的虽然是要取得正茶，但是劣茶的抵抗力很弱，因此更会断碎。同时能促进优劣同体的茶条激烈地分化。即便优良的部分，也难免损坏而变为碎劣。不论加工轻重，形态都会有变化，增加碎屑是一定的。优茶和劣茶越分清，去劣越多，正茶的数量必然减少越多，折耗也越大。

2．避免不必要的筛分

分开粗细和长短是用筛分的方法。但筛分要简单，不要重复，要认清毛茶的形态，分别加以判断。辨别在某一阶段的筛分是必要的，对不必要的，尽量避免。筛分过多，不但是浪费设备，且茶色会变灰暗，粉末增多，降低了价值。如没有较长的茶条，起捞筛就是不需要的。再如规定紧门筛是七、八号抖筛下的茶，就不必再过紧门了。

3．避免不必要的碎细

加工中应就原有的形态、品质，少用人工轧细，人工轧细会使茶叶形态发生明显变化。反复加工、重新整形才能分别优劣，如此，折耗也就愈大。如果需要轧细，则要谨慎处理。

不必要切断的，应在切断前尽量用各种筛分的方法抽出干净后才可轧细。不必要的轧细，不但花费人工，增加碎茶的数量，而且使粉末增加，降低制茶品质和价值。

4．避免不必要的损失

无论机制或手制的过程中，总有一部分会掉在地上。这种落在地面上的茶叶，称"地脚茶"，地脚茶要尽量减少。

还有一种损失，就是茶叶混入拣头内，无论机器或手工拣剔，总是难免混入。要提高制率，就要在细小工作中多注意。

对于拣头要严格检查，力求净纯，以免正茶损失。如拣机的拣头经过复拣还不纯净，就应该想办法从拣头中把正茶尽量提出。

（三）正确制定加工程序

目前我国的采制技术比较繁杂，不但依茶类的不同而有异，而且加工过程也有差别。即便同一种茶类，操作繁杂或简单也因各地的习惯、茶工技术的巧拙、毛茶的好坏而有差别，不可以一概而论。

加工的目的在于分别大小、粗细、轻重、剔除夹杂物或降低含水量。整剔大小和粗细应用各种筛法，分别轻重用风扇或用簸扬，去掉杂物要用拣，干燥用炒或烘。所以加工的重要过程是筛、扇、拣、烘，反复操作。哪一种工作先，哪一种工作后，虽然是依照毛茶的粗细、制茶目的的不同而随时变动，但是也有缓急先后之分。这种先后缓急的处理，就是基本原则。

1. 先筛分，后风选

毛茶不直接上风扇，因为在制茶粗细和长短不同的情况下，比较轻重没有意义。上风扇的茶坯，必须经过完全的筛分，也就是说必须经过分筛和抖筛。

因为只过抖筛不过分筛，虽粗细相同，而长短却不同，短的较轻，在风选时，这些较短的茶条就会落在子口茶里，子口茶就轻重不分，分开困难。如果只经过分筛就风选，茶坯虽然长短相同，而粗细不同，因此，风选的结果是子口里有细茶，分开则费工。

2. 先风选或捞筛，后拣剔

节省拣工最有效的方法就是减少茶中所含的夹杂物数量，捞筛可分离一大部分的长梗，风选可以去除一部分的老叶、黄片和草毛之类。减少要拣剔的数量，因此可减少拣剔的人工。

机器拣剔也是这样，风选机的生产效率比拣梗机大，先经风选后拣剔，则拣梗机的配备就可少一些。但是不能通过筛眼的，则要先切轧，不经过风选而先拣。

3. 先拣剔，后切断

毛茶加工，须避免未拣剔前切断，以减少拣工。如一条劣质茶坯在未切断时拣剔较容易，且只需拣一条，条大易拣；如切断后这条被切断成数段，则拣工较费，而且不易拣。这种情形很费工还是其次，主要是因为小段难拣，或把好的茶条拣出，而混入小茶头的机会更多，造成产品的损失。

4. 先烘、炒，后风扇

上风扇或簸撼的茶坯，如没有充分干燥，就不容易分开轻重。不同体积的茶坯，常因含水分不同而有相同的质量。同大小的厚片和薄片，常因薄片含水分多而与厚片质量相同。所以如用风力选择轻重，必先经过烘、炒以除去水分才能分别清净，节省风选操作时间。如果茶坯已充分干燥或初次粗放筛分轻重，就可不必炒、烘而先风选。

五、绿茶精制技术

（一）长炒青精制技术

1. 外销眉茶概况

（1）外销眉茶分特珍、珍眉、雨茶、秀眉、片茶、碎茶、粗末和细末。在每个品名中又分若干个档级。例如珍眉又分为珍眉一级、二级、三级、四级和珍眉不列级。外销眉茶出口，一般不报茶名，而采用代号，例如特珍一级，用9371、珍眉一级为9369，这些茶都是由长炒青绿毛茶经精制而成。出口眉茶的花色档级如表 11 – 5 所示。

表 11 – 5　外销眉茶花色档级

眉茶		出口代号	茶厂用		
			加工	浙江代号	上海代号
特珍	特一	9371	珍眉 2 级	81201	81251
	特二	9370	珍眉 3 级	81301	81351
珍眉	珍一	9369	珍眉 4 级	81401	81451
	珍二	9368	珍眉 5 级	81501	81551
	珍三	9367	珍眉 6 级	81601	81651
	珍四	9366	珍眉 7 级	81701	81751
	珍不列	3008	珍眉 7（二）	81701（二）	81751（二）
雨茶	一级	8147	雨茶 1 级	83101	83151
	特秀	8117	特针 3 级	84301	84351
秀眉	秀一	加工	秀二	85201	85251
	秀三	9380	秀三	85301	85351
片茶		34403	茶片	86001	86051
碎茶				87101	87151
粗末				89101	89151
细末				89201	89251

　　（2）贸易样编唛和加工样编唛不同，贸易样按出口茶号编唛。加工样编唛一般由一个中文字和五个阿拉伯数字（由出口公司定）。中文字为厂名称，阿拉伯数第一个数字为年份，第二个数字为品名（珍眉为 1，贡熙为 2，雨茶为 3，特秀为 4，秀二、秀三为 5，片为 6），第三个数字为级别，第四、第五个数字为流水号码。如"名 81201"为名茶厂 1988 年珍眉 2 级第一批出厂样。

　　2. 长炒青精制基本工艺

　　绿茶精制工艺甚为精细，基本分为三路——本身路、圆身路和筋梗路。

　　长炒青的绿毛茶，经精制整形后，概称眉茶，中国的眉茶有屯绿、舒绿、婺绿、饶绿、杭绿等，其制法不完全相同，但基本的筛路类同。

　　现在以杭绿为例加以说明。杭绿全省统一为 12 个筛号茶，即 4、5、6、7、8、10、12、24、34、80、100 孔茶。

　　（1）本身路　工艺流程：毛茶复火→滚条→筛分→毛撩→前紧门→复撩→机拣→风选（剖扇、复扇）→电拣→手拣→补火→车色→净茶分筛→后紧门→

净撩→清风→入库待拼→匀堆装箱。

复火：将炒青毛茶用烘干机复火。烘至含水分5%～6%。

滚条：烘后趁热投入八角型的滚筒内滚条，使茶身紧结、脱钩。滚条时间一般为60～70min。

筛分：滚条后的毛茶进行分筛，4孔底的茶叶按本身路加工，4孔面的茶叶经一次切后复筛出的4孔底仍并入本身路。分筛的茶叶经一次切后复筛出的4孔底仍并入本身路。

毛抖：分筛出的4～7孔茶分别上抖筛机，初步分茶叶的粗细，产抖出外形粗大的茶条与圆头茶和外形较细的筋梗。7孔筛号茶的抖头并入5、6孔筛号茶复抖，4、5孔筛号的抖头入圆身路。抖筛筛网网号配置如表11－6所示。

表11－6 抖筛筛网网号配置

等级	4孔茶	5孔茶	6孔茶	7孔茶
一级坯	7, 7.5, 12, 14	7, 7.5, 14, 14	7.5, 8, 16, 16	8, 8.5, 18, 18
二级坯	7, 7.5, 12, 12	7, 7.5, 14, 14	7.5, 8, 16, 16	8, 8.5, 18, 18
三级坯	7, 7.5, 12, 12	7, 7.5, 14, 14	7.5, 8, 14, 16	8, 8.5, 18, 18
四级坯	6.5, 7, 11, 12	6.5, 7, 121, 12	7.5, 8, 14, 16	8, 8.5, 18, 18
五级坯	6.5, 7, 11, 12	6.5, 7, 12, 12	7.5, 8, 14, 16	8, 8.5, 18, 20
六级坯	6.5, 7, 11, 12	6.5, 7, 12, 12	7.5, 8, 14, 16	8, 8.5, 18, 20

毛撩：分筛后的4～24孔茶经毛抖后要作撩筛（毛撩），高档茶要经过3次撩筛。撩筛筛网网号配置见表11－7。

表11－7 撩筛筛网网号配置

等级	4孔茶	5孔茶	6孔茶	7孔茶	8孔茶	10孔茶	12孔茶	14孔茶	16孔茶	24孔茶
	3.5	4	4.5	5.5	6.5	8.5	10	12	12	18
筛孔	3	3.5	4	5	6	8	9	10	12	16
	7	8	10	12	12	16	20	24	24	28

前紧门：4～6孔茶毛撩后复抖，也称前紧门，目的是抖去筋梗，分级取坯，提高纯度。前紧门（抖）筛筛网网号配置见表11－8。

表 11 - 8　前紧门（抖）筛筛网网号配置

等级	4 孔茶	5 孔茶	6 孔茶
一级坯	7.5, 8, 12, 14	7.5, 8, 14, 16	8, 8.5, 16, 18
二级坯	7.5, 8, 12, 14	7.5, 8, 14, 14	8, 8.5, 16, 18
三级坯	7.5, 8, 12, 14	7.5, 8, 14, 14	8, 8.5, 16, 18
四级坯	7.5, 8, 12, 12	7.5, 8, 14, 14	7.5, 8, 14, 16
五级坯	7.5, 8, 12, 12	7.5, 8, 14, 14	7.5, 8, 14, 16
六级坯	7.5, 8, 12, 12	7.5, 8, 14, 14	7.5, 8, 14, 16

复撩：前紧门后的 4、5、6 孔茶和剖扇后的 7 孔茶进行一次复撩，方法与毛撩同。

机拣：拣出较长的筋梗。用阶梯工拣梗机，第一格开沟大，二、三、四格开沟小。

剖扇、复扇：第一道风扇叫剖扇，第二道风扇叫复扇。目的是分级取料，除去黄朴片。

剖扇：第一口取特一、特二；第二口取珍一、珍二；第三口取珍三、珍四。

剖扇后的正口、子口、次口要分别复扇。

特一、特二分别复扇后：一口为特一，二口为特二或雨茶，三口为珍一。

珍四分别复扇后：一口为珍二，二口为珍三，三口为珍四。

电拣：高压静电拣梗，吸出黄朴片，一般要经过 5~6 次。

手拣：拣老梗、粗梗、白梗。只有 4、5、6 孔茶才需手拣。

补火：烘至含水率达 5% ~5.5%。

车色：趁热车色，达到紧条、色泽起霜。

入库待拼。匀堆装箱。

（2）圆身路　第一次切后分筛出的毛茶头，本路的抖头，按圆身路加工，作业操作与本身类同。

（3）筋梗路　本身路与圆路抖出的筋梗茶梗路加工相同。

（4）成茶拼配　成茶拼配是技术性较强的工作，拼得好，能明显地提高茶叶的经济价值，且不降低茶叶的质量标准。搞好拼配须掌握以下要领。

第一，熟悉标准样的品质特点：眉茶标准是由许多个筛孔茶组成，其中有的筛孔茶，这个因子好，另一个因子差，应看其相互组成的大致比例。

标准是以每一级产品的最低标准为准，拼配要做到心中有数。

第二，掌握特茶的数量与品质情况：在掌握标准样品质的基础上，查核待拼茶的数量与品质情况，然后先从外形着手拼出小样。当拼出小样的外形品质与标准相符时才能开汤审评，进行内质因子的调整。如果外形不符就进行湿评，意义不大。拼配小样还应掌握以下几种关系：

外形与内质的关系：眉茶拼配，外形、内质都很重要，但在具体方法上，应"先外后内"。外形很差，内质再好也难以通过验收。

面张茶与外形的关系：面张茶的条索如何对成茶外形质量有着最直观的重要影响，所以面张茶条索较粗松的应少拼或不拼；面张茶较圆身、短秃的不拼或少拼；面张茶较轻身，露朴的不拼或少拼。

整碎与外形的关系：要求各孔茶拼配比例恰当，筛档匀称，不脱档，不露脚。简而言之，眉茶中不应含有细末茶。

叶底嫩度与档级的关系：高档茶叶底较嫩软。上段是组成叶底的主体茶，抓好上段茶的拼配比例是配好叶底嫩度的关键，适当调高春茶比例也是办法之一。高档茶叶底最怕露背筋黄。

净度与外形的关系：影响外形净度的主要因子是筋梗、朴片、茶籽、黄头和非茶夹杂物。特别是长梗、粗老梗、黄头影响最大。应做到下段茶去除轻片，中段茶无长梗，色泽要求协调，切忌露黄。

香气、滋味与级别茶的关系：高档茶不应露粗青气，应掌握好季节茶的拼配比例。一般地讲，春茶嫩香味醇，夏秋茶香气差，味浓较青涩。

对烟焦茶、高火茶、陈熟味茶等在拼配使用上要严谨。

考虑茶叶总体的经济价值：人们总希望多拼配高档茶出厂，这是可以理解的，而且在一般情况下也应该如此，但是也要从实际出发，如果出了高档茶，留下大量低档茶，也不一定可取，有时为了"高带低"，适当将部分高档茶降档使用也是很有必要的。总之，在拼配中要总体考虑，设计几个拼配方案进行比较，以充分发挥茶叶的经济价值，小样一经确定后，便需计算出各号茶的比例，最后按此比例成品拼配，进行匀堆装箱。

（二）烘青精制基本工艺流程

烘青绿茶的精制一般采用各种精制机械进行。筛分时可先用圆筛机分出各筛号茶，也可以先经抖筛再进行平圆分筛号茶。通常采用本身、圆身和筋梗三路加工比较合理。精制工艺流程图见图 11 - 1。

◯ 小 结

茶叶精制又称毛茶加工，是将毛茶经筛分、切碎、风选、拣剔等工艺过程而加工成一定规格产品过程。

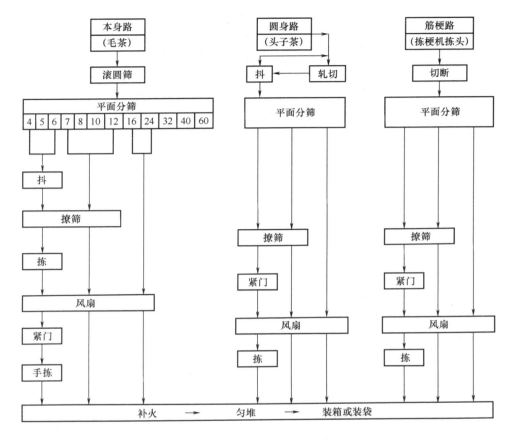

图 11 - 1　烘青精制基本工艺流程

　　毛茶是精制厂的原料，调进厂的毛茶必须经过复评验收，待验收合格后方可归堆入仓储存。整个毛茶验收过程是精制厂毛茶验收归堆、精制加工、成品拼配这三大技术环节之一，也是进厂原料品质好坏的第一关。

　　茶类、等级和产品规格不同，精制技术也有不同，但原理和精制机械差别不大。主要精制程序包括筛分、切断与轧细、风选、拣剔、干燥、拼配和匀堆装箱等。

　　茶类都有共同的要求，与基本操作技术有密切关系，其精制技术措施贯彻"四要四避免、五先五后"的原则，保证产品品质的提升。

　　绿茶精制工艺甚为精细，基本分为三路——本身路、圆身路和筋梗路。基本加工工艺流程为：毛茶复火→滚条→筛分→毛撩→前紧门→复撩→机拣→风选（剖扇、复扇）→电拣→手拣→补火→车色→净茶分筛→后紧门→净撩→清风→入库待拼→匀堆装箱。

项目十二　花茶加工技术

知识目标

（1）掌握花茶的分类和各品质特点。

（2）掌握茶叶吸附作用、鲜花的吐香特性。

（3）茉莉花茶原料处理技术措施要点。

（4）掌握花茶加工工艺及技术措施与品质形成的关系。

技能目标

（1）熟练掌握茉莉花茶加工工艺流程、工序技术参数、要求和操作要领。

（2）掌握花茶工艺指标测定方法，能对在制品进行质量分析和控制。

（3）能结合生产实际，总结茉莉花茶窨制工艺路线。

（4）能独立进行茉莉花茶加工。

必备知识

花茶是将素茶和香花拼和窨制而成的带有鲜花香气的茶叶。花茶既保持了纯正的茶香，又有鲜花的芬芳或馥郁香气，使花茶具有独特的品质特征。

花茶种类较多，一般以所用香花定名。主要有茉莉花茶、珠兰花茶、白兰花茶、玳玳花茶、桂花茶、柚子花茶和玫瑰花茶等，这些花茶因所用茶类不同，又有各种不同的产品，例如荣莉烘青、茉莉大方、玫瑰红茶、桂花乌龙、桂花龙井等。

各种花茶的香味各具特点。茉莉花茶香气浓郁芬芳、鲜灵持久、纯正，滋味醇厚；珠兰花茶香气清纯优雅，滋味醇厚爽口；白兰花茶香气浓郁强烈，滋味浓厚尚醇；柚子花茶香气清香纯正，滋味醇和；玫瑰红茶香气馥郁，滋味甘醇。

花茶品质虽因所用香花和茶类不同而各有特点，但基本要求是一致的。高级花茶均要求香气鲜浓、持久、纯正，滋味浓醇鲜爽，汤色淡黄，清澈明亮；叶底嫩匀、明亮。

花茶加工历史悠久。它的起源可追溯到北宋初年（公元 960 年），当时在上等绿茶中加入龙脑香，到公元 12 世纪（宋代宣和年间）在茶叶中加"珍茉香草"已很普遍。清代咸丰年间（公元 1851—1861 年）各地开始生产茉莉花茶，1890 年前后，各地生产的茶叶运到福州，使福州成为我国窨制花茶的中心。1939 年起，苏州成为另一个花茶加工中心。

我国现在窨制花茶的地点有福建福州、江苏苏州、浙江杭州和安徽（歙县、芜湖）、四川（成都、宜宾）、广西、云南、重庆、江西南昌、武汉、广州等地。以前以福州和苏州为主要窨制地，现在则主要在广西、云南等地窨制。

在销路方面，花茶主要为内销。主销北方 14 个省市。如北京畅销珠兰花茶，天津畅销茉莉烘青，山东畅销茉莉大方，福建、广东畅销柚子花茶。从1955 年起，我国花茶对外试销，目前销量逐年在上升，主销日本、美国、法国、德国和意大利等国家。

一、花茶窨制的机制

花茶窨制是利用鲜花吐香和茶坯吸香以形成花茶特有品质的过程。在此过程中，发生了一系列较为复杂的理化变化。研究花茶窨制机制，主要是研究茶坯的吸香性能、鲜花吐香特性以及在窨制过程中的一系列理化变化。

（一）茶坯的吸香性能

1. 茶坯性状与吸香性的关系

茶叶是一种疏松多孔的物质，这些细小孔隙导致形成大量的孔隙表面，这就是茶叶具有较强吸附性能的原因。

茶坯的吸附性能与孔隙的孔径大小、孔隙长短密切相关。孔径小，孔隙短，吸附能力强，吸附香气量多，但吸香速度慢。相反，孔径大，孔隙长，吸香力弱，吸收量少，但吸香速度快。因此，细嫩的茶坯窨花时配花量多，且须多次窨制。而粗老茶坯窨制配花量少，窨次也少。

2. 茶坯含水量与吸香性的关系

茶坯对香气的吸附量与其含水量有很大的关系。茶坯对花香的吸附性强弱与茶坯本身的含水量成反比，若茶坯含水量高，茶坯孔隙充满着水分，香气的内扩散受阻，吸附表面就不能很好地吸附香气。当含水率在 18%～20% 时，茶坯吸香能力就很弱，所以在窨花前，茶坯必须进行烘干，掌握含水量在4.5%～5.5%才能达到正常吸收香气的目的。一般说来，茶坯含水率越低，吸附花香能力越强，但也不能超过一定限度，低于3.5%则烘焙温度又高，不仅容易产生老火味，甚至烘焦，使茶叶内含的有效成分咖啡碱升华，芳香物质挥发，严重影响茶叶品质。

窨过花的茶坯吸香能力很差，有的甚至已没有吸香能力，再窨前必须经过复火。每次复火后，在制品的含水量应掌握逐窨增加的原则，这样才可能达到前一次的香气保留和再一次窨花香气的吸收，否则会使前一次窨花后的香气受到损失。苏州茶厂逐窨具体掌握增加0.5%～1.0%，提花6.0%～6.5%，这样茶坯既能保持花茶的幽香又能提高花香的浓度。

关于茶坯含水量与吸香力的关系问题，而今有新的认识。中国农业科学院茶叶加工研究所实验表明，茶坯含水量为2.1%～4.7%时都有明显的吸香力，以含水量为10%～30%的茶叶着香效果略好于含水量低于10%或高于30%的茶叶。

3. 茶坯内含物与吸香性的关系

茶叶内含有烯萜类、棕榈酸等成分，这类物质本身没有香气，但具有极强的吸附性能，它们和香花挥发出来的香气相互作用，吸附在自身组织内，且能保持相对稳定。细嫩茶坯棕榈酸和烯萜类含量高，粗老茶坯含量低，这也是它们窨制时配花量、窨次多少不同的原因所在。

（二）鲜花的吐香特性

茶、花拼和窨制就是引用鲜花的芬芳香气为茶叶所吸收而达到引花香、益茶味的目的。

1. 温度与鲜花吐香性的关系

各种鲜花香气的挥发，都需要一定的温度。温度越高，花香扩散速度越快，香气浓度提高，茶坯吸附量会增多。但在窨制花茶过程中，温度升高要有限度，必须考虑香气的类型、特征和茶叶品质的变化。如有的鲜花在拼和之后，由于花的呼吸作用，产生一定的热量，不易散发，而使在窨品温度升高。对于不要求高温的鲜花，就不必再加温，如茉莉花只要求坯温30～40℃，珠兰花只要求坯温34～36℃。而对于要求一定高温的香花，除本身所产生的热量之外，还需加温。如玳玳花，要求坯温85～90℃，因此需要采取加温热窨的方法使它在所需要的温度条件下正常吐香，不断被茶坯吸收。多年来，许多研究者应用分子扩散和固体吸附理论，从茶叶吸附香气和鲜花香气释放两方面进一步阐述了花茶的加工原理。同时通过对茶叶吸附特性的研究，认为茶叶内的水浸出物及水分含量在10%～15%窨制花茶，其品质与传统工艺相当，但可减少下花量 20% ~ 30%，从而提出了"增湿窨制茉莉花茶新工艺技术"。这是对传统花茶窨制理论及技术的突破，具有较高的实用价值。

2. 香花开放度与吐香性的关系

鲜花香气来源于花内的微少而组分极为复杂的芳香物质。根据这些物质的特性不同，鲜花可分为气质花和体质花两种。

气质花是指花中的芳香油随着花朵的开放逐渐形成并挥发的花种。花不开不香，微开微香，刚开则香气最浓，花开过后就不再放香，如茉莉。所以当鲜花开始开放，吐香逐渐趋向旺盛时，要立即迅速完成窨花、拼和、付制。

体质花指花中的芳香油以一种游离的状态存在于花瓣当中，未开或开放，都有香气，如珠兰、白兰、玳玳、桂花等。所以不需要像气质花那样采取促进开放的措施，但要防止香气散失。

3. 通气供氧与吐香性的关系

从花树上采摘下来的含苞欲放的花朵，虽然离开了母体，可溶性的营养物质供应被终止，但花组织内有机物质的转化和再合成芳香物质的作用仍在不断进行。芳香油随着花朵的生理成熟增多，它的分子通过细胞的小腺体而挥发逸散出来，即所谓开放吐香。这一过程完成得快慢与好坏，决定于花朵呼吸作用所产生的能量供应状况。如果供氧充足，则花朵呼吸强度大，生理成熟快，开放吐香早；在缺氧情况下就会产生无氧呼吸，花朵不但不能完成生理成熟、开放吐香，而且还会产生酒精味。所以，窨制花茶时不能完全封闭。但是密闭窨制可防止花香向空气逸散，有利于茶坯的吸收。故生产上为了满足花开对氧气的需要和散发窨制中所产生的热量、水蒸气，窨制过程应是半密闭状态。

（三）窨制技术对品质的影响

1. 茶花拌和

在茶、花拼和的窨花过程中，鲜花由于呼吸作用产生热量，茶坯吸收水分。在这种湿热条件下，多酚类发生自动氧化，不仅产生热量，使坯温逐渐上升，促进鲜花香气的形成和发展。同时也由于多酚类的自动氧化，使花茶滋味变得更醇和，特别是对低级茶，还可以减退茶汤的涩味和粗老味。另外，部分不溶于水的蛋白质和淀粉在一定温度条件下，水解为可溶性的氨基酸和糖，这是花茶滋味变为鲜醇的道理所在。

2. 通花

茶、花在窨品在静置状态窨花期间，由于鲜花呼吸作用放出 CO_2 和能量，加上茶坯在吸收鲜花水分后内含物质在较高温度下发生氧化产生的热量，使在窨品温度逐渐上升。适宜的温度有利于鲜花吐香和茶坯吸香。但是如果坯温上升超过 50℃，对品质则产生不利的影响。所以在窨花的过程中，要特别注意：

当坯温将达到 50℃时，必须进行通花散热，控制坯温的上升。通花散热约经 1h，坯温逐渐下降到 35～36℃时，再收堆复窨。

通花要适时。过早通花，茶叶与花香味不调和，浓度就差，以后即使再窨也很难改变，这种现象俗称"透花口"。通花过迟，茶坯吸香不清，俗称"香气糊涂"，不但没有鲜灵度，而且香气不纯，甚至产生劣变气味。

通花的时间要由茶坯上升温度状况、花和茶的类别、花的形色和窨花时间决定。温度不超过临界线是有助于花香的吸收的。因此，必须充分利用这段时间，使花香吃得透。根据长期生产实践经验，茉莉花从茶、花拼和到通花，一般相隔 4～5h。

堆温在 48～50℃，这时鲜花已基本开放。但这段时间内，茶坯吸收水分和香气约70%左右，通花收堆后，尚可吸收30%。所以要求通花通得透，但收堆温度不能太低，目的是使鲜花能继续吐香。茉莉花吐香最强烈的时间是22：00—24：00时，所以通花必须在夜间 0：00 时以后。通花 30～60min 后，坯温下降到 35～36℃，就要收堆复窨，在较高的坯温下，继续促进香气的形成和发展。

3. 起花复火

窨花后经过一段时间，花的香气已大部分为茶坯所吸收，花呈萎缩状态直至死亡，这时如不及时起花，在水热的条件下，花会腐烂、发酵，影响花茶品质。所以到起花时，就必须筛去花渣。但也有的花渣留在茶叶内，没有不良影响，如珠兰花就可以不必起花，可随茶叶一起上烘复火。

起花的时间依各类花茶、各等级及窨次的不同而略有差异。如苏州花茶厂窨制茉莉花茶，特级、一级、二级头窨 10～20h，二窨 9～11h，三窨 10～11h；白兰烘青在窨后 18～22h 起花；柚花烘青头窨经 8～11h 进行通花散热后，再经 5h 起花，二窨自窨花后 9～11h 通花，再经 4～5h 即可起花；珠兰烘青和玳玳烘青在窨后通花，复窨后即带花复火，起花时间应尽量缩短。对大规模生产起花作业必须掌握"多次窨的先起，提花先起，按品质顺序起"的原则。

用抖筛机筛出来的花渣，用高温烘干。

湿坯应及时摊开散热进行复火。经过窨花后的茶叶，水分含量由窨前 4.0%～5.5%增加到13%～16%。如果不及时进行复火，在水热作用下容易引起质变，会影响再窨和提花吸香的能力。因此，每次窨花后，都必须进行一次复火，以达到除去粗老气和闷气、固定香气的目的。

4. 再窨和提花

再窨和提花与窨花基本相似，目的是在窨花的基础上，进一步提高香气。两者不同之处是，再窨主要提高香气的浓度，提花主要提高香气的鲜灵度，从而使花茶成品达到浓度鲜灵。因此提花必须选择优质鲜花。

提花后一般不再进行复火，目的是防止花茶香气在复火时损失，所以提花配花量较少。茉莉烘青一般每100kg 茶坯需用花7~8kg，并加白兰花0.5kg。白兰烘青为5kg，柚花烘青为5kg 左右，提花后含水量才不超过9% 的指标。

为了保证产品的规定含水量，提花用量需要根据提花产品含水量进行计算。计算公式为（以提花前每100kg 产品计算）：

提花后含水量/% = 提花前含水量 + 提花配花量×鲜花减重率

例如，根据提花实践经验，一般鲜花减重率为40%，提花前含水量为5.3%，提花后含水量为8.5%，则每100kg 产品提花时配花量 = 100kg ×（8.5% － 5.3%）÷40% = 8kg。

5. 配花量

窨花时茶坯与鲜花拼和应有一定比例，称为配花量。配花量过多，茶坯不能全部吸收，造成浪费。配花量过小，花茶香气不浓，降低产品质量。

理论上认为，配花量应逐窨增加，但在实际生产中掌握"头窨吃足，逐窨减少，轻花多窨"的原则就能达到底花足，香气长。否则，影响花茶品质。所以配花量在总量不变的前提下，逐窨减少比逐窨增多的香气品质好。苏州茶厂曾用总量相同的配花量，窨花时分为逐次增加与逐次减少进行对比试验，结果如表12 –1 所示。

表 12 –1 鲜花在窨制中水分和质量的变化

窨 次	头 窨		二 窨		三 窨		提 花	
配花量 从多到少/kg	17.5		14		11		3.5	
	鲜花	花渣	鲜花	花渣	鲜花	花渣	鲜花	花渣
含水量/%	81.8	70.4	82.2	71.4	83.1	73.6	83	74
窨制后质量/%	100	61.5	100	62.4	100	64	100	64
质量减少率/%		38.5		37.6		36		35
配花量 从少到多/kg	11kg		14kg		17.5kg		3.5kg	
含水量/%	82.6	74.8	82.3	75.6	80.4	74.6	80.6	74
窨制后质量/%	100	69	100	72.5	100	77.2	100	76.6
质量减少率/%		31		27.5		22.8		23.4

各窨次配花量无论从多到少或从少到多，鲜花的质量减少率都是逐窨减少的，即利用率逐窨降低。因为鲜花的减重是茶坯吸收水分和香气的结果。但配花量从多到少各窨次的利用率都以从少到多的，这说明茶坯吸收水分和香气的能力逐窨降低；如配花量逐窨增加，利用率将降低。

窨制后湿坯的水分应与配花量成正比。一般湿坯含水量不能超过 16%，否则茶叶吸水过多，条形回软变松，容易产生劣变，在生产上防止水分增加过多，可采取逐窨缩短时间来减少不必要的水分增长，保持产品香气的浓度和鲜灵度。

6. 打底

打底一般适用于茉莉花茶。打底有助于提高花茶香气的浓度和鲜灵度。头窨打底用白兰有利于增加香气的浓度。提花拼白兰有助于提升鲜灵度。但茉莉花与白兰花香味差别较大，白兰花香气浓烈，所以用量不宜过多，否则容易形成香气不纯，出现"透底"现象，反而降低了花茶的品质。近年来，福州花茶厂将白兰花打底改为柚子花打底（香气类似），产品质量显著提高。起花后一般要求拼匀。

二、花茶窨制的原料

花茶成品来自茶坯与香花，两者兼备，缺一不可。每年春末夏初生产的花茶都是前年的茶坯。到了花期旺盛，茶坯大量生产，才有新的花茶。

（一）茶坯

茶坯是指可供窨制花茶的原料，有绿茶和红茶等，其中以烘青绿茶为主，其次是炒青、毛峰、大方、龙井、旗枪、碧螺春等。红茶一般适合窨制玫瑰花茶。由于各地生产的茶叶和香花的种类不同，所用的茶坯也有所不同。譬如福建省以本省各县生产的烘青、乌龙茶为主，台湾以乌龙茶和包种茶为主。但就广大产区而论，用作花茶的茶坯，均以绿茶为主，其中包括烘青、炒青、大方、条茶等。

（1）毛茶必须经过加工，才能用于窨制花茶。这是因为：

①未经加工，毛茶混杂，不能达到充分均匀吸收花香的目的；

②毛茶形体粗细长短不齐，外形不美观，不符合消费者的要求；

③毛茶条索杂乱，花渣不易分出；

④毛茶经济价值不能充分发挥。

（2）通过加工的茶坯，必须符合如下要求：

①分级整形后，各花色等级的品质规格，外形的条索、净度和内质、叶底的嫩度、匀度四项，都应符合加工标准样的要求。一级、二级茶也要求外形条索紧结，有锋苗，净度好；

②最大限度适应消费者的需求；

③便于窨后分出花渣；

④充分发挥毛茶最高经济价值。

（3）毛茶加工按前述要求进行。一般采用多级付制，多级回收的办法。成品拼配时，大于9孔的上段和中段茶占90%左右，其他小于9孔的下段茶占10%左右（表12-2）。先逐号取样进行品质审评，本着"以内质为主，兼顾外形"的原则，先试拼小样，经内质外形审评后，再拼大样。

表12-2　各级烘青茶坯各段茶拼配比例　　　　　　　单位:%

品级	一级	二级	三级	四级	五级	六级
上段（7孔）	23	27	33	40	50	63
中段（7~9孔）	59	55	50	44	35	24
下段（9~13孔）	15	14	13	11	9	7

（二）香花

1. 茶用香花应具备的条件

①具有芳香的鲜花；②香型符合人们的爱好；③符合饮料卫生要求；④与茶叶品质协调相衬。"引花香，益茶味"。

2. 茶用香花种类

茶用香花主要资源丰富，种类很多。目前供窨制花茶的种类有茉莉花、珠兰花、白兰花、玳玳花、柚子花、桂花、玫瑰花、含笑、秀英花、兰草花等。以茉莉花最多，其次是珠兰花、白兰花，而其他花较少。

3. 主要茶用香花的性状和质量要求

（1）茉莉花　茉莉花属于木樨科茉莉花属。花瓣色白，香味清高芬芳，深受消费者喜爱。

茉莉花花期较长，全年分梅花、伏花和秋花三期。

①梅花（春花）：从小满（约5月21日）后2~3d至夏至（约6月21日）。花身骨软，香气不高，数量不多，品质较差。

②伏花：从小暑（约7月7日）到处暑（约8月23日），花期约40d，由于气候炎热，少雨，产量高（占总产量的60%），香气浓烈，品质最好。

③秋花：从白露（约9月7—9日）到秋分（9月23日），花的产量和质量均次于伏花。"秋老虎"天气所产的花，品质往往也很好。

质量要求：花身干燥，香气清高，含苞待放，纯洁一致，无掺杂。

分正花、次花和废花三种：正花花身干爽，花朵成熟，饱满朵大，色泽洁白光润，花蒂短，无梗叶夹杂物，为晴天、温度较高、当天下午采摘，当晚可开放的花蕾；次花花朵成熟度较差，大小不匀，色泽带青黄，欠鲜润，含少量青蕾或开放花或雨湿花；废花质量比次花更差。一般地说，废花不能用于窨制花茶，次花不宜窨制高级花茶，正花品质最好。

（2）白兰花　白兰花属木兰科白兰属，也称玉兰。花白色，花瓣狭长且厚，呈9片3轮排列。白兰花香气高浓，故窨用用量较少，也不及茉莉花幽雅。白兰花花期较长，几乎终年都有，这是其他花所不及的。一般花期为4—11月，5—6月品质最好，8—9月开的花香气较低。

质量要求：正花要求朵大成熟饱满，花瓣肥厚，色泽乳白鲜润，香气鲜浓，花蒂短，无萼片枝叶等夹杂物，为当天早晨采摘的花；次花花朵未充分成熟，朵小色青黄，香气欠浓烈以及雨湿花、全开花、质量较差的花。

（3）珠兰花　珠兰花属金粟兰科金粟兰属，又称珍珠兰、鱼子兰，常绿灌木，花朵小色黄绿，为穗状花序，开花后逐步变成金黄色。

花期：自清明开始到5月最盛，到7月终止，花期较短，难以管理。珠兰花香味浓郁，清雅而持久。

质量要求：正花花穗成熟，花粒饱满，色泽绿黄，香气清雅鲜浓，花枝短，无花叶及其他夹杂物，当天中午前采摘的匀净花穗；次花花穗未充分成熟，花粒小，色青黄，香低，花粒开放或脱落，雨湿花、花枝较长带叶等质量较差的花。

（4）玳玳花　玳玳花属云香科柑橘属，原产江苏扬州，花朵白色，含苞待放时有较浓的香味，既可用来窨茶也可烘干与茶叶一起冲泡饮用。因花性温和，可去寒解渴，单独泡饮是一种暖胃剂。

玳玳花集中在4月份开放，从开花到萎凋结实，为期1个月左右，盛花期10天左右。

因用途不同，采摘要求也有所不同，烘制玳玳花干者，要求花朵已长成而未长足为佳，称米头花。窨花茶用的鲜花要求花朵开放而未开足为宜，称扑头花。

质量要求：正花朵朵成熟，大小均匀，色泽洁白鲜润，香气鲜浓，无枝叶花果等夹杂物，为当天采摘的鲜花；次花花朵未充分成熟，大小不匀以及雨湿花、开花、隔夜花和其他质量较差的花。

4. 各种鲜花全年合理搭配

综合以上各种香花的开花时期，大致如下：

玳玳集中在4月，花期最早最短；

柚花集中在4月（约为四周）；

珠兰一般在5—7月；

白兰4—11月；

茉莉6—10月，集中在7—9月。

以上几种香花及其花期的不同，形成了全年香花供应的相对平衡，也就是说，全年除冬季外，基本上均有香花供应。因此各地区在发展茶用香花时，可考虑上述各种香花种类的搭配，以期全年各个时期基本上均有花茶供应。当然玳玳花、柚子花等花期早，此时当年新茶尚未上市，可以在头年有计划地留些陈坯，作为第二年早期花茶之用。各种香花的合理搭配不仅可以使新花茶全年供应，对茶厂工作合理调节闲忙季节，更好地进行茶厂管理以及窨制花茶过程中各种香花型搭配（如茉莉花白兰打底等）也有好处。

三、茉莉花茶窨制技术

（一）产品品质特征

特种茉莉花茶、特级茉莉花茶感官品质特征见表 12 – 3。

表 12 – 3　特种茉莉花茶、特级茉莉花茶感官品质要求

感官品质	外形	香气	滋味	汤色	叶底
特种茉莉花茶	造型独特，洁净匀整，黄绿	鲜灵浓郁	鲜浓醇厚	黄绿，清澈明亮	嫩匀，绿亮
特级	细紧显毫，匀净，黄绿	鲜浓	鲜浓	淡黄明亮	嫩匀，绿亮
一级	紧结有毫芽，匀整，净，稍含嫩茎	浓，较鲜	浓，尚鲜爽	黄明亮	嫩匀，尚绿亮
二级	尚紧结，有锋苗，匀整，尚净略含筋梗	尚浓纯	鲜醇	黄尚亮	柔软，尚绿亮
三级	尚紧结，尚匀整，尚净，稍含细梗	纯正	醇正	黄	尚绿，稍软
四级	稍粗壮，尚匀，有筋梗	纯和	平和	黄稍暗	尚绿，稍摊展
五级	粗松，稍欠匀，稍花杂，有梗朴	香淡带粗	淡薄，有粗味	深黄稍暗	粗展
六级	松扁轻飘，欠匀，含梗多朴片	粗淡	粗淡带涩	深黄较暗	粗老花杂
碎茶	0.8～1.6mm 大小的颗粒茶，洁净重实	香平	味贫	深黄	粗暗
片	0.8～1.6mm 大小的轻质片状茶，尚匀，色黄，稍轻飘	粗	粗涩	黄	粗硬色

（二）窨制加工工艺

窨制工艺流程是：

原料处理（→白玉兰打底）→窨花（茶花拼和）→

　　　　　　　　　　　　　↑续窨

通花散热→起花→湿坯复火→提花→匀堆装箱

1. 原料处理

（1）茶坯复火　茶坯的干燥程度与吸收花香的能力成正比，即茶坯含水量少，吸香能力强。因此，在窨花前，茶坯必须进行复火，一般采用高温、快速、安全烘干法，温度 130 ~ 140℃，时间 10min，茶坯含水量为高级茶坯 4% ~ 4.5%，中级 4.2% ~ 4.5%，低级 4.5% ~ 5%，单窨茶坯 4% ~ 5%，复火待二窨 5% ~ 6.5%，待三窨 6% ~ 7.5%，待提花 7% ~ 8%。高级茶坯含水量低主要是因高级茶下花量大，低级茶坯正好相反。

（2）鲜花处理　茉莉花的采摘时间宜迟不宜早，一般要求下午采摘，不仅质量好，而且开花时间也可提前和匀齐。在采摘和运输过程中，要严防损伤，保持新鲜。

鲜花进厂后，必须认真做好管理工作，保持其新鲜。鲜花处理技术要点有：

①薄摊：由于鲜花在运输中呼吸作用产生的热量没有及时散失，花温便逐渐升高，故在鲜花验收后必须及时摊凉，必要时可用风扇加速冷却和去掉表面水。摊放厚度一般在 4 ~ 10cm，雨水花和气温高时应薄摊，气温低时可厚摊。摊放地点要求清洁、阴凉和通风。

②依茉莉花的具体情况，分别采取摊、堆、筛花和晾花等措施进行维护。进厂经摊放至室温后，为使茉莉花均匀开放，需收拢堆放。视气温和鲜花情况，一般花堆高 60cm，直径 2m 左右，每堆花约 150kg 左右。第一次堆温控制在 42 ~ 45℃，即散堆薄摊，待堆温降到室温后又收堆，如此反复 3 ~ 5 次（第二次后堆温控制在 40℃左右）到鲜花大部分开放。遇气温低时，可在花堆上搭麻袋等以升温。

对大小不匀、开放不整齐的花，在有 60% 开放时可进行一次筛花（3 孔筛），筛下小花、花蒂、花蕾等另行处理，主要用于窨低级茶。筛花有促进花开的作用。

在窨制前，再经过一次摊凉，使花温不高于坯温，以保持鲜花的清香。

开放程度：茉莉花摊放到有 80% ~ 85% 的花朵开放呈虎爪形，香气吐露时应及时付窨，切忌全开后才付窨，以免香气损失。供提花用，开放度可大些；高级茶坯，身骨重实，茶叶间空隙小，开放度可大些；反之，低级茶坯宜小些。

2. 白玉兰打底与茶花拼和

将已处理好的茶坯和鲜花按一定比例拼和在一起。

（1）白玉兰打底 为提高花茶的浓度和改进香型，在茶花拼和前，先用一定数量的白玉兰与茶坯拼和，使茶坯先具备一定的底子，称为打底。白玉兰鲜花要适当，少了会香味欠浓，多了则"透兰"欠纯。一般多窨次茶坯，每50kg茶坯第一窨用0.25~0.35kg白玉兰鲜花，其他窨次不用，提花用0.15kg以内。单窨次茶坯每50kg茶坯窨花用0.5kg，提花用0.15kg。

为防止"透兰"，多窨次茶坯的白玉兰和茉莉花应同时下堆与茶坯拼和；单窨次茶坯可提前3~4h下白玉兰打底。

打底用白玉兰可整朵、折瓣或切碎。高级茶可整瓣或整朵使用。

（2）窨次与配花量 见表12-4。

表12-4 茉莉花茶窨次与配花量

级别	窨花次数	配花量/（kg/100kg茶坯）				
		合计	第一次	第二次	第三次	提花
一级	三窨一提	95	36	30	22	7
二级	二窨一提	70	36	26		8
三级	一窨一提	42	34			8
四级			30（窨）40（压）22（窨）			8
五级			25（窨）40（压）17（窨）			8
六级			25（窨）40（压）17（窨）			8

注：四级为30%压、70%窨全提，五级、六级为半压半窨全提。

（3）窨花拼和的方法 茶花拼和要求混合均匀，动作要快，茶叶吸收花香靠接触吸收，茶与花之间接触面积越大，距离越近，花香扩散、渗透和被吸附的速度越大，对茶坯吸附花香越有利。因此切忌拌和不匀。具体方法有机械拌和和人工拌和。

人工操作方法是先将待窨茶坯平铺在干净的地面上，厚度25cm左右，然后依次把鲜花（茉莉花或打底用白兰花）均匀撒在茶坯上，用铁耙等工具充分拌均匀，使茶与花紧密混在一起。

（4）囤窨（堆窨）和箱窨 用特制的竹片围成圆圈，称作囤。囤高一般为40cm，长度视茶叶品质与叶量多少而定。高级茶囤宜小，每囤200~300kg，低级茶可大些。堆窨高度一般30cm左右（高度随窨次增加而降低）。视气温高低和茶叶品质而定。特种名茶可用箱窨，每箱装八成满即可。

不论采用哪种窨法，都要事先留一部分茶坯，作盖面用，以减少香花损失。

3．通花散热

（1）通花　窨堆由于鲜花的呼吸作用，经过一定时间（一般 4～5h），堆温会上升，当堆温上升到一定温度时，需及时散堆薄摊，散发热量，这种方法，就叫"通花散热"。通花散热的作用是：①散发热量，防止鲜花受热闷死（俗称烧花），产生水闷味；②供给新鲜空气，有利于鲜花恢复生机，继续吐香；③调换茶花接触面，使茶坯均匀吸香以提高花香鲜浓度。

通花是窨制工艺中的重要环节，与成品茶香味的鲜浓度密切相关。技术关键是要掌握适时通花，核心是堆温。需参照在窨时间、茶坯温度、茶坯含水量、茶坯香气以及鲜花萎缩程度等因素而定。一般气温高时以茶坯上升温度为主，再参照窨花时间进行；气温低时以在窨时间、吸香吸水为主，再参照坯温进行。

茉莉花茶通花标准温度：一般一窨 45℃（测温时间 5min），二窨 43℃，三窨和四窨均为 40℃，时间在窨后 4～5h。如果气温比较低，茶坯温度未达到通花温度，则可以不通花。

通花散热的温度还要视茶坯质量而定。高级茶坯通花温度宜低，以保持花茶鲜灵度。低级茶坯宜高，以保持花茶浓度，而且对粗老的低级茶，通过较高窨制温度，水热作用较强，可降低粗老低级茶的苦涩和粗老味，增进滋味醇和。

通花方法是：将茶坯扒散摊开，厚度约 10cm，每隔 15min 左右开沟翻动 1 次，若发现有茶、花不均匀处，要拌匀，要求通花要通透、通匀。

（2）收堆续窨　通花后，当摊到茶坯温度下降到 35～38℃，应收拢重新窨制，这称为收堆续窨。收堆温度不能太低或太高。

收堆温度太高，会散热不透，容易造成在窨品香气不纯爽，影响花茶的鲜灵度。

收堆温度太低，将影响在窨品对香气的吸收，影响花茶的浓度。

收堆复窨的堆高，应比通花前的堆高略低。

收堆温度不能高于 38℃，也不能低于 30℃。收堆温度应根据不同香花的特性、气温的高低、窨制次数等灵活掌握。收堆在窨品温度一窨 35～37℃，二窨 34～36℃，三窨 33～35℃。

4．起花

通花后经过相当时间，大部分香气被茶坯吸收，用抖筛机把花朵渣筛出，使茶坯与花渣分理，称作起花。

从茶花拼和到起花的在窨时间，视下花量和窨次的不同而异。头窨以吃饱窖足为好，为花茶浓度打下基础，窖时可稍长，一般一窖掌握在 11～12h，二窖和三窖 10～11h，四窖 9～10h，提花时间为 6～8h。

起花时，先及时将窖堆翻动散开，散发闷气。用 3 孔或 4 孔筛筛分，起花要及时，要求在 1～3h 内完成起花。起花时应掌握的原则是：高级茶先起，中低级茶后起；多窖次先起，头窖后起；提花先起，其他窖次后起；同窖次的，先窖先起，后窖后起。花渣用高温烘干或直接用作压花。

5．复火干燥

对起花后的湿坯进行烘干，称为复火干燥。目的是：降低含水量，保持茶叶香气，防止茶叶变质，给转窖或提花创造吸香条件。

窖花后的湿坯含水量，与下花量多少有关，一般可达 12%～16%（头窖14%～16%，二窖 12%～14%，三窖后 10%～12%）。如不及时烘干，很容易导致变质。湿坯待烘时间最好不超过 10h。

宜采用 100～110℃（进风口温度）的低温薄摊慢速干燥方法，实践证明，120～130℃的高温快速烘干法有损香气。

烘干的干度视产品的不同要求而定。烘干可分烘装、烘转和烘提。烘装是指直接作为成品匀堆装箱，烘干的干度应按产品的出厂水分标准，如外销茶为7.5%，内销茶为 8.5%。烘转是作为多窖次花茶转窖应用，含水量掌握在5%～6%，随窖次增加，逐窖增加 0.5% 左右，如一窖复火含水量为 5% 左右，二窖复火含水量为 5.5% 左右，三窖复火含水量为 6% 左右。烘提是作为提花用，烘后含水量可高些，一般掌握在 6.5%～7%。

湿坯复火技术性很强，有"三分窖，七分烘"的说法。

复火干燥既要蒸发多余的水分，又要最大限度地保留香气；既要快速提高工效，又要防止高温伤茶。要凭经验及时调整好进风温度、摊叶厚度和烘干速度等。

生产中烘转窖坯含水量在 7%～8%，但转窖后茶坯吸水吸香力仍很强，因此，茶坯前窖的保香、后窖的吸香和茶坯含水量控制等问题还值得研究。

湿坯复火后叶温较高，必须经摊凉后才能装箱，否则会产生"闷气"，俗称"火气耗鲜"，影响花茶品质。因此，复火后的茶坯必须经过 2～3d 后，待叶温降到 30～40℃时方可再窖或提花。

6．提花

在完成窖花后，再用少量鲜花复窖一次，起花后不再复火，经摊凉后即可匀堆装箱，称为提花。提花的目的是提高产品的鲜灵度。

提花用花应选择晴天采摘的朵大饱满、质量好的鲜花，雨水花不宜用于提花。用花量可根据茶坯干度在 3～4kg 间灵活掌握。

在窖时间依茶坯含水量和提花用量而定，一般在 5～10h。在茶坯含水量相

同的情况下，提花用量少，窨时长，与用花多、窨时短效果相当。用花量 8%
时，提花时间在 6~8h，下花量小于 6% 时，可适当延长提花时间。

提花窨堆一般在 100cm×30cm，可根据气温、茶坯含水量、用花量等灵活
掌握。提花堆温一般在 42~43℃，可不通花。

提花前茶坯含水量一般在 6.0%~6.5%，出花后含水量应控制在 8%~
8.5%。若超过应复火或与其他同级茶拼配。成品花茶的花干应控制在 1% 内。
多了，产品香味纯度差，且易受潮。

茉莉花经窨花或提花用过的花渣还有余香，可再次用于中低档茶坯的窨
花，利用花渣进行窨花，称为压花。压花的作用是去除茶叶粗老味，减轻陈
味、烟味、日晒味、青涩味等各种异味。实践证明，轻压花，异味去除少，重
压花，异味去除多。压花与窨花基本相同，窨堆要低，窨时要长，通常在 10h
左右，中间必须通花一次。

7. 匀堆装箱

匀堆装箱要及时，以免香气散失，边起花边装箱虽可提高工效，但不经匀
堆，成品的香气和含水量不一致，质量不一致。故起花后一般要求拼匀。

四、叙府香茗茉莉花茶加工

（一）应用范围与产品品质特征

本加工工艺适宜特种绿茶、烘青茶坯、炒青茶坯窨制茉莉花茶。

产品外形细紧显毫、匀净、黄绿，香气鲜灵，滋味鲜浓，汤色淡黄明亮，
叶底嫩匀绿亮。

（二）茶坯烘干

茉莉花茶窨制前，茶坯含水要适当，含水量过高茶坯需经过烘干，确保茶
坯含水量不超过 6.5%。

（三）鲜花处理

1. 质量要求

鲜花品质应花朵肥大，成熟饱满，色泽洁白，香气芬芳持久，留爪（花
萼）不留梗。不收购雨水花、开放花、红斑花等低质花。茉莉鲜花具有晚间开
放的习性，为了适时窨制茶叶，一般在下午采收，通常在傍晚前后进厂。

2. 鲜花处理

鲜花进厂摊放厚度一般不超过 10cm，露水花还需薄些，带水花应用排风扇
吹去水分和湿气。经过摊晾使花温逐渐下降至比室温高 2~3℃时必须收堆，堆

高 40 ~ 60cm，气温高可堆薄些，气温低可堆厚些，长和宽可视场地大小而定，经过 30min 左右堆积，花温逐渐上升至 40℃，需再散堆摊凉，经过反复堆摊三四次，当有 75% 以上的花朵初放呈虎爪状时进行筛花或抛花，剔除花蒂、花梗、青籽和杂物，筛面的鲜花即可窨制茶坯，筛底小花、青籽仍需堆摊处理，促使花朵开放，将小花筛出，通花后窨入堆中。

春花前期和秋花后期气温较低，鲜花质量相对较差，一般用作低档茶窨制，伏花期气温较高，鲜花质量最好，一般用作高档茶窨制，一般原则是茶坯越好则鲜茶质量越高。

（四）窨制方法

茉莉花茶在窨制过程中，除茉莉鲜花外，还须使用少量玉兰花进行打底，以提高茉莉花茶香气浓度，但玉兰花用量要适宜，用量少香味欠浓，用量多则"透兰"欠纯，玉兰花打底可根据具体情况进行，可以头窨时和茉莉鲜花一起下花，也可以事先窨入茶坯内，三级和四级茶玉兰打底条件最好是和提花一起下花。玉兰花打底是先将花折瓣切碎过 5 号筛和茶坯和匀。各级茶坯玉兰花打底下花量见表 12 - 5。

表 12 - 5　各级茶坯玉兰花打底下花量

单位：kg/100kg 茶坯

茶坯名称	玉兰花下花量	茶坯名称	玉兰花下花量
碧螺春坯	0	炒特坯	1.2
毛峰坯	0	炒一坯	1.2
香茗坯	0	炒二坯	1.5
香珠坯	0		
烘青特坯		1.0	
烘青一坯		1.0	
烘青二坯		1.0	

1. 窨花拌和

将茉莉鲜花均匀铺在厚度为 30 ~ 40cm 茶坯上，再用铁耙沿着一个方向成剖面地把茶与花充分和匀，堆的高低视气温高低而定，气温高时堆可适当低些，气温低时堆可适当高些，堆高一般在 35cm 左右，高档茶（如香雪）堆可低一些，以免在高温高湿作用下茶汤过于变深。

无论窨哪种级别的茶叶，都应先留出一定数量的茶坯，一般为 5% 左右，待茶坯和鲜花拌和均匀后作盖面用，以减少花香的损失。各级茉莉花茶下花量见表 12－6。

表 12－6　各级茉莉花茶下花量

| 品名 | 窨次 | 下花量/（kg/100kg 茶坯） | | | | | | |
		头窨	二窨	三窨	四窨	五窨	提花	合计
香雪	四窨	45	40	30	35		10	160
毛峰	四窨	45	40	30	35		10	160
香茗	四窨	45	40	30	35		10	160
香珠	五窨	30	25	25	25	30	10	145
烘特	三窨	40	30	30			10	110
烘一	二窨	40	35				10	85
烘二	二窨	30	20				10	60
炒特	三窨	40	30	30			10	110
炒一	三窨	30	25	25			10	90
炒二	二窨	30	20				10	60

2. 通花散热

通花在于散热，窨花拌和后，由于鲜花香味成分氧化作用的结果，放出的热量势必在茶堆内积累起来，经过 3～4h 茶堆温度上升到 45℃ 左右，这时鲜花趋向萎蔫状态，如果不及时通花散热，一方面会使鲜花黄熟，另一方面还会使茶坯色香味受损，所吸收的花香也不鲜灵纯浓，甚至"烧花"使茶坯劣变，因此，掌握通花时间是提高花茶品质的关键之一。在春花或秋花后期，由于气温较低，主要根据鲜花萎蔫状态和堆的上升温度决定通花时间；而在伏花或秋花前期，由于气温高，窨制时主要根据上升温度并结合鲜花状态掌握通花时间。

通花即将茶堆耙开摊晾散热，这时花虽萎蔫但仍洁白，只是含水量降低，摊晾厚度 10～15cm，待茶坯温度下降至 35℃ 左右，应收堆续窨。各窨次通花与收堆温度见表 12－7。

表 12－7　各窨次通花与收堆温度

窨次	通花温度/℃	收堆温度/℃
头窨	45～50	35～38
二窨	43～45	34～37
三窨	40～43	33～36
四窨	38～41	32～35

表 12 - 7 显示的通花与收堆温度适用于一般茶坯，高档茶坯（如香雪）通花温度可相应降低 2℃左右。

3. 起花与复火

（1）通花后通过 5~6h 续窨，堆温上升，鲜花萎缩略枯黄且嗅不到鲜香，此时可起花，高档茶起花可适当提前 2h 左右，如果时间过长花黄熟影响鲜灵度，茶汤也会变深。如果在 1~2h 内完不成，则必须将茶堆扒开散热，避免堆闷产生黄熟气味，起花后茶坯需均匀摊在地板上散热或复火。

（2）起花后的花渣质量较好者，特别是提花的花渣香气尚好可作压花窨制低档茶叶，一般掌握 80kg 窨花花渣或 40kg 提花花渣（以鲜花质量计）压 100kg 低档茶。

（3）复火一般采用 20 型连续式烘干机，除在技术上采用"高温、快速、安全"烘干外，烘干复火温度应逐窨降低（头窨 115~120℃、二窨 110~115℃、三窨 95~100℃）和复火后茶坯含水量掌握逐窨增加 0.5% 左右。复火后的热坯需自然冷却方可转窨或提花。

4. 续窨

高窨次茶需多次窨花，复火后转窨或不复火连窨（二连窨或三连窨），窨花方法同头窨，无论一窨还是多次窨制，最后必须进行一次提花。连窨是上窨次起花后将茶叶自然摊放在车间地面，厚度 3cm 左右，待晚上继续窨花，操作方法同一窨。

5. 提花

提花的目的在于提高花茶香气的鲜灵度，要选用朵大、洁白、质量好的茉莉鲜花并要充分开放。提花操作方法与窨花相似，只是提花时间较窨花短，中途不通花，起花后不复火。起花产品经检验合格、匀堆后即为成品，因此正确确定提花量和控制提花后成品含水量是很重要的。提花前茶坯含水量应控制在 6.0%~6.5%，每 100kg 茶坯用花 10kg，一般提花过程中每 1 小时茶坯含水量上升 0.5% 左右，依此可大致推算出提花时间和成品含水量。

提花起花后将茶叶分层匀堆拼和，使成品茶水分和香气在整批茶叶分布均匀一致，提取样品审检合格后方为成品。各级成品花茶提花水分标准见表12 - 8。

表 12 - 8　各级成品花茶提花水分标准

品　　名	特种	特级	一级	二级	三级	四级
提花含水量/%	≤7.5~8.0	≤8.0	≤8.0	≤8.0	≤8.0	≤8.0

小 结

花茶是将素茶和香花拼和窨制而成的带有鲜花香气的茶叶。花茶既保持了纯正的茶香，又有鲜花的芬芳或馥郁香气，使花茶具有独特的品质特征。花茶主要有茉莉花茶、珠兰花茶、白兰花茶、玳玳花茶、桂花茶、柚子花茶和玫瑰花茶等。

茶坯具有吸香能力，鲜花的芬芳香气为茶叶所吸收而达到引花香、益茶味的目的。

花茶窨制工艺流程（可进行多次窨制）是：

原料处理 →白玉兰打底 → 茶花拼和窨花→通花散热 → 起花 → 湿坯复火 →提花→匀堆装箱

叙府香茗茉莉花茶加工技术规程。

项目十三　茶叶加工技术实训

实训一　名优绿茶杀青技术

一、实训目的

熟练掌握扁形、卷曲形、毛峰形等名优绿茶加工杀青工序技术参数、要求和操作要领；能对杀青叶进行质量分析和控制；能独立进行名优绿茶加工杀青操作；掌握绿茶工艺指标测定方法，初步具备从事与茶叶加工相关的科研与技术推广能力。

二、教学建议

（1）实训时间　8学时。

（2）需要的设备设施及材料

①实训地点：实验茶厂。

②设备：30型或40型名茶杀青机。

③材料：独芽、一芽一叶初展茶鲜叶各50kg。

（3）教学方法　采取课件演示或讲解、教师示范、口头提问、学生小组讨论、观察学生实操、现场检测等。

三、实训内容

（1）熟悉扁形、卷曲形、毛峰形等名优绿茶采摘标准、鲜叶管理和品质特征。

（2）杀青技术要求　杀青是名优绿茶加工的第一道工序，是形成和提高名优绿茶品质关键性的技术措施。影响杀青的因素很多，主要是温度、时间、投叶量和鲜叶的质量4个因素以及它们之间的相互关系。在杀青过程中，一个因素的改变，其他因素也必须相应改变。主要应掌握"高温杀青，先高后低；抛闷结合，多抛少闷；嫩叶老杀，老叶嫩杀"等技术关键。

（3）测定名优绿茶杀青工序指标　按表13-1所列项目和要求测定。

（4）杀青叶质量分析　名优绿茶应适度老杀，杀青适度的标准是：减重率为41%左右，叶色暗绿，叶面失去光泽，叶质柔软，萎卷，折梗不断，手捏成团，松手不易散开，略带有黏性，青草气消失，清香显露。

四、实训注意事项

（1）在杀青操作前，请认真阅读杀青机使用说明书，并按要求使用和保养。

（2）所有杀青操作必须符合行业规则、职场卫生健康条件、操作规程等要求。

五、鉴定方法

（1）询问学生熟悉名优绿茶鲜叶管理的要求情况。

（2）询问学生熟悉名优绿茶加工杀青工序技术参数、要求和操作要领的情况。

（3）询问学生掌握名优绿茶杀青工序指标测定方法的情况。

（4）询问学生掌握名优绿茶杀青适度标准的情况。

（5）询问学生在名优绿茶杀青中发现问题、分析问题的有关情况。

（6）查学生的操作过程，逐人逐项验收，并将鉴定记录表于次日上交教师存档。

六、作业

（1）找出名优绿茶杀青中出现的问题，分析产生的原因，提出改进措施。

（2）填写《实习报告单》。

七、绿茶杀青技术考核评分记录表

考核评分表见表13-1。

实习报告单

实习名称：   实习时间：第 周至第 周，共 天

班级：	姓名：	学号：	年 月 日
实习日期	实习内容、步骤和方法		

收获与体会：

意见与建议：

指导教师评语：	实习单位意见：
实习成绩：	指导老师签名： 年 月 日

表 13-1 绿茶杀青技术考核评分记录表

序号	考核项目与内容	考核方式	分值	评分内涵	得分	备注
1	绿茶鲜叶管理	操作	5	熟悉鲜叶管理技术,鲜叶管理质量好5分,合格3分,基本合格2分,不合格0分		
2	绿茶杀青设备	操作	5	熟悉杀青设备性能、操作与维护知识5分,基本掌握3分,不熟悉0分		
3	杀青操作	操作	30	熟练掌握杀青操作技能30分;能独立进行杀青操作,但不熟练20分;尚能独立操作,不熟练稍有误差10分;基本上不能独立操作0分		
4	绿茶杀青适度标准与杀青叶质量	操作	25	杀青质量好25分,质量较好20分,基本合格10分,不合格0分		
5	绿茶杀青工艺指标测定方法	操作	10	明白工艺指标10分,基本明白工艺指标6分,不明白工艺指标0分		
6	职业规范	操作	10	所有杀青操作符合行业规则、职场卫生健康条件、操作规程等要求。好10分,较好8分,合格5分,不合格0分		
7	杀青工序存在问题分析	口试	5	回答正确3分,语言清晰1分,表达准确1分		
8	产生杀青叶品质缺陷的原因分析	口试	5	回答正确3分,语言清晰1分,表达准确1分		
9	提出提高杀青叶品质的措施	口试	5	回答正确3分,语言清晰1分,表达准确1分		
	合计					

实训二 揉捻(造型)技术

一、实训目的

通过教学,使学生熟练掌握扁形、卷曲形、毛峰形等名优绿茶加工揉捻(造型)工序技术参数、要求和操作要领;能对在制品进行质量分析和控制;

能独立进行名优绿茶揉捻（造型）工序操作。

二、教学建议

（1）实训时间　6学时。

（2）需要的设备设施及材料

①实训地点：实验茶厂。

②设备：25型或30型揉捻机。

③材料：独芽、一芽一叶、一芽二叶初展茶鲜叶各50kg。

（3）教学方法　采取课件演示或讲解、教师示范、口头提问、学生小组讨论、观察学生实操、现场检测等。

三、实训内容：

（1）熟悉卷曲形、毛峰形等名优绿茶品质（尤其是外形）特征。

（2）揉捻技术要求　原料为一芽一叶、一芽二叶初展茶鲜叶。揉捻是名优茶初制的第二道工序，是形成卷曲形、毛峰形等名优绿茶外形的主要工序。主要技术因子是投叶量、时间和压力。而叶子的老嫩和杀青叶的处理，即冷揉或热揉，是影响揉捻的主要因素。二者互有关联，必须适当掌握。

（3）测定名优绿茶揉捻（造型）工序指标　按表13－2所列项目和要求测定。

（4）名优绿茶揉捻（造型）质量分析　揉捻程度要求：揉捻均匀，嫩叶成条率达90%以上，细胞破坏率在45%～60%。茶汁黏附叶面，手摸有湿润粘手的感觉。

四、实训注意事项

（1）在揉捻（造型）操作前，请认真阅读揉捻机、理条机和多用机等设备使用说明书，并按要求使用和保养。

（2）揉捻（造型）操作必须符合行业规则、职场卫生健康、操作规程等的要求。

五、鉴定方法

（1）询问学生掌握名优绿茶品质（尤其是外形）特征要求的情况。

（2）询问学生掌握名优绿茶揉捻（造型）工序技术参数、要求和操作要领的情况。

（3）询问学生掌握名优绿茶揉捻（造型）工序指标测定方法的情况。

（4）询问学生掌握名优绿茶揉捻（造型）适度标准的情况。

（5）询问学生在名优绿茶揉捻（造型）中发现问题、分析问题的有关情况。

（6）检查学生的操作过程，逐人逐项验收，并将鉴定记录表于次日上交教师存档。

六、作业

（1）找出名优绿茶揉捻（造型）中出现的问题，分析产生的原因，提出改进措施。

（2）填写《实习报告单》（见实训一）。

七、绿茶揉捻技术考核评分记录表

绿茶揉捻技术考核评分表见表 13 - 2。

表 13 - 2　绿茶揉捻技术考核评分记录表

序号	考核项目与内容	考核方式	分值	评分内涵	得分	备注
1	绿茶杀青叶管理	操作	5	熟悉绿茶杀青叶管理技术，杀青叶管理质量好 5 分，合格 3 分，基本合格 2 分，不合格 0 分		
2	绿茶揉捻设备	操作	5	熟悉揉捻设备性能、操作与维护知识 5 分，基本掌握 3 分，不熟悉 0 分		
3	揉捻操作	操作	30	熟练掌握揉捻操作技能 30 分，能独立进行揉捻操作但不熟练 20 分，尚能独立操作，不熟练，稍有误差 10 分；基本上不能独立操作 0 分		
4	绿茶揉捻适度标准与揉捻叶质量	操作	25	揉捻叶质量好 25 分，合格 20 分，基本合格 10 分，不合格 0 分		
5	绿茶揉捻工序工艺指标测定方法	操作	10	明白工艺指标 10 分，基本明白工艺指标 6 分，不明白工艺指标 0 分		
6	职业规范	操作	10	所有揉捻操作符合行业规则、职场卫生健康条件、操作规程等要求。好 10 分，较好 8 分，合格 5 分，不合格 0 分		
7	揉捻工序存在问题分析	口试	5	回答正确 3 分，语言清晰 1 分，表达准确 1 分		

续表

序号	考核项目与内容	考核方式	分值	评分内涵	得分	备注
8	产生揉捻叶品质缺陷的原因分析	口试	5	回答正确 3 分，语言清晰 1 分，表达准确 1 分		
9	提出提高揉捻叶品质的措施	口试	5	回答正确 3 分，语言清晰 1 分，表达准确 1 分		
			合计			

实训三　名优绿茶干燥技术

一、实训目的

通过教学，使学生熟练掌握扁形、卷曲形、毛峰形等名优绿茶加工干燥工序技术参数、要求和操作要领；能对成品茶进行质量分析和控制；能独立进行名优绿茶加工干燥操作。

二、教学建议

（1）实训时间　6 学时。

（2）需要的设备设施及材料

①实训地点：实验茶厂。

②设备：42 型名茶多用机、600 型名茶理条机、18 型烘干机和电炒锅各 1 台。

③材料：独芽、一芽一叶、一芽二叶初展茶鲜叶各 50kg。

（3）教学方法　采取课件演示或讲解、教师示范、口头提问、学生小组讨论、观察学生实操、现场检测等。

三、实训内容

（1）熟悉扁形、卷曲形、毛峰形等名优绿茶品质特征。

（2）干燥技术要点以烘干为例。

①烘笼烘干，分毛火和足火。毛火采用高温薄摊快速烘干法，温度 80～90℃，每笼摊叶 1.5～2kg，每隔 3～4min 翻 1 次，烘约 15min 达六七成干，茶叶稍硬有刺手感时即可下烘摊晾 30min。足火采用低温厚摊满烘法，温度 70℃，

每笼摊叶 2 ~ 2.5kg，每隔 10min 翻 1 次，烘约 60min，烘到手捻茶叶成粉末时即可。

②烘干机烘干，采用自动烘干机或手拉式百叶烘干机。毛火进风温度控制在 100 ~ 120℃，摊叶厚度 1 ~ 2cm，烘 10 ~ 15min，下烘摊晾 30min。足火温度 90 ~ 100℃，烘约 15min 即可。

③手拉式百叶烘干机烘干。毛火进风温度控制在 120℃，摊叶厚度 1cm，每隔 2 ~ 3min 自下而上拉动手柄 1 次，全程约烘 12min，毛火叶含水量为 18% ~ 25%，下烘摊晾 30min。足火进风温度控制在 100 ~ 110℃，摊叶厚度 1 ~ 2cm，每隔 3min 自下而上拉动手柄 1 次，全程约烘 16min，毛茶含水量为 4% ~ 6% 即可。

（3）在制品质量分析　湿坯叶（二青叶）：含水量 30% ~ 40%，嫩叶可干些，老叶可湿些。手捏有弹性，不易捏成团，但又不松散，稍有黏性。毛坯叶（三青叶）："烘或滚炒二青→锅炒毛坯→锅炒足干"工序含水量 15% 左右，"烘或滚炒二青→锅炒毛坯→滚足干"工序含水量 12% 左右，手捏有部分叶子发硬，不会断碎，有刺手感觉。

毛茶：含水量 6% 以下。条索紧卷，油润，色绿，香气清高，手捻成末。

四、实训注意事项

（1）在干燥操作前，请认真阅读烘干机、理条机和多用机等设备使用说明书，并按要求使用和保养。

（2）干燥操作必须符合行业规则、职场卫生健康条件、操作规程等要求。

五、鉴定方法

（1）询问学生熟悉名优绿茶加工干燥工序技术参数、要求和操作要领的情况。

（2）询问学生掌握名优绿茶干燥工序指标测定方法的情况。

（3）询问学生掌握名优绿茶干燥适度标准的情况。

（4）询问学生在名优绿茶干燥中发现问题、分析问题的有关情况。

（5）检查学生的操作过程，逐人逐项验收，并将鉴定记录表于次日上交教师存档。

六、作业

（1）找出名优绿茶干燥中出现的问题，分析产生原因，提出改进措施。

（2）填写《实习报告单》（见实训一）。

七、绿茶干燥技术考核评分记录表

绿茶干燥技术考核评分表见表 13 - 3。

表 13 - 3　绿茶干燥技术考核评分记录表

序号	考核项目与内容	考核方式	分值	评分内涵	得分	备注
1	加工在制品管理	操作	5	熟悉加工在制品管理技术，管理质量好 5 分，合格 3 分，基本合格 2 分，不合格 0 分		
2	绿茶干燥设备	操作	5	熟悉干燥设备性能、操作与维护知识 5 分，基本掌握 3 分，不熟悉 0 分		
3	干燥操作	操作	30	熟练掌握干燥操作技能 30 分；能独立进行干燥操作但不熟练 20 分；尚能独立操作，不熟练，稍有误差 10 分；基本上不能独立操作 0 分		
4	绿茶干燥适度标准与干燥叶质量	操作	25	干燥质量好 25 分，质量较好 20 分，基本合格 10 分，不合格 0 分		
5	绿茶工艺指标测定方法	操作	10	明白工艺指标 10 分，基本明白工艺指标 6 分，不明白工艺指标 0 分		
6	职业规范	操作	10	所有干燥操作符合行业规则、职场卫生健康条件、操作规程等的要求。好 10 分，较好 8 分，合格 5 分，不合格 0 分		
7	干燥工序存在问题分析	口试	5	回答正确 3 分，语言清晰 1 分，表达准确 1 分		
8	产生干燥叶品质缺陷的原因分析	口试	5	回答正确 3 分，语言清晰 1 分，表达准确 1 分		
9	提出提高干燥叶品质的措施	口试	5	回答正确 3 分，语言清晰 1 分，表达准确 1 分		
合计						

实训四　扁形名优绿茶加工

一、实训目的

通过教学，使学生熟练掌握扁形名优绿茶加工的鲜叶管理、杀青、揉捻（造型）和干燥等加工工艺流程、工序技术参数、要求和操作要领；能对在制品进行质量分析和控制；能独立进行扁形名优绿茶加工。

二、教学建议

（1）实训时间　6学时或12学时。

（2）需要的设备设施及材料

①实训地点：实验茶厂。

②设备：30型或40型名茶杀青机、42型名茶多用机、600型名茶理条机、18型烘干机和电炒锅各1台。

③材料：独芽、一芽一叶、一芽二叶初展茶鲜叶各50kg。

（3）教学方法　采取课件演示或讲解、教师示范、口头提问、学生小组讨论、观察学生实操、现场检测等。

三、实训内容

（1）熟悉扁形名优绿茶品质特征。

（2）加工工艺流程及技术要求　鲜叶摊放→杀青（→烘二青）→造型→辉锅。按前述工序技术参数和要求操作。鲜叶摊放：6～12h，薄摊，尽量不翻动，依气温和叶象等确定摊放时间。杀青：在快速杀足、杀透和杀匀原则下，温度不可过高。烘二青有补杀青不足的作用，可散失部分水分（含水量40%左右），避免在多用机或理条机内造型时间过长，有利于保绿。造型：造型温度60～90℃，先高后低，不可过高或过低；投叶量不可太多；应在理直茶条并茶条约感刺手时加压，加压按"轻→重→轻"的原则，加重压时间要短；辉锅：九成干后不加压，在理条机或多用机内炒至足干。

（3）测定扁形名优绿茶工序指标　按表13－4所列项目和要求测定。

（4）扁形名优绿茶品质分析，扁形名优绿茶品质要求　外形色泽翠绿，扁平光滑，挺秀尖削。内质香高味醇，汤色黄（浅）绿明亮，叶底嫩绿完整，明亮。

四、实训注意事项

（1）正确使用和保养茶机。

（2）所有操作必须符合行业规则、职场卫生健康条件、操作规程等要求。

五、鉴定方法

（1）询问学生熟悉扁形名优绿茶特征要求的情况。

（2）询问学生熟悉扁形名优绿茶加工工序技术参数、要求和操作要领的情况。

（3）询问学生掌握扁形名优绿茶加工工序指标测定方法的情况。

（4）询问学生在扁形名优绿茶加工中发现问题、分析问题的有关情况。

（5）检查学生的操作过程，逐人逐项验收，并将鉴定记录表于次日上交教师存档。

六、作业

（1）找出扁形名优绿茶加工中出现的问题，分析产生原因，提出改进措施。

（2）填写《实习报告单》（见实训一）。

七、扁形名优绿茶加工技术考核评分记录表

扁形名优绿茶加工技术考核评分表见表 13 - 4。

表 13 - 4　扁形名优绿茶加工技术考核评分表

序号	考核项目与内容	考核方式	分值	评分内涵	得分	备注
1	扁形名优绿茶鲜叶管理	操作	5	熟悉鲜叶管理技术，鲜叶管理质量好 5 分，合格 3 分，基本合格 2 分，不合格 0 分		
2	扁形名优绿茶加工设备	操作	5	熟悉加工设备性能、操作与维护知识 5 分，基本掌握 3 分，不熟悉 0 分		
3	生产操作	操作	30	熟练掌握生产操作技能 30 分；能独立进行生产操作但不熟练 20 分；尚能独立操作，不熟练，稍有误差 10 分；基本上不能独立操作 0 分		
4	扁形名优绿茶质量	操作	25	扁形名优绿茶品质好 25 分，品质较好 20 分，合格 10 分，不合格 0 分		
5	扁形名优绿茶加工工艺指标测定方法	操作	10	明白工艺指标 10 分，基本明白工艺指标 6 分，不明白工艺指标 0 分		

续表

序号	考核项目与内容	考核方式	分值	评分内涵	得分	备注
6	职业规范	操作	10	所有生产操作符合行业规则、职场卫生健康、操作规程等的要求。好10分，较好8分，合格5分，不合格0分		
7	扁形名优绿茶品质存在问题分析	口试	5	回答正确3分，语言清晰1分，表达准确1分		
8	产生扁形名优绿茶品质缺陷的原因分析	口试	5	回答正确3分，语言清晰1分，表达准确1分		
9	提出提高扁形名优绿茶品质的措施	口试	5	回答正确3分，语言清晰1分，表达准确1分		
合计						

实训五　卷曲形名优绿茶加工

一、实训目的

通过教学，使学生熟练掌握卷曲形名优绿茶加工的鲜叶管理、杀青、揉捻（造型）和干燥等加工工艺流程、工序技术参数、要求和操作要领；能对在制品进行质量分析和控制；能独立进行卷曲形名优绿茶加工。

二、教学建议

（1）实训时间　6学时或12学时。

（2）需要的设备设施及材料

①实训地点：实验茶厂。

②设备：30型或40型名茶杀青机、25型或30型揉捻机、18型烘干机和电炒锅各1台。

③材料：独芽、一芽一叶、一芽二叶初展茶鲜叶各50kg。

（3）教学方法　采取课件演示或讲解、教师示范、口头提问、学生小组讨论、观察学生实操、现场检测等。

三、实训内容

（1）熟悉卷曲形名优绿茶品质特征。

（2）加工工艺流程及技术要求　鲜叶摊放→杀青→揉捻→烘二青→造型→烘干。按前述工序技术参数和要求操作。鲜叶摊放：鲜叶摊放 4～8h，薄摊，尽量不翻动，鲜叶减重率要适当，依气温和叶象等确定摊放时间。杀青：在快速杀足、合理使用闷炒、杀透和杀匀原则下，温度不可过高。揉捻：不加压或加轻压的情况下，揉时要长，揉 20～25min，轻揉 10min，加轻压 5～10min，再解压揉 5min。烘二青有补杀青不足的作用，散失部分水分（含水量 30% 左右）。造型温度 80℃ 左右，在专用烘干机（也可在电锅中）边烘边用手提毫，双手用力要柔和均匀，使茶叶在手掌中滚动，茶条滚动方向要一致。烘干：采用低温、薄摊，少翻，长烘至足干。

（3）测定卷曲形名优绿茶工序指标　按表 13-5 所列项目和要求测定。

（4）卷曲形名优绿茶品质分析　按名优绿茶品质审评要求评定。卷曲形名优绿茶品质要求：外形条索纤细，卷曲呈螺状，白毫显露，银绿隐翠。内质香高味醇，汤色黄（浅）绿明亮，叶底嫩绿完整，明亮。

四、实训注意事项

（1）正确使用和保养茶机。

（2）所有操作必须符合行业规则、职场卫生健康条件、操作规程等要求。

五、鉴定方法

（1）询问学生熟悉卷曲形名优绿茶特征要求的情况。

（2）询问学生熟悉卷曲形名优绿茶加工工序技术参数、要求和操作要领的情况。

（3）询问学生掌握卷曲形名优绿茶加工工序指标测定方法的情况。

（4）询问学生在卷曲形名优绿茶加工中发现问题、分析问题的有关情况。

（5）检查学生的操作过程，逐人逐项验收，并将鉴定记录表于次日上交教师存档。

六、作业

（1）找出卷曲形名优绿茶加工中出现的问题，分析产生原因，提出改进措施。

（2）填写《实习报告单》（见实训一）。

七、卷曲形名优绿茶加工技术考核评分记录表

卷曲形名优绿茶加工技术考核评分表见表13－5。

表 13－5　卷曲形名优绿茶加工技术考核评分表

序号	考核项目与内容	考核方式	分值	评分内涵	得分	备注
1	卷曲形名优绿茶鲜叶管理	操作	5	熟悉鲜叶管理技术，鲜叶管理质量好5分，合格3分，基本合格2分，不合格0分		
2	卷曲形名优绿茶加工设备	操作	5	熟悉加工设备性能、操作与维护知识5分，基本掌握3分，不熟悉0分		
3	生产操作	操作	30	熟练掌握生产操作技能30分；能独立进行生产操作但不熟练20分；尚能独立操作，不熟练，稍有误差10分；基本上不能独立操作0分		
4	卷曲形名优绿茶质量	操作	25	卷曲形名优绿茶品质好25分，品质较好20分，基本合格10分，不合格0分		
5	卷曲形名优绿茶加工工艺指标测定方法	操作	10	明白工艺指标10分，基本明白工艺指标6分，不明白工艺指标0分		
6	职业规范	操作	10	所有生产操作符合行业规则、职场卫生健康条件、操作规程等要求。好10分，较好8分，合格5分，不合格0分		
7	卷曲形名优绿茶品质存在问题分析	口试	5	回答正确3分，语言清晰1分，表达准确1分		
8	产生卷曲形名优绿茶品质缺陷的原因分析	口试	5	回答正确3分，语言清晰1分，表达准确1分		
9	提出提高卷曲形名优绿茶品质的措施	口试	5	回答正确3分，语言清晰1分，表达准确1分		
合计						

实训六　毛峰形名优绿茶加工

一、实训目的

通过教学，使学生熟练掌握毛峰形名优绿茶加工的鲜叶管理、杀青、揉捻（造型）和干燥等加工工艺流程、工序技术参数、要求和操作要领；能对在制品进行质量分析和控制；能独立进行毛峰形名优绿茶加工。

二、教学建议

（1）实训时间　6 学时或 10 学时。

（2）需要的设备设施及材料

①实训地点：实验茶厂。

②设备：30 型或 40 型名茶杀青机、25 型或 30 型揉捻机、600 型理条机、18 型烘干机和电炒锅各 1 台。

③材料：独芽、一芽一叶、一芽二叶初展茶鲜叶各 50kg。

（3）教学方法　采取课件演示或讲解、教师示范、口头提问、学生小组讨论、观察学生实操、现场检测等。

三、实训内容

（1）熟悉毛峰形名优绿茶品质特征。

（2）加工工艺流程及技术要求　鲜叶摊放→杀青→揉捻→烘二青→造型（理条）→烘干。按该工序技术参数和要求操作。鲜叶摊放：鲜叶摊放 4～8h，薄摊，尽量不翻动，鲜叶减重率要适当，依气温和叶象等确定摊放时间。杀青：在快速杀足，合理使用闷炒，杀透和杀匀原则下，温度不可过高。揉捻：不加压或加轻压的情况下，揉时要长，揉 20～25min，轻揉 10min，加轻压 5～10min，再解压揉 5min。烘二青有补杀青不足的作用，散失部分水分（含水量 30% 左右）。造型（理条）温度 80℃ 左右，在专用烘干机（也可在电锅中）边烘边用手提毫，双手用力要柔和均匀，使茶叶在手掌中前后滚动，茶条滚动方向要一致。造型（理条）还可在理条机内进行，温度 60℃ 左右，并逐渐降低温度，投叶量适当，理条机振幅适当，到八九成干时下机。烘干：采用低温、薄摊，少翻，长烘至足干。

（3）测定毛峰形名优绿茶工序指标　按表 13-6 所列项目和要求测定。

（4）毛峰形名优绿茶品质分析　毛峰形名优绿茶品质要求：外形条索纤细，白毫显露，银绿隐翠。内质香高味醇，汤色黄（浅）绿明亮，叶底嫩绿完整，明亮。

四、实训注意事项

（1）正确使用和保养茶机。

（2）所有操作必须符合行业规则、职场卫生健康条件、操作规程等要求。

五、鉴定方法

（1）询问学生熟悉毛峰形名优绿茶特征要求的情况。

（2）询问学生熟悉毛峰形名优绿茶加工工序技术参数、要求和操作要领的情况。

（3）询问学生掌握毛峰形名优绿茶加工工序指标测定方法的情况。

（4）询问学生在毛峰形名优绿茶加工中发现问题、分析问题的有关情况。

（5）检查学生的操作过程，逐人逐项验收，并将鉴定记录表于次日上交教师存档。

六、作业

（1）找出毛峰形名优绿茶加工中出现的问题，分析产生原因，提出改进措施。

（2）填写《实习报告单》（见实训一）。

七、毛峰形名优绿茶加工技术考核评分记录表

毛峰形名优绿茶加工技术考核评分表见表 13-6。

表 13-6　毛峰形名优绿茶加工技术考核评分表

序号	考核项目与内容	考核方式	分值	评分内涵	得分	备注
1	毛峰形名优绿茶鲜叶管理	操作	5	熟悉鲜叶管理技术，鲜叶管理质量好5分，合格3分，基本合格2分，不合格0分		
2	毛峰形名优绿茶加工设备	操作	5	熟悉加工设备性能、操作与维护知识5分，基本掌握3分，不熟悉0分		
3	生产操作	操作	30	熟练掌握生产操作技能30分；能独立进行生产操作但不熟练20分；尚能独立操作，不熟练，稍有误差10分；基本上不能独立操作0分		
4	毛峰形名优绿茶质量	操作	25	毛峰形名优绿茶品质好25分，品质较好20分，合格10分，不合格0分		

续表

序号	考核项目与内容	考核方式	分值	评分内涵	得分	备注
5	毛峰形名优绿茶加工工艺指标测定方法	操作	10	明白工艺指标 10 分，基本明白工艺指标 6 分，不明白工艺指标 0 分		
6	职业规范	操作	10	所有生产操作符合行业规则、职场卫生健康条件、操作规程等要求。好 10 分，较好 8 分，合格 5 分，不合格 0 分		
7	毛峰形名优绿茶品质存在问题分析	口试	5	回答正确 3 分，语言清晰 1 分，表达准确 1 分		
8	产生毛峰形名优绿茶品质缺陷的原因分析	口试	5	回答正确 3 分，语言清晰 1 分，表达准确 1 分		
9	提出提高毛峰形名优绿茶品质的措施	口试	5	回答正确 3 分，语言清晰 1 分，表达准确 1 分		
合计						

实训七　针形名优绿茶加工

一、实训目的

熟练掌握针形名优绿茶加工的鲜叶管理、杀青、揉捻（造型）和干燥等加工工艺流程、工序技术参数、要求和操作要领；能对在制品进行质量分析和控制；能独立进行针形名优绿茶加工。

二、教学建议

（1）实训时间：6 学时或 10 学时。

（2）需要的设备设施及材料

①实训地点：实验茶厂。

②设备：30 型或 40 型名茶杀青机、25 型或 30 型揉捻机、600 型理条机、18 型烘干机和电炒锅各 1 台。

③材料：独芽、一芽一叶、一芽二叶初展茶鲜叶各 50kg。

（3）教学方法　采取课件演示或讲解、教师示范、口头提问、学生小组讨论、观察学生实操、现场检测等。

三、实训内容

（1）熟悉针形名优绿茶品质特征。

（2）加工工艺流程及技术要求　鲜叶摊放→杀青→揉捻→烘二青→造型（理条）→烘干。按该工序技术参数和要求操作。鲜叶摊放：鲜叶摊放 4～8h，薄摊，尽量不翻动，鲜叶减重率要适当，依气温和叶象等确定摊放时间。杀青：在快速杀足、合理使用闷炒、杀透和杀匀原则下，温度不可过高。揉捻：不加压或加轻压的情况下，揉时要长，揉 20～25min，轻揉 10min，加轻压 5～10min，再解压揉 5min。烘二青有补杀青不足的作用，散失部分水分（含水量 30% 左右）。造型（理条）温度 80℃ 左右，在专用烘干机（也可在电锅中）边烘边用手提毫，双手用力要柔和均匀，使茶叶在手掌中前后滚动，茶条滚动方向要一致。造型（理条）还可在理条机内进行，温度 60℃ 左右，并逐渐降低温度，投叶量适当，理条机振幅适当，到八九成干时下机。烘干：采用低温、薄摊，少翻，长烘至足干。

（3）测定针形名优绿茶工序指标　按表 11－7 所列项目和要求测定。

（4）针形名优绿茶品质分析，针形名优绿茶品质要求　外形条索纤细紧直，白毫显露，银绿隐翠。内质香高味醇，汤色黄（浅）绿明亮，叶底嫩绿完整，明亮。

四、实训注意事项

（1）正确使用和保养茶机。

（2）所有操作必须符合行业规则、职场卫生健康条件、操作规程等要求。

五、鉴定方法

（1）询问学生熟悉针形名优绿茶特征要求的情况。

（2）询问学生熟悉针形名优绿茶加工工序技术参数、要求和操作要领的情况。

（3）询问学生掌握针形名优绿茶加工工序指标测定方法的情况。

（4）询问学生在针形名优绿茶加工中发现问题、分析问题的有关情况。

（5）检查学生的操作过程，逐人逐项验收，并将鉴定记录表于次日上交教师存档。

六、作业

（1）找出针形名优绿茶加工中出现的问题，分析产生原因，提出改进措施。

（2）填写《实习报告单》（见实训一）。

七、针形名优绿茶加工技术考核评分记录表

针形名优绿茶加工技术考核评分表见表 13 - 7。

表 13 - 7 针形名优绿茶加工技术考核评分表

序号	考核项目与内容	考核方式	分值	评分内涵	得分	备注
1	针形名优绿茶鲜叶管理	操作	5	熟悉鲜叶管理技术，鲜叶管理质量好 5 分，合格 3 分，基本合格 2 分，不合格 0 分		
2	针形名优绿茶加工设备	操作	5	熟悉加工设备性能、操作与维护知识 5 分，基本掌握 3 分，不熟悉 0 分		
3	生产操作	操作	30	熟练掌握生产操作技能 30 分；能独立进行生产操作但不熟练 20 分；尚能独立操作，不熟练，稍有误差 10 分；基本上不能独立操作 0 分		
4	针形名优绿茶质量	操作	25	针形名茶品质好 25 分，品质较好 20 分，基本合格 10 分，不合格 0 分		
5	针形名优绿茶加工工艺指标测定方法	操作	10	明白工艺指标 10 分，基本明白工艺指标 6 分，不明白工艺指标 0 分		
6	职业规范	操作	10	所有生产操作符合行业规则、职场卫生健康条件、操作规程等要求。好 10 分，较好 8 分，合格 5 分，不合格 0 分		
7	针形名优绿茶品质存在问题分析	口试	5	回答正确 3 分，语言清晰 1 分，表达准确 1 分		
8	产生针形名优绿茶品质缺陷的原因分析	口试	5	回答正确 3 分，语言清晰 1 分，表达准确 1 分		
9	提出提高针形名优绿茶品质的措施	口试	5	回答正确 3 分，语言清晰 1 分，表达准确 1 分		
	合计					

实训八　芽形名优绿茶加工

一、实训目的

熟练掌握芽形名优绿茶加工的鲜叶管理、杀青、揉捻（造型）和干燥等加工工艺流程、工序技术参数、要求和操作要领；能对在制品进行质量分析和控制；能独立进行芽形名优绿茶加工。

二、教学建议

（1）实训时间　6学时或10学时。

（2）需要的设备设施及材料

①实训地点：实验茶厂。

②设备：30型或40型名茶杀青机、25型或30型揉捻机、600型理条机、18型烘干机和电炒锅各1台。

③材料：独芽50kg。

（3）教学方法　采取课件演示或讲解、教师示范、口头提问、学生小组讨论、观察学生实操、现场检测等。

三、实训内容

（1）熟悉芽形名优绿茶品质特征。

（2）加工工艺流程及技术要求　鲜叶摊放→杀青→揉捻→烘二青→造型（理条）→烘干。按该工序技术参数和要求操作。鲜叶摊放：鲜叶摊放4~8h，薄摊，尽量不翻动，鲜叶减重率要适当，依气温和叶象等确定摊放时间。杀青：在快速杀足、合理使用闷炒、杀透和杀匀原则下，温度不可过高。揉捻：不加压或加轻压的情况下，揉时要长，揉20~25min，轻揉10min，加轻压5~10min，再解压揉5min。烘二青有补杀青不足的作用，散失部分水分（含水量30%左右）。造型（理条）温度80℃左右，在专用烘干机（也可在电锅中）边烘边用手提毫，双手用力要柔和均匀，使茶叶在手掌中前后滚动，茶条滚动方向要一致。造型（理条）还可在理条机内进行，温度60℃左右，并逐渐降低温度，投叶量适当，理条机振幅适当，到八九成干时下机。烘干：采用低温、薄摊，少翻，长烘至足干。

（3）测定芽形名优绿茶工序指标　按表13-8所列项目和要求测定。

（4）芽形名优绿茶品质分析　按名优绿茶品质审评要求评定。

四、实训注意事项

（1）正确使用和保养茶机。

（2）所有操作必须符合行业规则、职场卫生健康条件、操作规程等要求。

五、鉴定方法

（1）询问学生熟悉芽形名优绿茶特征要求的情况。

（2）询问学生熟悉芽形名优绿茶加工工序技术参数、要求和操作要领的情况。

（3）询问学生掌握芽形名优绿茶加工工序指标测定方法的情况。

（4）询问学生在芽形名优绿茶加工中发现问题、分析问题的有关情况。

（5）检查学生的操作过程，逐人逐项验收，并将鉴定记录表于次日上交教师存档。

六、作业

（1）找出芽形名优绿茶加工中出现的问题，分析产生原因，提出改进措施。

（2）填写《实习报告单》（见实训一）。

七、芽形名优绿茶加工技术考核评分记录表

芽形名优绿茶加工技术考核记录表见表 13 - 8。

表 13 - 8　芽形名优绿茶加工技术考核评分记录表

序号	考核项目与内容	考核方式	分值	评分内涵	得分	备注
1	芽形名优绿茶鲜叶管理	操作	5	熟悉鲜叶管理技术，鲜叶管理质量好 5 分，合格 3 分，基本合格 2 分，不合格 0 分		
2	芽形名优绿茶加工设备	操作	5	熟悉加工设备性能、操作与维护知识 5 分，基本掌握 3 分，不熟悉 0 分		
3	生产操作	操作	30	熟练掌握生产操作技能 30 分；能独立进行生产操作但不熟练 20 分；尚能独立操作，不熟练，稍有误差 10 分；基本上不能独立操作 0 分		

续表

序号	考核项目与内容	考核方式	分值	评分内涵	得分	备注
4	芽形名优绿茶质量	操作	25	芽形名优绿茶品质好25分，品质较好20分，基本合格10分，不合格0分		
5	芽形名优绿茶加工工艺指标测定方法	操作	10	明白工艺指标10分，基本明白工艺指标6分，不明白工艺指标0分		
6	职业规范	操作	10	所有生产操作符合行业规则、职场卫生健康条件、操作规程等要求。好10分；较好8分，合格5分，不合格0分		
7	芽形名优绿茶品质存在问题分析	口试	5	回答正确3分，语言清晰1分，表达准确1分		
8	产生芽形名优绿茶品质缺陷的原因分析	口试	5	回答正确3分，语言清晰1分，表达准确1分。		
9	提出提高芽形名优绿茶品质的措施	口试	5	回答正确3分，语言清晰1分，表达准确1分		
合计						

实训九　特种绿茶生产技术

一、实训目的

能根据鲜叶适制性选择茶叶品种；独立完成特种绿茶加工机械设备选型与配套设计，设计工艺流程；能制定工艺流程的技术参数等相关技术文件；能进行技术和经济效益分析，提出改进措施。

二、教学建议

（1）实训时间　16学时。

（2）需要的设备设施及材料。

①实训地点：实验茶厂。

②设备：30 型或 40 型名茶杀青机，25 型或 30 型揉捻机，600 型理条机，18 型烘干机和电炒锅各 1 台。

③材料：独芽、一芽一叶、一芽二叶初展茶鲜叶各 50kg。

三、实训内容

要求学生能根据特种绿茶开发的技能、技术要求和生产（施工）技术等条件，在教师的指导下拟订出合理的工作方案，绘制工艺流程图、车间（或工地、设施）平面布置图，独立完成工艺过程（或工程全程中指定工艺）机械设备的选型及设计，拟定出产品生产（或运行、施工）过程的工艺等相关技术文件，能对所拟定工艺进行技术和经济效益分析，并能进行可行性论证。

在完成课题设计的同时，还应撰写课题技术论文。论文的要求是：结合实际工作，侧重训练学生研究、论证、分析和解决实际问题的能力；能对所选课题的研究方向、现状及意义进行正确的阐述、分析和综合评价；能拟订研究方案和实验技术方案；能完成所选课题的主要实验，掌握正确采集、分析和处理数据的方法，并能从理论上进行分析和论证。论文的一般格式是：摘要、前言、材料和方法、结果与分析、参考文献、英文摘要，字数在 3000 字以上，要求内容正确，概念清楚，条理分明，文字通顺，按一般科技论文要求排版打印。

四、作业

提交特种绿茶开发可行性论证报告。

实训十　炒青绿茶加工

一、实训目的

通过教学，使学生熟悉炒青绿茶的品质特点和要求；熟练掌握炒青绿茶加工的鲜叶管理、杀青、揉捻和干燥等工序技术参数、要求和操作要领；能对在制品进行质量分析和控制；能独立进行炒青绿茶加工。

二、教学建议

（1）实训时间　12 学时或 18 学时。

（2）需要的设备设施及材料

①实训地点：实验茶厂。

②设备：6CSR - 70 型金属炉滚筒杀青机、6CJS - 30 型茶叶解块分筛机、6CR - 55 型揉捻机、6CZC - 140 型单筒车色机、6CH - 16 型茶叶烘干机各 1 台。

③材料：一芽二叶、一芽三叶茶鲜叶各400kg。

（3）教学方法　采取课件演示或讲解、教师示范、口头提问、学生小组讨论、观察学生实操、现场检测等。

三、实训内容

（1）熟悉炒青绿茶品质特征。

（2）加工工艺流程及技术要点

①鲜叶管理：按鲜叶进厂时间、级别等不同分别管理，测定摊叶厚度、叶温，记载鲜叶处理方法，观察记载变化情况。

②杀青：杀青机械类型及型号，杀青温度，投叶量，杀青方法，全程杀青时间，杀青叶叶象观察记载及质量分析。

③揉捻：揉捻机械型号，揉捻机转速，投叶量，揉捻方法，全程揉捻时间，揉捻叶象观察记载及质量分析。

④干燥：干燥机械类型及型号，投叶量，干燥工艺和方法，全程时间，叶象观察记载及毛茶品质分析。

（3）测定炒青绿茶工序指标　按《绿茶加工工艺指标参数测定记录表》所列项目和要求测定。

（4）炒青绿茶品质分析和要求　外形条索紧直、匀整，有锋苗、不断碎，色泽绿润，调和一致，净度好；内质要求香高持久，最好有熟板栗香，纯正；汤色清澈，黄绿明亮；滋味浓醇爽口，忌苦涩味；叶底嫩绿明亮，忌红梗、红叶、焦斑、生青及闷黄叶。

四、实训注意事项

1. 正确使用和保养茶机。
2. 所有操作必须符合行业规则、职场卫生健康条件、操作规程等要求。

五、鉴定方法

1. 询问学生熟悉炒青绿茶品质特征要求的情况。
2. 询问学生熟悉炒青绿茶加工工序技术参数、要求和操作要领的情况。
3. 询问学生掌握炒青绿茶加工工序指标测定方法的情况。
4. 询问学生在炒青绿茶加工中发现问题、分析问题的有关情况。
5. 检查学生的操作过程，逐人逐项验收，并将鉴定记录表于次日上交教师存档。

绿茶加工工艺指标参数测定记录表

鲜叶品种			级别	鲜叶进厂时间		鲜叶付制时间	
鲜叶摊放	摊叶厚度/cm		鲜叶处理方法				
	摊放叶象观察记载及质量分析						
杀青	杀青机类型及型号	杀青温度/℃		投叶量/kg		杀青方法	
	杀青叶叶象观察记载及质量分析					全程杀青时间/min	
揉捻（造型）	揉捻机类型及型号	揉捻机转速/（r/min）		投叶量/kg		揉捻方法	
	叶象观察记载及质量分析					全程揉捻时间/min	
干燥	干燥机类型及型号	投叶量/kg		毛茶品质分析			
	干燥温度、工艺及方法					全程时间/min	
其他							
测定时间		测定地点			测定人		

六、作业

1. 找出炒青绿茶加工中出现的问题，分析产生原因，提出改进措施。
2. 填写《实习报告单》（见实训一）。

七、炒青绿茶加工技术考核评分记录表

炒青绿茶加工技术考核评分记录表见表 13－9。

表 13－9　炒青绿茶加工技术考核评分记录表

序号	考核项目与内容	考核方式	分值	评分内涵	得分	备注
1	炒青绿茶鲜叶管理	操作	5	熟悉鲜叶管理技术，鲜叶管理质量好 5 分，合格 3 分，基本合格 2 分，不合格 0 分		
2	炒青绿茶加工设备	操作	5	熟悉加工设备性能、操作与维护知识 5 分，基本掌握 3 分，不熟悉 0 分		
3	生产操作	操作	30	熟练掌握生产操作技能 30 分；能独立进行生产操作但不熟练 20 分；尚能独立操作，不熟练，稍有误差 10 分；基本上不能独立操作 0 分		
4	炒青绿茶质量	操作	25	炒青绿茶品质好 25 分，品质较好 20 分，基本合格 10 分，不合格 0 分		
5	炒青绿茶加工工艺指标测定方法	操作	10	明白工艺指标 10 分，基本明白工艺指标 6 分，不明白工艺指标 0 分		
6	职业规范	操作	10	所有生产操作符合行业规则、职场卫生健康、操作规程等的要求。好 10 分，较好 8 分，合格 5 分，不合格 0 分		
7	炒青绿茶品质存在问题分析	口试	5	回答正确 3 分，语言清晰 1 分，表达准确 1 分		
8	产生炒青绿茶品质缺陷的原因分析	口试	5	回答正确 3 分，语言清晰 1 分，表达准确 1 分		
9	提出提高炒青绿茶品质的措施	口试	5	回答正确 3 分，语言清晰 1 分，表达准确 1 分		
合计						

实训十一　烘青绿茶加工

一、实训目的

通过教学，使学生熟悉烘青绿茶的品质特点和要求；熟练掌握烘青绿茶加工的鲜叶管理、杀青、揉捻和干燥等工序技术参数、要求和操作要领；能对在制品进行质量分析和控制；能独立进行烘青绿茶加工。

二、教学建议

（1）实训时间　12学时或18学时。

（2）需要的设备设施及材料

①实训地点：实验茶厂。

②设备：6CSR-70型金属炉滚筒杀青机、6CJS-30型茶叶解块分筛机、6CR-55型揉捻机、6CH-16型茶叶烘干机各1台。

③材料：一芽二叶、一芽三叶茶鲜叶各400kg。

（3）教学方法　采取课件演示或讲解、教师示范、口头提问、学生小组讨论、观察学生实操、现场检测等。

三、实训内容

（1）熟悉烘青绿茶品质特征。

（2）加工工艺流程及技术要点　参见实训一、实训二和实训三相关内容及要求。鲜叶管理、杀青、揉捻与炒青绿茶基本相同，仅干燥采用烘干。

①鲜叶管理：按鲜叶进厂时间、级别等不同分别管理，测定摊叶厚度、叶温，记载鲜叶处理方法，观察记载变化情况。同炒青绿茶。

②杀青：杀青机械类型及型号，杀青温度，投叶量，杀青方法，全程杀青时间，杀青叶叶象观察记载及质量分析。同炒青绿茶。

③揉捻：揉捻机械型号，揉捻机转速，投叶量，揉捻方法，全程揉捻时间，揉捻叶象观察记载及质量分析。同炒青绿茶，只是揉捻程度比炒青轻些，最好采用分筛复揉的办法。

④干燥：干燥机械类型及型号、毛火和足火叶温、毛火和足火叶干燥时间、干燥叶适度标准及毛茶品质分析。

（3）测定烘青绿茶工序指标　按表13-10所列项目和要求测定。

（4）烘青绿茶品质分析　烘青绿茶品质要求：外形紧细匀整，稍弯曲，有白毫，色泽深绿油润。内质汤色黄绿明亮，香高味醇，耐冲泡，叶底黄绿完整，明亮。

四、实训注意事项

1. 正确使用和保养茶机。
2. 所有操作必须符合行业规则、职场卫生健康条件、操作规程等要求。

五、鉴定方法

1. 询问学生熟悉烘青绿茶特征要求的情况。
2. 询问学生熟悉烘青绿茶加工工序技术参数、要求和操作要领的情况。
3. 询问学生掌握烘青绿茶加工工序指标测定方法的情况。
4. 询问学生在烘青绿茶加工中发现问题、分析问题的有关情况。
5. 检查学生的操作过程，逐人逐项验收，并将鉴定记录表于次日上交教师存档。

六、作业

1. 找出烘青绿茶加工中出现的问题，分析产生原因，提出改进措施。
2. 填写《实习报告单》（见实训一）。

七、烘青绿茶加工技术考核评分记录表

烘青绿茶加工技术考核评分记录表见表13-10。

表13-10　烘青绿茶加工技术考核评分记录表

序号	考核项目与内容	考核方式	分值	评分内涵	得分	备注
1	烘青绿茶鲜叶管理	操作	5	熟悉鲜叶管理技术，鲜叶管理质量好5分，合格3分，基本合格2分，不合格0分		
2	烘青绿茶加工设备	操作	5	熟悉加工设备性能、操作与维护知识5分，基本掌握3分，不熟悉0分		
3	生产操作	操作	30	熟练掌握生产操作技能30分；能独立进行生产操作但不熟练20分；尚能独立操作，不熟练，稍有误差10分；基本上不能独立操作0分		
4	烘青绿茶质量	操作	25	烘青绿茶品质好25分，品质较好20分，基本合格10分，不合格0分		

续表

序号	考核项目与内容	考核方式	分值	评分内涵	得分	备注
5	烘青绿茶加工工艺指标测定方法	操作	10	明白工艺指标10分，基本明白工艺指标6分，不明白工艺指标0分		
6	职业规范	操作	10	所有生产操作符合行业规则、职场卫生健康条件、操作规程等的要求。好10分，较好8分，合格5分，不合格0分		
7	烘青绿茶品质存在问题分析	口试	5	回答正确3分，语言清晰1分，表达准确1分		
8	产生烘青绿茶品质缺陷的原因分析	口试	5	回答正确3分，语言清晰1分，表达准确1分		
9	提出提高烘青绿茶品质的措施	口试	5	回答正确3分，语言清晰1分，表达准确1分		
合计						

实训十二 大宗绿茶生产技术

一、实训目的

能独立完成大宗绿茶加工机械设备选型与配套设计，设计工艺流程；能制定工艺流程的技术参数等相关技术文件；能对所拟定工艺及产品进行技术和经济效益分析，提出改进措施。

二、教学建议

（1）实训时间 16学时。

（2）需要的设备设施及材料

①实训地点：实验茶厂。

②设备：6CSR-70型金属炉滚筒杀青机、6CJS-30型茶叶解块分筛机、6CR-55型揉捻机、6CZC-140型单筒车色机、6CH-16型茶叶烘干机各1台。

③材料：一芽二叶、一芽三叶茶鲜叶各400kg。

三、实训内容

要求学生能根据大宗绿茶开发的技能、技术要求和生产（施工）技术等条件，在教师的指导下拟订出合理的工作方案，绘制工艺流程图、车间（或工地、设施）平面布置图，独立完成工艺过程（或工程全程中指定工艺）机械设备的选型及设计，拟定出产品生产（或运行、施工）过程的工艺等相关技术文件，能对所拟定工艺进行技术和经济效益分析，并能进行可行性论证。

在完成课题设计的同时，还应撰写课题技术论文。论文的要求是：结合实际工作，侧重训练学生研究、论证、分析和解决实际问题的能力；能对所选课题的研究方向、现状及意义进行正确的阐述、分析和综合评价；能拟订研究方案和实验技术方案；能完成所选课题的主要实验，掌握正确采集、分析和处理数据的方法，并能从理论上进行分析和论证。论文的一般格式是：摘要、前言、材料和方法、结果与分析、参考文献、英文摘要，字数在 3000 字以上，要求内容正确，概念清楚，条理分明，文字通顺，按一般科技论文要求排版打印。

四、作业

提交大宗绿茶开发可行性论证报告。

实训十三　乌龙茶加工

一、实训目的

了解安溪铁观音和武夷岩茶的品质特点和要求；掌握安溪铁观音和武夷岩茶的加工工艺流程、技术参数、要求和操作要领；能进行安溪铁观音和武夷岩茶的加工操作。

二、教学建议

（1）实训时间　4 学时。

（2）需要的设备设施及材料

①实训地点：实验茶厂。

②设备：6CYQ－85 型摇青机、滚筒杀青机、速包机、包揉机、松包机、烘焙提香机各 1 台。

③材料：茶鲜叶（一芽三叶、一芽四叶）200kg。

（3）教学方法　采取课件演示或讲解、教师示范、口头提问、学生小组讨论、观察学生实操、现场检测等。

三、实训内容

（1）了解安溪铁观音和武夷岩茶品质特征。

（2）加工工艺流程及技术要求

萎凋（包括晒青和晾青）：萎凋方法、按鲜叶进厂时间、级别等不同分别管理，测定摊叶厚度、叶温，记载鲜叶处理方法，观察记载变化情况。做青（包括摇青和静置）：做青方法，投叶量，全程做青时间，做青叶叶象观察记载及质量分析。杀青：杀青机械类型及型号，杀青温度，投叶量，杀青方法，全程杀青时间，杀青叶叶象观察记载及质量分析。造型：速包机和包揉机型号，投叶量，操作方法，全程时间，适度标准，揉捻叶象观察记载及质量分析。干燥：干燥机械类型及型号，温度，干燥时间，干燥叶适度标准及毛茶品质分析。

（3）测定安溪铁观音和武夷岩茶工序指标　按表13－11所列项目和要求测定。

（4）安溪铁观音和武夷岩茶品质分析　品质要求：外形条索纤细，卷曲呈螺状，白毫显露，银绿隐翠。内质香高味醇，汤色黄（浅）绿明亮，叶底嫩绿完整，明亮。

四、实训注意事项

1．正确使用和保养茶机。

2．所有操作必须符合行业规则、职场卫生健康条件、操作规程等要求。

五、鉴定方法

1．询问学生了解安溪铁观音和武夷岩茶品质特征要求的情况。

2．询问学生熟悉安溪铁观音和武夷岩茶加工工序技术参数、要求和操作要领的情况。

3．询问学生掌握安溪铁观音和武夷岩茶加工工序指标测定方法的情况。

4．询问学生在安溪铁观音和武夷岩茶加工中发现问题、分析问题的有关情况。

5．检查学生的操作过程，逐人逐项鉴定验收，并将鉴定记录表于次日上交教师存档。

六、作业

1．找出安溪铁观音和武夷岩茶加工中出现的问题，分析产生原因，提出改进措施。

2．填写《实习报告单》（见实训一）。

七、安溪铁观音和武夷岩茶加工技术考核评分记录表

安溪铁观音和武夷岩茶加工技术考核评分记录表见表 13 – 11。

表 13 – 11　安溪铁观音和武夷岩茶加工技术考核评分记录表

序号	考核项目与内容	考核方式	分值	评分内涵	得分	备注
1	安溪铁观音和武夷岩茶鲜叶管理	操作	5	熟悉鲜叶管理技术，鲜叶管理质量好 5 分，合格 3 分，基本合格 2 分，不合格 0 分		
2	安溪铁观音和武夷岩茶加工设备	操作	5	熟悉加工设备性能、操作与维护知识 5 分，基本掌握 3 分，不熟悉 0 分		
3	生产操作	操作	30	熟练掌握生产操作技能 30 分；能独立进行生产操作但不熟练 20 分；尚能独立操作，不熟练，稍有误差 10 分；基本上不能独立操作 0 分		
4	安溪铁观音和武夷岩茶质量	操作	25	安溪铁观音和武夷岩茶品质好 25 分，品质较好 20 分，基本合格 10 分，不合格 0 分		
5	安溪铁观音和武夷岩茶加工工艺指标测定方法	操作	10	明白工艺指标 10 分，基本明白工艺指标 6 分，不明白工艺指标 0 分		
6	职业规范	操作	10	所有生产操作符合行业规则、职场卫生健康条件、操作规程等要求。好 10 分，较好 8 分，合格 5 分，不合格 0 分		
7	安溪铁观音和武夷岩茶品质存在问题分析	口试	5	回答正确 3 分，语言清晰 1 分，表达准确 1 分		
8	产生安溪铁观音和武夷岩茶品质缺陷的原因分析	口试	5	回答正确 3 分，语言清晰 1 分，表达准确 1 分		
9	提出提高安溪铁观音和武夷岩茶品质的措施	口试	5	回答正确 3 分，语言清晰 1 分，表达准确 1 分		
	合计					

实训十四　红茶加工

一、实训目的

通过教学，使学生了解工夫红茶和红碎茶的品质特点和要求；掌握工夫红茶和红碎茶的加工工艺流程、技术参数、要求和操作要领；能进行工夫红茶和红碎茶加工操作。

二、教学建议

（1）实训时间　4学时。

（2）需要的设备设施及材料

①实训地点：实验茶厂。

②设备：萎凋设备、6CR-55型揉捻机、发酵设备、6CH-16型茶叶烘干机各1台。

③材料：一芽二叶、一芽三叶茶鲜叶各200kg。

（3）教学方法　采取课件演示或讲解、教师示范、口头提问、学生小组讨论，工夫红茶加工由学生实操等。

三、实训内容

（1）了解工夫红茶和红碎茶品质特征。

（2）工夫红茶加工工艺流程及技术要点

①鲜叶管理：按鲜叶进厂时间、级别等不同分别管理，测定摊叶厚度、叶温，记载鲜叶处理方法，观察记载变化情况。

②萎凋：萎凋方式、萎凋机具，温度、摊叶量、摊叶厚度、翻拌时间和次数、萎凋全程时间、萎凋适度标准及萎凋叶质量分析。

③揉捻：揉捻机械型号、揉捻机转速、投叶量、揉捻方法、全程揉捻时间、揉捻适度标准、揉捻叶象观察记载及质量分析。

④发酵：发酵室温湿度、发酵叶摊叶厚度、叶温、发酵时间、发酵叶适度标准及发酵叶质量分析。

⑤干燥：干燥机械类型及型号、毛火和足火叶温度、毛火和足火叶干燥时间、干燥叶适度标准及毛茶品质分析。

（3）测定工夫红茶工序指标　按表13-12所列项目和要求测定。

（4）工夫红茶品质分析　工夫红茶品质要求：外形紧细匀直，色泽乌润匀调，毫尖金黄。内质香气高锐持久，滋味醇厚鲜爽，汤色红艳明亮，叶底红明。

四、实训注意事项

1. 正确使用和保养茶机。
2. 所有操作必须符合行业规则、职场卫生健康条件、操作规程等要求。

五、鉴定方法

1. 询问学生了解红茶品质特征要求的情况。
2. 询问学生了解工夫红茶加工工序技术参数、要求和操作要领的情况。
3. 询问学生了解工夫红茶加工工序指标测定方法的情况。
4. 询问学生在工夫红茶加工中发现问题、分析问题的有关情况。
5. 检查学生的操作过程，逐人鉴定验收，并将鉴定记录表于次日上交教师存档。

六、作业

1. 找出工夫红茶加工中出现的问题，分析产生原因，提出改进措施。
2. 填写《实习报告单》（见实训一）。

七、工夫红茶加工技术考核评分记录表

工夫红茶加工技术考核评分记录表见表 13 – 12。

表 13 – 12　工夫红茶加工技术考核评分记录表

序号	考核项目与内容	考核方式	分值	评分内涵	得分	备注
1	工夫红茶鲜叶管理	操作	5	熟悉鲜叶管理技术，鲜叶管理质量好 5 分，合格 3 分，基本合格 2 分，不合格 0 分		
2	工夫红茶加工设备	操作	5	熟悉加工设备性能、操作与维护知识 5 分，基本掌握 3 分，不熟悉 0 分		
3	生产操作	操作	30	熟练掌握生产操作技能 30 分；能独立进行生产操作但不熟练 20 分；尚能独立操作，不熟练，稍有误差 10 分；基本上不能独立操作 0 分		

续表

序号	考核项目与内容	考核方式	分值	评分内涵	得分	备注
4	工夫红茶质量	操作	25	工夫红茶品质好 25 分，品质较好 20 分，基本合格 10 分，不合格 0 分		
5	工夫红茶加工工艺指标测定方法	操作	10	明白工艺指标 10 分，基本明白工艺指标 6 分，不明白工艺指标 0 分		
6	职业规范	操作	10	所有生产操作符合行业规则、职场卫生健康、操作规程等的要求。好 10 分，较好 8 分，合格 5 分，不合格 0 分		
7	工夫红茶品质存在问题分析	口试	5	回答正确 3 分，语言清晰 1 分，表达准确 1 分		
8	产生工夫红茶品质缺陷的原因分析	口试	5	回答正确 3 分，语言清晰 1 分，表达准确 1 分		
9	提出提高工夫红茶品质的措施	口试	5	回答正确 3 分，语言清晰 1 分，表达准确 1 分		
合计						

实训十五　茉莉花茶加工

一、实训目的

通过教学，使学生熟练掌握茉莉花茶加工工艺流程、工序技术参数、要求和操作要领。掌握花茶工艺指标测定方法，能对在制品进行质量分析和控制。能结合生产实际，总结茉莉花茶窨制工艺线；能独立进行茉莉花茶加工。

二、教学建议

（1）实训时间　24 学时或 32 学时。

（2）需要的设备设施及材料

①实训地点：实验茶厂。

②设备：6CH-16型茶叶烘干机1台。

③材料：特级茶坯300kg，茉莉鲜花各300kg。

（3）教学方法　采取课件演示或讲解、教师示范、口头提问、学生小组讨论、观察学生实操、现场检测等。

三、实训内容

（1）熟悉茉莉花茶品质特征。

（2）加工工艺流程及技术要求

①鲜花管理：按鲜花进厂时间、级别等不同分别管理，观察记载变化情况，茉莉花处理技术。

②窨花：配花量，窨制方法。

③通花散热：观察记载付窨后温度变化情况、通花温度、通花方法与技术。

④起花：记载在窨时间、起花方法与技术。

⑤湿坯复火：复火温度，烘干机型号、转速，摊叶厚度，复火全程时间，测定复火前后茶坯含水量。

⑥提花：配花量、提花在窨时间、提花前后茶叶含水量测定。

（3）测定茉莉花茶加工工序指标　按表3-13所列项目和要求测定。

（4）茉莉花茶品质分析　茉莉花茶品质要求：外形条索纤细，卷曲呈螺状，白毫显露，银绿隐翠。内质香高味醇，汤色黄（浅）绿明亮，叶底嫩绿完整，明亮。

四、实训注意事项

1. 正确使用和保养茶机。

2. 所有操作必须符合行业规则、职场卫生健康条件、操作规程等要求。

五、鉴定方法

1. 询问学生熟悉茉莉花茶品质特征要求的情况。

2. 询问学生熟悉茉莉花茶加工工序技术参数、要求和操作要领的情况。

3. 询问学生掌握茉莉花茶加工工序指标测定方法的情况。

4. 询问学生在茉莉花茶加工中发现问题、分析问题的有关情况。

5. 检查学生的操作过程，逐人逐项鉴定验收，并将鉴定记录表于次日上交教师存档。

六、作业

1. 找出茉莉花茶加工中出现的问题，分析产生原因，提出改进措施。
2. 填写《实习报告单》（见实训一）。

七、茉莉花茶加工技术考核评分记录表

茉莉花茶加工技术考核评分记录表见表 13 – 13。

表 13 – 13　茉莉花茶加工技术考核评分记录表

序号	考核项目与内容	考核方式	分值	评分内涵	得分	备注
1	茉莉鲜花管理	操作	5	熟悉茉莉鲜花管理技术，质量好 5 分，合格 3 分，基本合格 2 分，不合格 0 分		
2	茉莉花茶加工设备	操作	5	熟悉加工设备性能、操作与维护知识 5 分，基本掌握 3 分，不熟悉 0 分		
3	生产操作	操作	30	熟练掌握生产操作技能 30 分；能独立进行生产操作但不熟练 20 分；尚能独立操作，不熟练，稍有误差 10 分；基本上不能独立操作 0 分		
4	茉莉花茶质量	操作	25	茉莉花茶品质好 25 分，品质较好 20 分，基本合格 10 分，不合格 0 分		
5	茉莉花茶加工工艺指标测定方法	操作	10	明白工艺指标 10 分，基本明白工艺指标 6 分，不明白工艺指标 0 分		
6	职业规范	操作	10	所有生产操作符合行业规则、职场卫生健康条件、操作规程等要求。好 10 分，较好 8 分，合格 5 分，不合格 0 分		
7	茉莉花茶品质存在问题分析	口试	5	回答正确 3 分，语言清晰 1 分，表达准确 1 分		
8	产生茉莉花茶品质缺陷的原因分析	口试	5	回答正确 3 分，语言清晰 1 分，表达准确 1 分		
9	提出提高茉莉花茶品质的措施	口试	5	回答正确 3 分，语言清晰 1 分，表达准确 1 分		
合计						

实训十六　玉兰、珠兰花茶加工

一、实训目的

通过教学，使学生掌握玉兰、珠兰花茶加工工艺流程，工序技术参数，要求和操作要领；能独立进行玉兰、珠兰花茶加工。

二、教学建议

（1）实训时间　6学时或10学时。
（2）需要的设备设施及材料
①实训地点：实验茶厂。
②设备：6CH-16型茶叶烘干机1台。
③材料：一级茶坯若干，玉兰鲜花50kg，珠兰鲜花100kg。
（3）教学方法　采取课件演示或讲解、教师示范、口头提问、学生小组讨论、观察学生实操、现场检测等。

三、实训内容

（1）熟悉玉兰、珠兰花茶品质特征。
（2）加工工艺流程及技术要求
①鲜花管理：按鲜花进厂时间、级别等不同分别管理，观察记载变化情况，茉莉花处理技术。
②窨花：配花量，窨制方法。
③提花：配花量、提花在窨时间、提花前后茶叶含水量测定。
④匀堆装箱。
（3）测定玉兰、珠兰花茶加工工序指标　按表13-14所列项目和要求测定。
（4）玉兰、珠兰花茶品质分析　按玉兰、珠兰花茶品质审评要求评定。

四、实训注意事项

1. 正确使用和保养茶机。
2. 所有操作必须符合行业规则、职场卫生健康条件、操作规程等要求。

五、鉴定方法

1. 询问学生熟悉玉兰、珠兰花茶品质特征要求的情况。

2．询问学生熟悉玉兰、珠兰花茶加工工序技术参数、要求和操作要领的情况。

3．询问学生掌握玉兰、珠兰花茶加工工序指标测定方法的情况。

4．询问学生在玉兰、珠兰花茶加工中发现问题、分析问题的有关情况。

5．检查学生的操作过程。

6．逐人逐项鉴定验收，并将鉴定记录表于次日上交教师存档。

六、作业

1．找出玉兰、珠兰花茶加工中出现的问题，分析产生原因，提出改进措施。

2．填写《实习报告单》（见实训一）。

七、玉兰、珠兰花茶加工技术考核评分记录表

玉兰、珠兰花茶加工技术考核评分记录表见表 13－14。

表 13－14　玉兰、珠兰花茶加工技术考核评分记录表

序号	考核项目与内容	考核方式	分值	评分内涵	得分	备注
1	玉兰、珠兰鲜花管理	操作	5	熟悉玉兰，珠兰鲜花管理技术，质量好 5 分，合格 3 分，基本合格 2 分，不合格 0 分		
2	玉兰、珠兰花茶加工设备	操作	5	熟悉加工设备性能、操作与维护知识 5 分，基本掌握 3 分，不熟悉 0 分		
3	生产操作	操作	30	熟练掌握生产操作技能 30 分；能独立进行生产操作但不熟练 20 分；尚能独立操作，不熟练，稍有误差 10 分；基本上不能独立操作 0 分		
4	玉兰、珠兰花茶质量	操作	25	玉兰、珠兰花茶品质好 25 分，品质较好 20 分，基本合格 10 分，不合格 0 分		
5	玉兰、珠兰花茶加工工艺指标测定方法	操作	10	明白工艺指标 10 分，基本明白工艺指标 6 分，不明白工艺指标 0 分		

续表

序号	考核项目与内容	考核方式	分值	评分内涵	得分	备注
6	职业规范	操作	10	所有生产操作符合行业规则、职场卫生健康条件、操作规程等要求。好 10 分，较好 8 分，合格 5 分，不合格 0 分		
7	玉兰、珠兰花茶品质存在问题分析	口试	5	回答正确 3 分，语言清晰 1 分，表达准确 1 分		
8	产生玉兰、珠兰花茶品质缺陷的原因分析	口试	5	回答正确 3 分，语言清晰 1 分，表达准确 1 分		
9	提出提高玉兰、珠兰花茶品质的措施	口试	5	回答正确 3 分，语言清晰 1 分，表达准确 1 分		
合计						

实训十七　花茶生产技术

一、实训目的

能独立完成茉莉花茶加工机械设备选型与配套设计，设计工艺流程；能制定工艺流程的技术参数等相关技术文件；能对所拟定工艺及产品进行技术和经济效益分析，提出改进措施。

二、教学建议

（1）实训时间　8 学时或 16 学时。
（2）需要的设备设施及材料：
①实训地点：教学茶厂。
②设备：6CH–16 型茶叶烘干机 1 台。
③材料：特级茶坯 300kg，茉莉鲜花 300kg。

三、实训内容

要求学生能根据茉莉花茶开发的技能、技术要求和生产（施工）技术等条件，在教师的指导下拟订出合理的工作方案，绘制工艺流程图、车间（或工地、设施）平面布置图，独立完成工艺过程（或工程全程中指定工艺）机械设备的选型及设计，拟定出产品生产（或运行、施工）过程的工艺等相关技术文件，能对所拟定工艺进行技术和经济效益分析，并能进行可行性论证。

在完成课题设计的同时，还应撰写课题技术论文。论文的要求是：结合实际工作，侧重训练学生研究、论证、分析和解决实际问题的能力；能对所选课题的研究方向、现状及意义进行正确的阐述、分析和综合评价；能拟定研究方案和实验技术方案；能完成所选课题的主要实验，掌握正确采集、分析和处理数据的方法，并能从理论上进行分析和论证。论文的一般格式是：摘要、前言、材料和方法、结果与分析、参考文献、英文摘要，字数在 3000 字以上，要求内容正确，概念清楚，条理分明，文字通顺，按一般科技论文要求排版打印。

四、作业

提交茉莉花茶开发可行性论证报告。

实训十八　茶叶筛分技术

一、实训目的

掌握茶叶筛分作业的技术要点。

二、教学建议

（1）实训时间　2 学时。
（2）需要的设备设施及材料
①实训地点：实验茶厂。
②设备：6CED－42 型长抖筛机、6CYS－73 型平面圆筛机各 1 台。
③材料：绿毛茶若干。
（3）教学方法　采取课件演示或讲解、教师示范、口头提问、学生小组讨论、观察学生实操、现场检测等。

三、实训内容

（1）了解筛分的原理和作用。
（2）筛分技术要点　要获得理想的筛分效果，必须合理配置筛网和控制圆机茶叶流量。

①根据茶叶状况掌握筛网配置松紧：圆筛机的筛床大体有 4 ~ 7 层筛网，一般作三步分筛：第一步可先分出 4 ~ 7 孔的上、中段茶；第二步将 8 孔（或 10 孔）底的下段茶接出分筛；第三步分筛下脚。在选用筛网时，其孔数应根据茶叶物理性状的不同适当松紧；高级茶分筛时筛孔宜紧，低级毛茶宜松；分筛圆身茶和机（电）拣头，筛孔宜松；长形茶筛孔宜紧。茶坯含水量多，叶质松软，运动时受到的阻力大，不易落下筛孔，圆筛筛孔宜松，因此，往往经过复火或补火后的熟茶坯，其筛分时筛网应比生坯收紧。

②发挥撩筛的作用：撩筛的转速比分筛机快，撩筛筛网可比所撩的筛号茶放大 0.5 ~ 1.5 孔。要多出撩头，筛孔宜紧；少出撩头，筛孔宜松。分筛后再撩筛的能使茶叶筛档更加齐整。

③控制筛茶流量：要保持茶叶在回转过程中能薄薄地散布于整个筛面，使短的或小的横落下筛孔，长的或大的通过筛面从尾口卸出。抖筛过程为了防止筛堵塞，抖筛机上的筛量宜少勿多，以便使茶条有充足的机会穿过筛网。在操作时，还必须经常清筛。

④保证品质，提高高档、中档茶制率，合理配置紧门机筛网：紧门取料时要掌握"好茶粗取，次茶细取"的原则。即茶条索紧，嫩度好，品质优（如一级、二级茶），应采用"粗取"，紧门筛孔宜放松，防止一些嫩度高但条索粗壮的茶条从筛面走料，以增加高一级茶坯数量。如毛茶品质稍次，嫩度低。条索松（三级、四级毛茶），为了不致降低高档、中档精茶品质，宜采用"细取"，须缩紧紧门筛孔。采用前后两次紧门，前紧门筛孔宜松，以多取高一级茶坯，后紧门筛孔宜紧，以保证各级眉茶的品质规格。

四、实训注意事项

1. 正确使用和保养茶机。
2. 所有操作必须符合行业规则、职场卫生健康条件、操作规程等要求。

五、鉴定方法

1. 询问学生了解筛分的原理和作用的情况。
2. 询问学生熟悉筛分工序技术参数、要求和操作要领的情况。
3. 询问学生在筛分中发现问题、分析问题的有关情况。
4. 检查学生的操作过程，逐人逐项鉴定验收，并将鉴定记录表于次日上交教师存档。

六、作业

1. 找出筛分工序中出现的问题，分析产生原因，提出改进措施。

2. 填写《实习报告单》（见实训一）。

七、茶叶筛分鉴定记录表

茶叶筛分鉴定记录表见表 13 – 15。

表 13 – 15 茶叶筛分鉴定记录表

序号	鉴定内容	优	良	合格	不合格	教师签名
1	认识茶叶筛分设备					
2	了解筛分的原理和作用					
3	询问学生熟悉筛分工序技术参数、要求和操作要领					
4	询问学生在筛分中发现问题、分析问题的有关情况					

实训十九　茶叶切断与轧细及其技术

一、实训目的

掌握茶叶切断与轧细作业的技术要点。

二、教学建议

（1）实训时间　2 学时。

（2）需要的设备设施及材料

①实训地点：实验茶厂。

②设备：6CQC – 26 型螺旋切茶机 1 台。

③材料：绿毛茶若干。

（3）教学方法　采取课件演示或讲解、教师示范、口头提问、学生小组讨论、观察学生实操、现场检测等。

三、实训内容

（1）了解茶叶切断与轧细作业的原理和作用。

（2）茶叶切断与轧细作业技术要点

①根据取料要求选用切茶机，切轧时要根据付切茶的外形和取料要求合理

选用切茶机。滚切机破碎率较小，擅长于横切，用利于保护颗粒紧结的圆形茶不被切碎，可用于安溪铁观音和武夷岩茶。眉茶的切轧较复杂，外形粗大勾曲的毛头茶、毛套头取做贡熙，宜用滚切。紧门头是长形茶坯经紧门工序抖出的粗茶和圆头，可采用齿切机。圆切机有利于断茶保梗。

②掌握付切茶的适当干度：一般含水率 4% ~ 5.5%，含水率超过 7.5%，切断很难。

③先去杂再付切：应先去掉混入毛茶中的螺丝、铁钉、石子等杂物后，再付切。

④控制上切茶的流量：上茶量过多，易堵塞，且碎末会增加。上茶过少，使一部分茶躲过切刀，达不到切茶的目的。

⑤先松后紧，逐次筛切：切口松，破碎小，切次增多；切口紧，破碎多，切次少。

⑥尽量避免不必要的切茶。

四、实训注意事项

1. 正确使用和保养茶机。
2. 所有操作必须符合行业规则、职场卫生健康条件、操作规程等要求。

五、鉴定方法

1. 询问学生了解茶叶切断与轧细作业的原理和作用的情况。
2. 询问学生熟悉茶叶切断与轧细作业工序技术参数、要求和操作要领的情况。
3. 询问学生在茶叶切断与轧细作业中发现问题、分析问题的有关情况。
4. 检查学生的操作过程，逐人逐项鉴定验收，并将鉴定记录表于次日上交教师存档。

六、作业

1. 找出茶叶切断与轧细作业工序中出现的问题，分析产生原因，提出改进措施。
2. 填写《实习报告单》（见实训一）。

七、茶叶切断与轧细作业的鉴定记录表

茶叶切断与轧细作业的鉴定记录表见表 13 – 16。

表 13 – 16　茶叶切断与轧细作业的鉴定记录表

序号	鉴定内容	优	良	合格	不合格	教师签名
1	认识茶叶切断与轧细作业设备					
2	了解茶叶切断与轧细作业的原理和作用					
3	询问学生熟悉茶叶切断与轧细作业工序技术参数、要求和操作要领					
4	询问学生在茶叶切断与轧细作业中发现问题、分析问题的有关情况					

实训二十　茶叶风选技术

一、实训目的

掌握茶叶风选作业的技术要点。

二、教学建议

（1）实训时间　2 学时。
（2）需要的设备设施及材料
①实训地点：实验茶厂。
②设备：6CFX – 500 型茶叶风选机 1 台。
③材料：绿毛茶若干。
（3）教学方法　采取课件演示或讲解、教师示范、口头提问、学生小组讨论、观察学生实操、现场检测等。

三、实训内容

（1）了解茶叶风选作业的原理和作用。
（2）茶叶风选作业技术要点好茶轻扇，次茶重扇。好茶侧重于提高制率，次茶侧重于提高品质。

四、实训注意事项

1. 正确使用和保养茶机。
2. 操作必须符合行业规则、职场卫生健康条件、操作规程等要求。

五、鉴定方法

1. 询问学生了解茶叶风选作业的原理和作用的情况。

2. 询问学生熟悉茶叶风选作业工序技术参数、要求和操作要领的情况。

3. 询问学生在茶叶风选作业中发现问题、分析问题的有关情况。

4. 检查学生的操作过程，逐人逐项鉴定验收，并将鉴定记录表于次日上交教师存档。

六、作业

找出茶叶风选作业工序中出现的问题，分析产生原因，提出改进措施。

七、茶叶风选作业的鉴定记录表

茶叶风选作业的鉴定记录表见表 13 – 17。

表 13 – 17　茶叶风选作业的鉴定记录表

序号	鉴定内容	优	良	合格	不合格	教师签名
1	认识茶叶风选作业设备					
2	了解茶叶风选作业的原理和作用					
3	询问学生熟悉茶叶风选作业工序技术参数、要求和操作要领					
4	询问学生在茶叶风选作业中发现问题、分析问题的有关情况					

实训二十一　茶叶拣剔、茶叶精制干燥技术

一、实训目的

掌握茶叶拣剔、茶叶精制干燥作业的技术要点。

二、教学建议

（1）实训时间　2 学时。

（2）需要的设备设施及材料

①实训地点：实验茶厂。

②设备：6CJT – 82 型阶梯拣梗机、6CH – 16 型茶叶烘干机各 1 台。

③材料：绿毛茶若干。

（3）教学方法　采取课件演示或讲解、教师示范、口头提问、学生小组讨论、观察学生实操、现场检测等。

三、实训内容

（1）了解茶叶拣剔、茶叶精制干燥作业的原理和作用。

（2）茶叶拣剔、茶叶精制干燥作业技术要点，拣剔是精制中的薄弱环节，花工多，效率低，成本高。

①充分发挥拣梗机的拣剔作用。

②充分发挥其他制茶机械的拣剔作用，撩筛取梗，抖筛抽筋和风选去杂等措施。

③集中拣梗与分散拣梗相结合。

干燥技术要点：一是正确选用干燥机具；二是适当控制火功。

四、实训注意事项

1. 正确使用和保养茶机。

2. 所有操作必须符合行业规则、职场卫生健康条件、操作规程等要求。

五、鉴定方法

1. 询问学生了解茶叶拣剔、茶叶精制干燥作业的原理和作用的情况。

2. 询问学生熟悉茶叶拣剔、茶叶精制干燥作业工序技术参数、要求和操作要领的情况。

3. 询问学生在茶叶拣剔、茶叶精制干燥作业中发现问题、分析问题的有关情况。

4. 检查学生的操作过程。

5. 逐人逐项鉴定验收，并将鉴定记录表于次日上交教师存档。

六、作业

1. 找出茶叶拣剔、茶叶精制干燥作业工序中出现的问题，分析产生原因，提出改进措施。

2. 填写《实习报告单》（见实训一）。

七、茶叶拣剔、 茶叶精制干燥作业的鉴定记录表

茶叶拣剔、茶叶精制干燥作业的鉴定记录表见表13 – 18。

表 13 – 18　茶叶拣剔、茶叶精制干燥作业的鉴定记录表

序号	鉴定内容	优	良	合格	不合格	教师签名
1	认识茶叶拣剔、茶叶精制干燥作业设备					
2	了解茶叶拣剔、茶叶精制干燥作业的原理和作用					
3	询问学生熟悉茶叶拣剔、茶叶精制干燥作业工序技术参数、要求和操作要领					
4	询问学生在茶叶拣剔、茶叶精制干燥作业中发现问题、分析问题的有关情况					

实训二十二　茶叶精制工艺

一、实训目的

掌握绿毛茶精制工艺流程、技术参数、要求和操作要领；能依据毛茶情况，设计出合理的精制工艺流程；能独立进行毛茶精制操作。

二、教学建议

（1）实训时间　8 学时或 16 学时。

（2）需要的设备设施及材料

①实训地点：实验茶厂。

②设备：6CED – 42 型长抖筛机、6CYS – 73 型平面圆筛机、6CQC – 26 型螺旋切茶机、6CJT – 82 型阶梯拣梗机和 6CH – 16 型茶叶烘干机各 1 台。

③材料：绿毛茶若干。

（3）教学方法　采取课件演示或讲解、教师示范、口头提问、学生小组讨论、观察学生实操、现场检测等。

三、实训内容

1. 了解毛茶精制工艺流程各工序作业的原理和作用。

2. 熟悉茶叶毛茶精制工艺流程各工序技术要点。

3. 依据毛茶情况，设计出合理的精制工艺流程；能独立进行毛茶精制操作。

四、实训注意事项

1. 正确使用和保养茶机。

2. 所有操作必须符合行业规则、职场卫生健康条件、操作规程等要求。

五、鉴定方法

1. 询问学生了解毛茶精制工艺流程各工序作业的原理和作用的情况。

2. 询问学生熟悉毛茶精制工艺流程各工序技术参数、要求和操作要领的情况。

3. 询问学生在毛茶精制工艺流程各工序作业中发现问题、分析问题的有关情况。

4. 检查学生的操作过程。

5. 逐人逐项鉴定验收，并将鉴定记录表于次日上交教师存档。

六、作业

1. 找出茶叶毛茶精制工艺流程作业中出现的问题，分析产生原因，提出改进措施。

2. 填写《实习报告单》（见实训一）。

七、茶叶精制工艺的鉴定记录表

茶叶精制工艺的鉴定记录表见表13 – 19。

表13 – 19　茶叶精制工艺的鉴定记录表

序号	鉴定内容	优	良	合格	不合格	教师签名
1	认识茶叶精制作业设备					
2	了解毛茶精制工艺流程各工序作业的原理和作用					
3	询问学生熟悉毛茶精制工艺流程各工序作业技术参数、要求和操作要领					
4	精制各工序质量情况					
5	询问学生在茶叶精制作业中发现问题、分析问题的有关情况					

实训二十三　鲜叶机械组成分析

一、实训目的

鲜叶的机械组成是鲜叶质量优次的重要指标，也是鲜叶进厂验收的主要依据。通过实验，要求掌握鲜叶机械组成分析方法，为正确评定鲜叶等级、掌握鲜叶验收标准打下基础。

二、教学建议

（1）实训时间 2学时。
（2）需要的设备设施及材料
①实训地点：实验室。
②设备：粗天平（感量1%）、篾制茶样盘。
③材料：鲜叶样品若干。
（3）教学方法 采取课件演示或讲解、教师示范、口头提问、学生小组讨论、观察学生实操、现场检测等。

三、实训内容

取鲜叶样品0.5kg，倒入篾盘中，均匀铺成薄层，按对角线取样法重复取样，使数量逐步减少。然后用粗天平准确称取100g样品鲜叶，再按照一芽一叶、一芽二叶、一芽三叶……、单片嫩叶、单片老叶、茶梗等不同的组成，分开放置，然后分别准确称量、计数，填入表中。重复1~2次。

按照下列公式计算出各部分芽叶的质量比例和芽叶的个数比例。

$$鲜叶各部分组成质量分数（\%）=\frac{各部分鲜叶的质量}{分析样的总质量}×100$$

$$鲜叶各部分组成的个数比例（\%）=\frac{各部分鲜叶组成的个数}{分析样的总个数}×100$$

四、实训注意事项

所有操作必须符合行业规则、职场卫生健康条件、操作规程等要求。

五、鉴定方法

1. 询问学生为什么通过鲜叶机械组成分析能评定鲜叶质量优次。
2. 检查学生的操作过程。

六、作业

1. 为什么通过鲜叶机械组成分析能评定鲜叶质量优次？
2. 填写《实验报告单》。

实验报告单

班级：	姓名：	学号：	小组：

实验名称：	实验时间：　　年　月　日

实 验 目 的	
实 验 器 材 及 操 作 步 骤	
实 验 数 据 与 分 析	

成绩：	教师签名：	年　月　日

实训二十四 鲜叶表面水和含水量测定

一、实训目的

通过实验，掌握鲜叶表面水和含水量的测定方法。通过对鲜叶表面水和含水量的测定，可计算出鲜叶的实际质量，为初制茶厂经济核算提供依据；可计算出在制茶坯的失水率和含水量，从而了解在制茶坯含水量与制茶品质的关系，并正确掌握各工序适度的指标。

二、教学建议

（1）实训时间 2学时。
（2）需要的设备设施及材料
①实训地点：实验室。
②设备：电热烘箱、分析天平、红外线水分测定器。粗天平、称量小铝盒、坩埚钳、干燥器、钢精盒、剪刀、吸水纸。
③材料：鲜叶样品若干。
（3）教学方法 采取课件演示或讲解、教师示范、口头提问、学生小组讨论、观察学生实操、现场检测等。

三、实训内容

（1）以通电加热的方法，利用热能的传导和对流作用使叶面不断受热，再向叶内部传导，使叶内游离水和结合水不断蒸发直至干燥。

（2）鲜叶表面水的测定方法 准确称取雨水10g，放入钢精盒中（盒内壁垫衬吸水纸），然后放入与雨水叶相当质量的吸水纸片，与样品均匀混在一起，立即加盖，振摇3min后取出鲜叶，准确称量。按下列公式计算表面水的百分率。

$$雨水叶表面水分（\%）= \frac{雨水叶样品质量 - 吸水后的鲜叶质量}{雨水叶样品质量} \times 100$$

（3）鲜叶含水量的测定方法 本实验采用120℃快速法。具体的测定方法是：首先将烘箱加热到130℃，然后将编号的干净铝盒烘至质量恒定，记录质量。用对角线取样法取具有代表性的鲜叶样品，先以粗天平称取10g样品两份，放入两只铝盒内盖好，然后用分析天平准确称量，再用坩埚钳打开铝盒连盖一起放入烘箱内，调节温度稳定在120℃，控制温度±2℃，中途不开烘箱门。烘2h，用坩埚钳盖好盖取出烘箱，放入干燥容器中约20min，待冷却至室温，用分析天平称量，称后再烘 1h，取出再称，直至质量恒定。

$$鲜叶样品含水量（\%）=\frac{样品加铝盒质量-烘后样品加铝盒质量}{雨水叶样品质量}\times100$$

（4）根据鲜叶含水量等数据可计算出各工序在制茶坯的失水率与减重率（在制茶过程中干物质损耗未估算在内）。

$$在制茶坯质量=\frac{鲜叶质量\times（1-鲜叶含水量（\%））}{1-在制茶坯含水量（\%）}$$

$$失水率（\%）=\frac{鲜叶质量-在制茶坯质量}{鲜叶质量\times鲜叶含水量（\%）}\times100$$

$$减重率（\%）=\frac{鲜叶质量-在制茶坯质量}{鲜叶质量}\times100$$

$$在制品含水率（\%）=1-\frac{鲜叶质量\times（1-鲜叶含水量（\%））}{鲜叶质量}\times100$$

四、实训注意事项

1．所有操作必须符合行业规则、职场卫生健康条件、操作规程等要求。

2．烘盒必须预先编号，烘至质量恒定，记寻质量恒定后置于干燥器中备用。

3．称样要快速，以免吸湿影响测定准确。

4．样品烘后必须放在干燥器中冷却至室温后再称量。

5．每一样品两次重复，测定结果在允许误差 0.2% 以内的，以两次测定平均数作为检验结果，如果两次重复测定结果超过允许误差时，则需重做至测定误差小于 0.2% 为止。

含表面水的鲜叶，首先必须除去表面水后，再测定其含水量。

五、鉴定方法

检查学生的操作过程。

六、作业

1．将所测定的结果填入《实验报告单》（见实训二十三），并计算出鲜叶（或在制品）的含水量。

2．请回答测定鲜叶的表面水和含水量有何意义？

3．根据本实验测定的数据计算雨水叶的表面水含量。

4．一批鲜叶质量 100kg，鲜叶含水量 75%，要求达到杀青适度的含水量（为 60%）时，杀青叶质量为多少？这些鲜叶减重率是多少？

实训二十五 杀青叶过氧化物酶活力测定

一、实训目的

通过本实验，加深理解高温杀青原理，正确掌握杀青技术，鉴定杀青程度，以提高制茶品质。

二、教学建议

（1）实训时间 2 学时。

（2）需要的设备设施及材料

①实训地点：实验室。

②设备：温度计、粗天平、50mL 量筒、烧杯、吸管、小玻璃瓶、研钵、不锈钢剪刀、纱布。

③材料：10% 愈疮胶酚酒精液、1% 过氧化氢溶液。鲜叶；抛炒 20 min 杀青叶；抛炒 2min、闷炒 1.5 ~ 2min 杀青叶；炒至适度的杀青叶。

（3）教学方法 采取课件演示或讲解、教师示范、口头提问、学生小组讨论、观察学生实操、现场检测等。

三、实训内容

（1）杀青是利用高温钝化酶的活力，防止多酚类在酶促作用下氧化而产生红梗红叶，形成绿茶翠绿色泽。鲜叶中多酚氧化酶在高温下比过氧化物酶容易钝化，而过氧化物酶需要过氧化物中的氧氧化多酚类。根据这个反应特性，向不同杀青程度的杀青叶中加愈疮胶酚酒精液和过氧化氢作为过氧化物酶的氧化基质，使生成愈疮胶醌而显色，从显色的深浅来判断过氧化物酶活力的强弱（表 13 -20）。从过氧化物酶被钝化的程度来判定杀青的程度。

表 13 -20 不同杀青程度试液颜色比较表

杀青程度	试液颜色
未经杀青鲜叶	褐红色，液体呈乳状
不足	淡褐色，液体呈乳状
稍差	绿黄色，液体呈乳状
尚适度	褐红色，液体稍浊
充足	褐红色，液体呈乳状

（2）在杀青过程中用温度计测定抛炒 2min，抛炒 2min、闷炒 1.5 ~ 2min，炒至杀青结束的杀青叶叶温，同时，取上述不同杀青程度的杀青叶各 6g，分别迅速用不锈钢剪剪碎，置于研钵中，加蒸馏水 4mL，研成糊状，用两层纱布包裹绞挤茶汁于清洁小瓶内，用吸管吸取 0.2mL，注入清洁试管中，加蒸馏水 3mL、10% 愈疮胶酚酒精液 2mL，轻加振动，使之混合均匀，再加入 1% 过氧化氢溶液 3mL，强烈振荡 3 ~ 5min，静置。分别观察试液颜色。根据试液显色的深浅，判断酶活力强弱，从而确定杀青程度。

四、实训注意事项

所有操作必须符合行业规则、职场卫生健康条件、操作规程等要求。

五、鉴定方法

检查学生的操作过程。

六、作业

将所测定的结果记入表 13 – 21，并填写《实验报告单》（见实训二十三）。

表 13 – 21　不同杀青程度试液颜色测定表

样品	试液颜色	杀青程度
鲜叶		
抛炒 2min 杀青叶		
抛炒 2min、闷炒 2min 杀青叶		
炒到适度的杀青叶		

实训二十六　揉捻叶细胞损伤率和成条率测定

一、实训目的

通过实验，掌握揉捻叶细胞损伤率和成条率的测定方法，从而明确揉捻叶揉捻适度的标准。

二、教学建议

（1）实训时间　2 学时。
（2）需要的设备设施及材料

①实训地点：实验室。

②材料与用具：10%重铬酸钾溶液、烧杯、玻棒、镊子、白瓷砖、小方格明胶片（或画格玻璃片）、计时器。不同揉捻程度的揉捻叶。

（3）教学方法　采取课件演示或讲解、教师示范、口头提问、学生小组讨论、观察学生实操、现场检测等。

三、实训内容

（1）茶叶中多酚类能被重铬酸钾氧化生成深褐色，叶细胞经揉捻，若细胞损伤率高，则被重铬酸钾氧化变色部分所占比例大，反之，叶细胞损伤少，变色部分所占比例小。方格明胶片估测叶片变色部分比例，计算叶细胞损伤率。

（2）细胞损伤率的测定　任意取不同揉捻程度和揉捻适度的揉捻叶各 5～10g，在清水中逐片展开，取出后投入 10%重铬酸钾溶液中，浸渍 5min，倾出重铬酸钾液（下次还可用），再用清水反复漂洗，至水色橙清为止。取 10～20片有代表性叶片，平铺在白瓷砖上，再用小格明胶片压在叶片上，根据叶片染色部分所占方格，确定每个叶片细胞损伤的比例，逐片计算（必要时重复一次），按下列公式计算。

$$单片叶细胞损伤率（\%）= \frac{损伤细胞组织所占方格数}{整片叶片所占方格数} \times 100$$

$$每个样品平均细胞损伤率（\%）= \frac{各单片叶细胞损伤率总和}{检视叶片数} \times 100$$

（3）揉捻成条率测定　仍取上述代表性样品各 10～15g，在白瓷砖上用镊子区别成条、不成条叶片，试取总条数及成条的条数，称取总质量及成条的质量（必要时重复一次），计算成条分数及成条质量分数。

$$茶叶成条条数（质量）（\%）= \frac{成条的条数（质量）}{总条数（质量）} \times 100$$

四、作业

1. 将所测定的结果填入《实验报告单》（见实训二十三）。

2. 请回答对揉捻叶成条率和细胞损伤率的测定有何意义？红、绿茶揉捻程度应如何掌握？

实训二十七　做青过程中失水率的测定

一、实训目的

通过实验，掌握做青过程中失水率的测定方法，观察做青失水过程中叶色、叶形和香气变化的特征，从而确定做青适度的标准。

二、教学建议

（1）实训时间　2学时。
（2）需要的设备设施及材料
①实训地点：实验室。
②材料与用具：温湿度计、计时器、水筛、秤、晾青叶。
（3）教学方法　采取课件演示或讲解、教师示范、口头提问、学生小组讨论、观察学生实操、现场检测等。

三、实训内容

（1）做青是乌龙茶品质形成的关键工序　做青过程的水分蒸发量及蒸发速度与做青质量关系很大，蒸发过快会产生"死青"。必须调节做青间的温湿度，使其保持恒定，以控制失水率，保证乌龙茶特有的品质。

（2）采用称量换算法　选取5个水筛，编号、称量。摊上晾青叶，在摇青前称叶质量，摇青后再称叶质量，第二轮摇青前又称叶质量。以晾青叶质量为基数，第一次质量减去第二次质量，为第一轮摇青失水量，除以基数和经过的时间为单位小时失水量，即第一轮摇青失水率。第二次质量减去第三轮质量，除以基数和经过时间（小时）为第一次静置失水率。同样的第三次质量与第四次质量差，除以基数和经过时间，为第二轮摇青失水率。每次称量均未计算摇青中干物质的损耗。

四、实训注意事项

所有操作必须符合行业规则、职场卫生健康条件、操作规程等要求。

五、鉴定方法

检查学生的操作过程。

六、作业

1. 将所测定的结果记入表 13－22，并填入《实习报告单》（见实训一）。

2. 通过做青失水率的测定，请说明做青过程中，摇青叶和晾青叶"死"与"活"变化的规律。

表 13－22　做青失水率测定记录表

晾青叶		时间		温度/℃	相对湿度/%	叶质量/kg	质量减少量/kg	失水率/%	程度
		起止	经时/h						
第一轮	摇青静置								
第二轮	摇青静置								
第三轮	摇青静置								
第四轮	摇青静置								
第五轮	摇青静置								
第六轮	摇青静置								

实训二十八　萎凋叶水分散失与叶面变化观察

一、实训目的

通过观察鲜叶在萎凋工序的失水过程中叶面所表现出的形态变化，了解萎凋叶水分散失的快慢、多少与叶面变化的相关性，区别不同萎凋程度的叶面所表现出的不同的物理特征，为熟练掌握萎凋适度奠定基础。

二、教学建议

（1）实训时间　2学时。

（2）需要的设备设施及材料

①实训地点：实验室。

②材料与用具：萎凋竹帘、萎凋槽、粗天平、小型台秤、定时器、温度计、湿度计。萎凋叶。

（3）教学方法　采取课件演示或讲解、教师示范、口头提问、学生小组讨论、观察学生实操、现场检测等。

三、实训内容

（1）鲜叶在自然萎凋或人工萎凋的条件下，随着水分的减少，叶细胞的膨压降低，由坚变得松弛，叶质柔软，叶面皱缩；同时，细胞液浓缩，致使部分酶由结合态转变为游离态，活力增强，糖、蛋白质、多酚类在酶促作用下发生水解或氧化，叶绿素逐步破坏，使叶色由鲜绿变成暗绿。萎凋过程中，水分散失的速率和程度受叶质老嫩、空气温度、相对湿度、空气流速和萎凋时间长短等因素的影响。因此，控制影响萎凋的各种因素，掌握萎凋叶水分散失的速率和程度是保证萎凋质量的重要指标。测定萎凋叶失水情况，观察叶面变化的物理表现特征，是感官掌握萎凋程度的主要依据。

（2）将同一批鲜叶，拌匀分成相同质量的三等份，按同样厚度分摊在萎凋帘上，分别进行自然萎凋、萎凋槽萎凋、日光萎凋。记下萎凋开始的时间，然后每隔一定的时间，记录萎凋时间、叶子质量、气温、相对湿度、叶面形态变化情况等。自然萎凋每 2h 观察测定记录 1 次，日光萎凋和萎凋槽萎凋每 30min 记录 1 次。自然萎凋、日光萎凋温度掌握在 22 ~ 26℃，萎凋槽萎凋温度掌握在 30 ~ 35℃。

根据鲜叶在萎凋过程减重情况，求得不同萎凋程度的萎凋叶含水量。

将同一萎凋方法的不同萎凋程度的萎凋叶在相同的工艺技术条件下制成红茶（安溪铁观音和武夷岩茶或红碎茶），进行品质审评，分析成茶品质与萎凋程度的关系。

四、实训注意事项

所有操作必须符合行业规则、职场卫生健康条件、操作规程等要求。

五、鉴定方法

检查学生的操作过程。

六、作业

1. 将所测定的结果记入表13 – 23，并填入《实习报告单》（见实训一）。

2. 请回答，萎凋过程中鲜叶发生哪些物理性状的变化？适度的萎凋叶有何特征？

3. 结合本次实验，请说明在萎凋过程中，萎凋的环境条件和萎凋方式对萎凋叶萎凋速率有何影响？

表 13 – 23　萎凋叶水分散失与叶面变化观察结果测定记录表

萎凋方式		环境条件			萎凋叶减重		萎凋叶面变化			萎凋程度
		时间/h	温度/℃	相对湿度/%	萎凋叶质量/kg	含水量/%	叶色	叶质	香气	
自然萎凋	1									
	2									
	3									
萎凋槽萎凋	1									
	2									
	3									
日光萎凋	1									
	2									
	3									

参考文献

［1］陈椽. 制茶技术理论. 上海：上海科学技术出版社，1984.

［2］施兆鹏. 茶叶加工学. 北京：中国农业出版社，1997.

［3］安徽农学院. 制茶学. 北京：中国农业出版社，1980.

［4］安徽农学院. 制茶学. 北京：中国农业出版社，1991.

［5］湖南农学院. 茶叶审评与检验. 北京：中国农业出版社，1992.

［6］安徽农学院. 茶叶生物化学. 北京：中国农业出版社，1991.

［7］陈宗懋. 中国茶经. 上海：上海文化出版社，1992.

［8］王泽农. 中国农业百科全书：茶业卷. 北京：中国农业出版社，1988.

［9］王镇恒. 中国名茶志. 北京：中国农业出版社，2000.

［10］张堂恒. 中国制茶工艺. 北京：中国轻工业出版社，1989.

［11］白堃元. 茶叶加工. 北京：化学工业出版社，2001.

［12］张堂恒. 中国茶学辞典. 上海：上海科学技术出版社，1995.

［13］钱远昭. 河南茶叶. 郑州：河南科学技术出版社，1998.